计算机文化基础

主　编　沈克永　李文英　吴　燕
副主编　陈黎艳　胡彦玲　刘英晖
　　　　姚朝军

北京理工大学出版社
BEIJING INSTITUTE OF TECHNOLOGY PRESS

版权专有　侵权必究

图书在版编目（CIP）数据

计算机文化基础 / 沈克永，李文英，吴燕主编 . —北京：北京理工大学出版社，2016. 8
（2020. 9 重印）

ISBN 978 – 7 – 5682 – 3087 – 2

Ⅰ.①计…　Ⅱ.①沈…②李…③吴…　Ⅲ.①电子计算机 – 高等学校 – 教材　Ⅳ.①TP3

中国版本图书馆 CIP 数据核字（2016）第 207649 号

出版发行 / 北京理工大学出版社有限责任公司
社　　址 / 北京市海淀区中关村南大街 5 号
邮　　编 / 100081
电　　话 /（010）68914775（总编室）
　　　　　（010）82562903（教材售后服务热线）
　　　　　（010）68948351（其他图书服务热线）
网　　址 / http：//www. bitpress. com. cn
经　　销 / 全国各地新华书店
印　　刷 / 涿州市新华印刷有限公司
开　　本 / 787 毫米 ×1092 毫米　1/16
印　　张 / 13　　　　　　　　　　　　　　　　　　　责任编辑 / 李志敏
字　　数 / 298 千字　　　　　　　　　　　　　　　　文案编辑 / 李志敏
版　　次 / 2016 年 8 月第 1 版　2020 年 9 月第 7 次印刷　责任校对 / 周瑞红
定　　价 / 30. 00 元　　　　　　　　　　　　　　　　责任印制 / 王美丽

图书出现印装质量问题，请拨打售后服务热线，本社负责调换

前言
Preface

在多年的教学实践中，编者发现，无论是高等院校学生培养，还是企事业单位员工培训，其核心目标都是"系统教学理论＋提升应用技能"，旨在尽可能短的时间内使培养对象熟悉计算机应用基础知识，掌握信息收集、整理和发送的核心能力。因此，需要一本针对性、实用性、创新性强的高等教育教材。

基于上述背景，编者广泛查阅计算机应用及信息处理的相关资料，总结近几年的实践经验，确定了教材编写的总体思路，即：参照教育部提出的"计算机教学基本要求"和"办公软件应用国家职业标准"，结合企事业员工培训的特点，立足"必需、够用、实用"，基于"优化、整合"的思路构建内容体系和结构体系，力求编写一本符合高等院校计算机应用能力考试标准、实用性强、使用价值高的教材，为培养高等院校学生和企事业单位员工提供一个教学与培训内容的载体。

本书分为 7 个模块 23 个项目，共 65 个工作任务。本书在内容编排上以理论适度、重在应用为原则，采用案例驱动方式来组织、设计教材内容，全书案例丰富，操作步骤清晰，实用性强。全书共分 7 个模块：模块 1 介绍计算机的基础知识，模块 2 介绍 Windows 7 操作系统的使用方法，模块 3 介绍 Word 2010 文字处理方法，模块 4 介绍 Excel 2010 电子表格处理方法，模块 5 介绍 PowerPoint 2010 演示文稿的制作方法，模块 6 介绍 Access 2010 数据库管理系统的应用，模块 7 介绍计算机网络基础知识和 Internet 应用操作知识。

本书内容新颖，层次清晰，图文并茂，通俗易懂，可操作性和实用性强。可作为高等院校计算机公共基础课程教材，也可作为成人教育的计算机基础课程教材，还适用于其他读者自学。

本书由南昌理工学院沈克永、李文英，江西农业大学吴燕担任主编，由南昌理工学院陈黎艳、胡彦玲，江西工业职业技术学院刘英晖，江西外语外贸职业学院姚朝军担任副主编。本书由沈克永编写模块 1、模块 3，李文英编写模块 2 和模块 4，吴燕编写模块 5，陈黎艳，胡彦玲共同编写模块 6，刘英晖、姚朝军共同参与模块 7 的编写以及书稿编写过程中的整理工作。

另外，还要感谢北京理工大学出版社胡清华编辑在整理、出版本书中提供的帮助。在本书的编著过程中，参考了国内外大量文献，并引用了其中有关的概念和观点。在此，对被引用文献的作者也表示衷心的感谢。

由于水平有限，书中的缺点和错误在所难免，恳请广大读者和专家们批评指正。

编者

目录
Contents

模块 1　计算机的认识和组装

电子计算机是一种能自动、高速、正确地完成数值计算、数据处理、实时控制等功能的电子设备。随着社会的进步与发展，计算机已广泛应用到军事、科研、经济、文化等各个领域，成为人们工作、学习、生活中一个不可缺少的工具。了解计算机的发展史、熟悉它的运行机制，是学好计算机必备的基础。

项目一　认识并使用计算机

任务一　认识计算机

任务描述

从 1946 年世界上第一台电子计算机"埃尼阿克"（ENIAC）诞生至今，计算机获得突飞猛进的发展，它已经渗透到社会的各个领域，成为人类信息化社会中必不可少的基本工具。计算机的应用与普及作为人类社会最大的科技成果之一，有力地推动了整个信息化社会的发展。掌握计算机技术已经成为当今社会人们生存和发展的基本要求。通过本任务了解计算机的发展历史及其发展方向。

步骤 1：计算机的发展

1946 年 2 月 14 日，世界上第一台计算机 ENIAC（Electronic Numerical Integrator and Calculator）在美国宾夕法尼亚大学诞生。该机的主要元件是电子管，使用了 18 800 个电子管，占地 170 平方米，重达 30 吨。它的计算速度快，每秒可从事 5 000 次的加法运算。

用 ENIAC 计算题目时，首先，人们根据题目的计算步骤预先编制好一条条指令，再按指令连接好外部线路，然后启动它自动运行并输出结果。当计算另一个题目时，必须重复进行上述工作。尽管其有明显的弱点，但它使过去借助机械的分析机需要 7 到 20 小时才能计算一条弹道轨迹的工作时间缩短到 30 秒。

在 ENIAC 的研制过程中，美籍匈牙利数学家冯·诺依曼参与进来，并将计算机的基本结构总结归纳了三点：

（1）采用二进制。

计算机是用数字电路组成的，数字电路中只有 1 和 0 两种状态，所以对计算机来说二进制（Binary）是最自然的计数方式。

（2）采用存储程序控制。

程序和数据存放在存储器中。计算机执行程序的过程是自动、连续进行的，无需人工干预，并得到预期的结果。

（3）采用运算器、控制器、存储器、输入设备、输出设备五个基本部件的结构。

今天的计算机基本结构仍然采用这一原理和思想，因此，人们称符合这种设计的计算机是冯·诺依曼机，称冯·诺依曼为计算机之父。

对于电子计算机的发展，一般根据构成它的主要逻辑元件的不同将计算机的发展分成四个阶段，如表 1–1 所示。

表 1–1　计算机发展的四个阶段

阶段 部件	第一代 （1946—1958 年）	第二代 （1959—1964 年）	第三代 （1965—1970 年）	第四代 （1971 年至今）
主机电子器件	电子管	晶体管	中小规模集成电路	大规模、 超大规模集成电路
内存	汞延迟线	磁芯存储器	半导体存储器	半导体存储器
外存储器	穿孔卡片、纸带	磁带	磁带、磁盘	磁盘、磁带、光盘等
处理速度 （每秒指令数）	5 千条至几千条	几万至几十万条	几十万至几百万条	上千万至万亿条

1965 年 Intel 公司的创始人之一戈登摩尔曾预言，集成电路中的晶体管数每年（后来改成了每隔 18 个月）将翻一番，芯片的性能也随之提高一倍。这一预言，被计算机界称为摩尔定律。近代计算机的发展历史充分证实了这一定律。随着芯片集成度的日益提高和计算机体系结构的不断改进，将会不断出现性能更好、体积更小、价格更低的计算机产品。

随着特大规模集成电路技术的出现，计算机向巨型化和微型化两个方向发展。

步骤 2：计算机的分类

如今的计算机已经深入到各行各业，种类繁多，其分类方法各有不同，标准也非固定不变。

按其用途分类分为通用计算机和专用计算机。

按其性能分类可分为巨型机、大型机、小型机、微型机和工作站：

（1）巨型机：巨型机有极高的速度、极大的容量。用于国防尖端技术、空间技术、大范围长期性天气预报、石油勘探等方面。目前这类机器的运算速度可达每秒百亿次。这类计算机在技术上朝两个方向发展：一是开发高性能器件，特别是缩短时钟周期，提高单机性能。二是采用多处理器结构，构成超并行计算机，通常以万为单位的处理器组成超并行巨型计算机系统，它们同时解算一个课题，来达到高速运算的目的。

（2）大型机：这类计算机具有极强的综合处理能力和极大的性能覆盖面。在一台大型机中可以使用几十台微机或微机芯片，用以完成特定的操作。可同时支持上万个用户，可支持几十个大型数据库。主要应用在政府部门、银行、大公司、大企业等。

（3）小型机：小型机的机器规模小、结构简单、设计研制周期短，便于及时采用先进工艺技术，软件开发成本低，易于操作维护。它们已广泛应用于工业自动控制、大型分析仪器、测量设备、企业管理、大学和科研机构等，也可以作为大型与巨型计算机系统的辅助计算机。

（4）微型机：微型机技术在近 10 年内发展速度迅猛，平均每 2~3 个月就有新产品出现，1~2 年产品就更新换代一次，目前还有加快的趋势。微型机已经应用于办公自动化、数据库管理、图像识别、语音识别、专家系统，多媒体技术等领域，并且开始成为城镇家庭的一种常规电器。

（5）工作站：是一种以个人计算机和分布式网络计算为基础，主要面向专业应用领域，具备强大的数据运算与图形、图像处理能力，为满足工程设计、动画制作、科学研究、软件开发、金融管理、信息服务、模拟仿真等专业领域而设计开发的高性能计算机。它属于一种高档的电脑，一般拥有较大屏幕显示器和大容量的内存和硬盘，也拥有较强的信息处理功能和高性能的图形、图像处理功能以及联网功能。

（6）服务器：专指某些高性能计算机，能通过网络，对外提供服务。相对于普通电脑来说，稳定性、安全性等方面都要求更高，因此在CPU、芯片组、内存、磁盘系统、网络等硬件与普通电脑有所不同。服务器是网络的节点，存储、处理网络上80%的数据、信息，在网络中起到举足轻重的作用。它们是为客户端计算机提供各种服务的高性能的计算机，其高性能主要表现在高速度的运算能力、长时间的可靠运行、强大的外部数据吞吐能力等方面。服务器的构成与普通电脑类似，也有处理器、硬盘、内存、系统总线等，但因为它是针对具体的网络应用特别制定的，因而服务器与微机在处理能力、稳定性、可靠性、安全性、可扩展性、可管理性等方面存在差异很大。服务器主要有网络服务器、打印服务器、终端服务器、磁盘服务器、邮件服务器、文件服务器等。

步骤3：计算机的应用

计算机的应用已渗透到社会的各个领域，正在改变着人们的工作、学习和生活的方式，推动着社会的发展。归纳起来可分为以下几个方面：

（1）科学计算：科学计算也称数值计算。计算机最开始是为解决科学研究和工程设计中遇到的大量数学问题的数值计算而研制的计算工具。随着现代科学技术的进一步发展，数值计算在现代科学研究中的地位不断提高，在尖端科学领域中，显得尤为重要。例如，人造卫星轨迹的计算，房屋抗震强度的计算，火箭、宇宙飞船的研究设计都离不开计算机的精确计算。

在工业、农业以及人类社会的各领域中，计算机的应用都取得了许多重大突破，就连我们每天收听收看的天气预报都离不开计算机的科学计算。

（2）数据处理：在科学研究和工程技术中，会得到大量的原始数据，其中包括大量图片、文字、声音等。信息处理就是对数据进行收集、分类、排序、存储、计算、传输、制表等操作。目前计算机的信息处理应用已非常普遍，如人事管理、库存管理、财务管理、图书资料管理、商业数据交流、情报检索、经济管理等。

信息处理已成为当代计算机的主要任务，它也是现代化管理的基础。据统计，全世界计算机用于信息处理的工作量占全部计算机应用的80%以上，大大提高了工作效率，提高了管理水平。

（3）自动控制：自动控制是指通过计算机对某一过程进行自动操作，它不需人工干预，能按预定的目标和预定的状态进行过程控制。所谓过程控制，是指对操作数据进行实时采集、检测、处理和判断，按最佳值进行调节的过程。目前被广泛用于操作复杂的钢铁企业、石油化工业、医药工业等生产中。使用计算机进行自动控制可大大提高控制的实时性和准确性，提高劳动效率、产品质量，降低成本，缩短生产周期。

计算机自动控制还在国防和航空航天领域中起决定性作用。例如，无人驾驶飞机、导弹、人造卫星和宇宙飞船等飞行器的控制，都是靠计算机实现的。可以说计算机是现代国防和航空航天领域的神经中枢。

（4）计算机辅助系统：包括计算机辅助设计（Computer Aided Design，CAD）、计算机辅助制造（Computer Aided Manufacturing，CAM）、计算机辅助测试（Computer Aided Test，CAT）、计算机辅助工程（Computer Aided Engineering，CAE）、计算机辅助教学（Computer Aided Instruction，CAI）等。

（5）人工智能：人工智能（Artificial Intelligence，AI）是指使用计算机模拟人类某些智力行为的理论、技术和应用。人工智能是计算机应用的一个新的领域，这方面的研究和应用正处于发展阶段，在医疗诊断、定理证明、语言翻译、机器人等方面，已有了显著的成效。例如，用计算机模拟人脑的部分功能进行思维学习、推理、联想和决策，使计算机具有一定"思维能力"。我国已开发成功一些中医专家诊断系统，可以模拟名医给患者诊病开方。

机器人是计算机人工智能的典型例子。机器人的核心是计算机。第一代机器人是机械手；第二代机器人对外界信息能够反馈，有一定的触觉、视觉、听觉；第三代机器人是智能机器人，具有感知和理解周围环境，使用语言、推理、规划和操纵工具的技能，模仿人完成某些动作。机器人不怕疲劳，精确度高，适应力强，现已开始用于搬运、喷漆、焊接、装配等工作中。机器人还能代替人在危险工作中进行繁重的劳动，如在有放射线、污染、有毒、高温、低温、高压、水下等环境中工作。

（6）多媒体应用：随着电子技术特别是通信和计算机技术的发展，人们已经有能力把文本、音频、视频、动画、图形和图像等各种媒体综合起来，构成一种全新的概念——"多媒体"（Multimedia）。在医疗、教育、商业、银行、保险、行政管理、军事、工业、广播和出版等领域中，多媒体的应用发展很快。

（7）计算机网络：计算机网络是由一些独立的和具备信息交换能力的计算机互联构成，以实现资源共享的系统。计算机在网络方面的应用使人类之间的交流跨越了时间和空间障碍。计算机网络已成为人类建立信息社会的物质基础，它给我们的工作带来极大的方便和快捷，如在全国范围内的银行信用卡的使用，火车和飞机票系统的使用等。现在，可以在全球最大的互联网络——Internet 上进行浏览、检索信息、收发电子邮件、阅读书报、玩网络游戏、选购商品、参与众多问题的讨论、实现远程医疗服务等。

任务二　数据在计算机中的表示

任务描述

计算机中的数制采用二进制，这是因为只需表示 0 和 1，这在物理上很容易实现，例如电路的导通或截止，磁性材料的正向磁化或反向磁化等；0 和 1 两个数，传输和处理抗干扰性强，不易出错，可靠性好。另外，0 和 1 正好与逻辑代数"假"和"真"相对应，易于进行逻辑运算。

步骤 1：了解数制

数制即表示数的方法，按进位的原则进行计数的数制称为进位数制，简称"进制"。对于任何进位数制，都有以下特点：

数码：每一进制都有固定数目的记数符号（数码）。例如，十进制有 10 个数码 0～9。

基数：在进制中允许选用基本数码的个数称为基数。例如，十进制的基数为 10。

位权表示法：一个数码和其在不同位置上所代表的值不同，如数码 8，在个位数上表示 8，在十位数上表示 80，这里的个（10^0）、十（10^1）…，称为位权。位权的大小以基数为底，数码所在位置的序号减去 1 为指数的整数次幂。一个进制数可按位权展开成一个多项式，例如：

$$123.45 = 1 \times 10^2 + 2 \times 10^1 + 3 \times 10^0 + 4 \times 10^{-1} + 5 \times 10^{-2}$$

为了区分各进制数，规定在十进制数后面加 D，二进制数后面加 B，八进制数后面加 O，十六进制数后面加 H，且十进数的 D 可以省略。

1. 二进制（Binary）

数码：只有两个数字符号，即 0 和 1。

基数：基数是 2。

位权表示法：例如，$1010=1\times2^3+0\times2^2+1\times2^1+0\times2^0$。

2. 八进制（Octal）

数码：它有 8 个数字符号，即 0，1，2，3，4，5，6，7。

基数：基数是 8。

位权表示法：例，$731=7\times8^2+3\times8^1+1\times8^0$。

3. 十六进制（Hexadecimal）

数码：它有 16 个数字符号 0，1，2，3，4，5，6，7，8，9，A，B，C，D，E，F。

基数：基数是 16。

位权表示法：例，$8f=8\times16^1+f\times16^0$。

步骤 2：各进制数之间的转换

1. 其他进制转换成十进制

采用位权展开法，求和时，以十进制累加。

例：$(1010)_2=1\times2^3+0\times2^2+1\times2^1+0\times2^0=(10)_{10}$

$(731)_8=7\times8^2+3\times8^1+1\times8^0=(473)_{10}$

$(8f)_{16}=8\times16^1+f\times16^0=(143)_{10}$

2. 十进制转换成二进制数

十进制到二进制的转换，通常要区分数的整数部分和小数部分，并分别按除 2 取余数部分和乘 2 取整数部分两种不同的方法来完成。

（1）十进制数整数部分转换为二进制数的方法与步骤。

对整数部分，要用除 2 取余数办法完成十进制到二进制的进制转换，其规则是：

① 用 2 除十进制数的整数部分，取其余数为转换后的二进制数整数部分的低位数字；

② 再用 2 去除所得的商，取其余数为转换后的二进制数高一位的数字；

③ 重复执行第二步的操作，直到商为 0，结束转换过程。

例如：将十进制数 37 转换成二进制数。转换过程如下：

```
2 |      37 --------- 1      低位
  2 |     18 --------- 0
    2 |    9 --------- 1
      2 |   4 --------- 0
        2 |  2 --------- 0
          2 | 1 --------- 1      高位
```

每一步所得的余数从下向上排列，即转换后的结果为 $(100101)_2$。

（2）十进制小数部分转换为二进制数方法与步骤。

对小数部分，要用乘 2 取整数办法完成十进制到二进制的进制转换，其规则是：

① 用 2 乘十进制数的小数部分，取乘积的整数为转换后的二进制数的最高位数字；

② 再用 2 乘上一步乘积的小数部分，取新乘积的整数为转换后二进制小数低一位数字；

③ 重复第二步操作，直至乘积部分为0，或已得到的小数位数满足要求，结束转换过程。

例如，将十进制的0.43，转换成二进制小数。

$$0.43*2$$

高位　0　0.86*2

　　　1　0.72*2

　　　1　0.44*2

　　　0　0.88*2

低位　1　0.76

二进制	十进制	八进制	十六进制
0	0	0	0
1	1	1	1
10	2	2	2
11	3	3	3
100	4	4	4
101	5	5	5
110	6	6	6
111	7	7	7
1000	8	10	8
1001	9	11	9
1010	10	12	A
1011	11	13	B
1100	12	14	C
1101	13	15	D
1110	14	16	E
1111	15	17	F
10000	16	20	10

图1-1　各进制编码值

每一步所得的整数从上向下排列，即转换后的二进制小数为$(0.01101)_2$。

3. 二进制与八进制转换

由图1-1可以得出每3个二进制位对应1个八进制位，因此得出以下规律：

整数部分：由低位向高位每3位一组，高位不足3位用0补足3位，然后每组分别按权展开求和即可。

小数部分：由高位向低位每3位一组，低位不足3位用0补足3位，然后每组分别按权展开求和即可。

如将$(1010111.01101)_2$转换成八进制数：

1010111.01101=001 010111. 011010

　　　　　　　　↓　↓　↓　↓　↓

　　　　　　　　1　2　7　3　2

所以$(1010111.01101)_2 = (127.32)_8$。

如将$(327.5)_8$转换为二进制：

3　　2　　7.　　5

↓　　↓　　↓　　↓

011　010　111.　101

即$(327.5)_8 = (11010111.101)_2$。

4. 二进制与十六进制转换

由图1-1各进制编码值可以得出每4个二进制位对应1个十六进制位，因此得出以下规律：

整数部分：由低位向高位每4位一组，高位不足4位用0补足4位，然后每组分别按权展开，求和即可。

小数部分：由高位向低位每4位一组，低位不足4位用0补足4位，然后每组分别按权展开求和即可。

例：将$(110111101.011001)_2$转换为十六进制数

$(110011101.011001)_2$=0001 1001 1101.0110 0100

　　　　　　　↓　↓　↓　↓　↓

　　　　　　　1　9　D　6　4

即（110011101.011001）$_2$=（19D.64）$_{16}$

例：（26.EC）$_{16}$转换成二进制数

2　　　6.　　　E　　　C

↓　　　↓　　　↓　　　↓

0010　　0110.　　1110　　1100

即（26.EC）$_{16}$=（100110.111011）$_2$。

5. 八进制与十六进制的转换

以二进制作为转换的中间工具。

例：（327.5）$_8$=（11010111.101）$_2$=（D7.A）$_{16}$。

步骤3：数据与编码

1. 位、字节和字

计算机中数据的常用单位有位、字节和字。位（bit）是度量数据的最小单位，在数字电路和计算机技术中采用二进制，代码只有 0 和 1。字节（byte）1 个字节由 8 个二进制数位组成。字节是计算机中用来表示存储空间大小的基本容量单位。例如，计算机内存的存储容量，磁盘的存储容量等都是以字节为单位表示的。除用字节为单位表示存储容量外，还可以用千字节（KB）、兆字节（MB）以及十亿字节（GB）等表示存储容量。它们之间存在下列换算关系：

$$1\ B=8\ bit$$
$$1\ KB=1\ 024\ B=2^{10}\ B$$
$$1\ MB=1\ 024\ KB=2^{10}\ KB=2^{20}\ B$$
$$1\ GB=1\ 024\ MB=2^{10}\ MB=2^{30}\ B$$
$$1\ TB=1\ 024\ GB=2^{10}\ GB=2^{40}\ B$$

要注意位与字节的区别：位是计算机中最小数据单位，字节是计算机中基本信息单位。

2. ASCII 码

从键盘向计算机中输入的各种操作命令以及原始数据都是字符形式的。然而，计算机只能存储二进制数，这就需要对符号数据进行编码，输入的各种字符由计算机自动转换成二制编码存入计算机。

目前计算机中用得最广泛的字符集及其编码，是由美国国家标准局（ANSI）制定的 ASCII 码（American Standard Code for Information Interchange，美国标准信息交换码），它已被国际标准化组织（ISO）定为国际标准，称为 ISO 646 标准。适用于所有拉丁文字字母，ASCII 码有 7 位码和 8 位码两种形式。ASCII 码如表 1–2 所示。

表 1–2　ASCII 码

高三位 低四位	000	001	010	011	100	101	110	111
0000	nul	dle	sp	0	@	P	'	p
0001	soh	dcl	!	1	A	Q	a	q
0010	stx	dc2	"	2	B	R	b	r
0011	etx	dc3	#	3	C	S	c	s
0100	eot	dc4	$	4	D	T	d	t

高三位 低四位	000	001	010	011	100	101	110	111
0101	enq	nak	%	5	E	U	e	u
0110	ack	syn	&	6	F	V	f	v
0111	bel	etb	`	7	G	W	g	w
1000	bs	can	(	8	H	X	h	x
1001	ht	em	)	9	I	Y	i	y
1010	nl	sub	*	:	J	Z	j	z
1011	vt	esc	+	;	K	[	k	{
1100	ff	fs	,	<	L	\	l	|
1101	er	gs	-	=	M	]	m	}
1110	so	re	.	>	N	^	n	~
1111	si	us	/	?	O	_	o	del

表 1–2 中对大小写英文字母、阿拉伯数字、标点符号及控制符等特殊符号规定了编码，表中每个字符都对应一个数值，称为该字符的 ASCII 码值。

表中有 94 个可打印字符，如：

"a"字符的编码为 1100001，对应的十进制数是 97。

"A"字符的编码为 1000001，对应的十进制数是 65。

"0"字符的编码为 0110000，对应的十进制数是 48。

表中还有 34 个非图形字符（又称控制字符），如：

sp（Space）空格、cr（Carriage Return）回车、del（Delete）删除。

3. 汉字编码

（1）国标码：ASCII 码只对英文字母、数字和标点符号作了编码。为了使计算机能够处理、显示、打印、交换汉字字符等，同样需要对汉字进行编码。我国于 1980 年发布了国家汉字编码标准 GB2312-80，全称是《信息交换用汉字编码字符集—基本集》（简称国标码 GB）。GB2312 将收录的汉字分成两级：一级是常用汉字计 3 755 个，按汉语拼音排列；二级汉字是次常用汉字计 3 008 个，按偏旁部首排列。因为一个字节只能表示 256 种编码，所以一个国标码必须用两个字节来表示。

国标规定：一个汉字用两个字节来表示，每个字节只用前 7 位，最高位均未作定义。如表 1–3 汉字国标码编码的格式所示。

表 1–3　汉字国标码编码的格式

B7	B6	B5	B4	B3	B2	B1	B0
0	×	×	×	×	×	×	×

（2）内码与外码：国标码是汉字信息交换的标准编码，但因其前后字节的最高位为 0，与 ASCII 码发生冲突，国标码是不可能在计算机内部直接采用的，于是，汉字的机内码采用变形国标码，其变换方法为：将国标码的每个字节的最高位由 0 改 1，其余 7 位不变（即：

内码：国标码+8080H)，如表 1-4 汉字机内编码的格式所示。

表1-4 汉字机内编码的格式

B7	B6	B5	B4	B3	B2	B1	B0
1	×	×	×	×	×	×	×

在计算机系统中，由于内码的存在，输入汉字时就允许用户根据自己的习惯使用不同的输入码，进入系统后再统一转换成内码存储。如果用拼音输入法输入"国"字和用五笔输入法输入"国"字，它们在计算机内都是以同一个内码的方式存储。这样就保证了汉字在各种系统之间的交换成为可能。与内码对应，输入法编码称为外码。

（3）汉字字形码：字形存储码是指供计算机输出汉字（显示或打印）用的二进制信息，也称字模。通常采用的是数字化点阵字模。如图 1-2 所示。

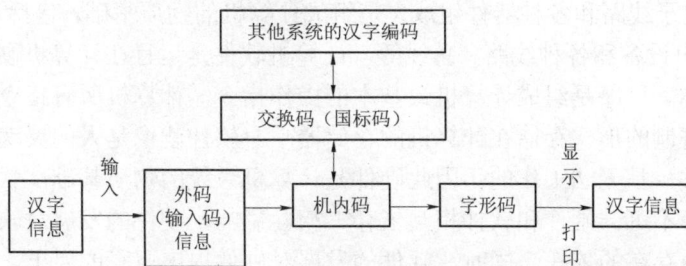

汉字字形码是一种用点阵表示字形的码，是汉字的输出形式。它把汉字排成点阵。常用的点阵由 16×16、24×24、32×32 或更高。每一个点在存储器中用一个二进制位（bit）存储。例如，在 16×16 的点阵中，需 16×16 bit 的存储空间，每 8 bit 为 1 字节，所以，需 32 字节的存储空间。在相同点阵中，不管其笔画繁简，每个汉字所占的字节数相等。

图1-2 点阵字形

点阵规模越大，字形越清晰美观，所占存储空间也越大。缺点是字形放大后产生的效果差。

为了节省存储空间，普遍采用了字形数据压缩技术。矢量表示方式存储的是描述汉字字形的轮廓特征，当要输出汉字时，通过计算机的计算，由汉字字形描述生成所需大小和形状的汉字点阵。矢量化字形描述与最终文字显示的大小分辨率无关，因此可产生高质量的汉字输出，避免了汉字点阵字形放大后产生的锯齿现象。

（4）汉字区位码：由于国标码是四位十六进制，为了便于交流，大家常用的是四位十进制的区位码。所有的汉字与符号组成一个 94×94 的矩阵。在此方阵中,每一行称为一个"区"，每一列称为一个"位"，因此，这个方阵实际上组成了一个有 94 个区（区号分别为 01 到 94）、每个区内有 94 个位（位号分别为 01 到 94）的汉字字符集。一个汉字所在的区号和位号简单地组合在一起就构成了该汉字的"区位码"。在汉字的区位码中，高两位为区号，低两位为位号。

各种汉字编码的关系如图 1-3 汉字编码之间的关系所示。

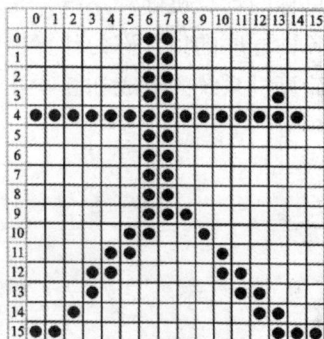

图1-3 汉字编码之间的关系

任务三　了解计算机系统的组成

任务描述

一个完整的计算机系统包括硬件系统和软件系统两部分，硬件系统是根本，软件系统是灵魂。通过本任务了解计算机系统基本组成以及计算机主要的性能指标，能评判一台计算机的优劣。

步骤1：了解计算机系统的基本组成

一个完整的计算机系统包括硬件系统和软件系统两部分。组成一台计算机的物理设备的总称叫计算机硬件系统，是实实在在的物理实体，是计算机工作的基础。指挥计算机工作的各种程序的集合称为计算机软件系统，是计算机的灵魂，是控制和操作计算机工作的核心。计算机系统的组成如图1-4计算机系统的组成所示。

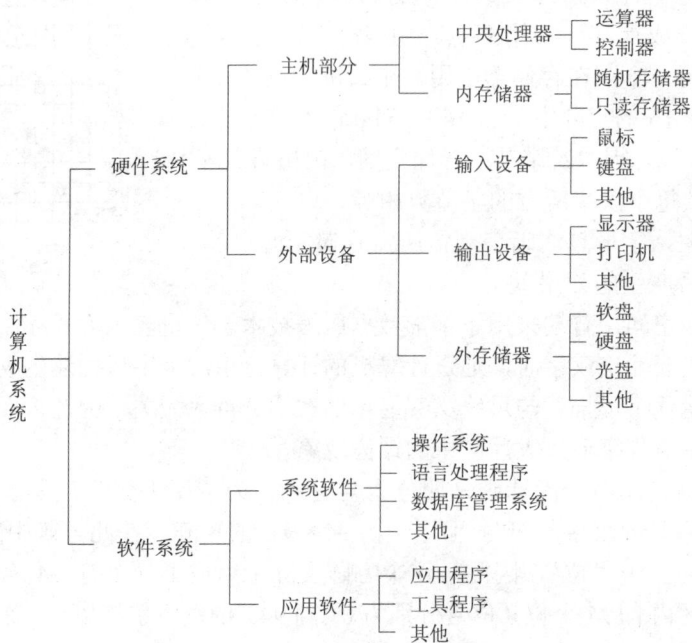

图1-4　计算机系统的组成

计算机硬件是组成计算机的物理设备，它们是构成计算机的看得见、摸得着的物理实体。其由各种单元、电子线路和各种器件组成，是组成计算机的物质基础，包括运算器、控制器、存储器、输入/输出设备和各种线路、总线等。计算机软件是运行在计算机硬件上的各种程序及相关数据的总称。程序是组成计算机最基本的操作指令，计算机所有指令的组合称为指令系统。程序以二进制的形式存储在计算机的存储器中。软件就像是人的灵魂，没有软件，计算机形同一堆废铁，是无法工作的。因此硬件是计算机系统的物质基础，软件是计算机系统的灵魂，二者缺一不可。硬件和软件相互依存、相互影响，硬件的发展对软件提供了技术发展空间，也是软件存在的依托。同时，软件的发展对硬件提出更高的要求，促使硬件的更新和发展。

步骤 2: 了解计算机的硬件系统结构

计算机硬件系统的结构一直沿用着称冯·诺依曼提出的模型，它由运算器、控制器、存储器、输入设备及输出设备五大功能部件组成。各种信息通过输入设备进入计算机的内存，然后送到运算器，运算完毕后把结果送到内存，最后由输出设备显示出来。全过程由控制器进行控制。其工作过程如图 1-5 所示。

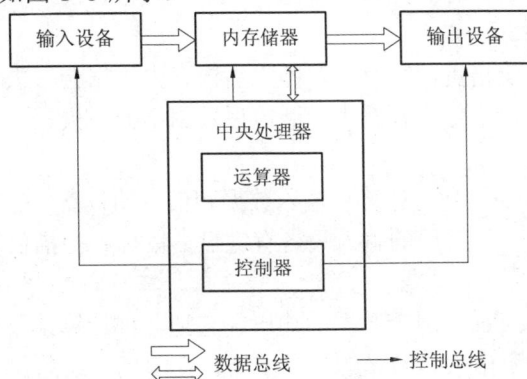

图 1-5　计算机基本结构

1. 运算器

运算器是计算机处理数据形成信息的加工厂，它的主要功能是对二进制数码进行算术运算或逻辑运算。因此，称它为算术逻辑部件（ALU）。

运算器主要由一个加法器、若干个寄存器和一些控制线路组成。

运算器的性能是衡量一台计算机性能的重要因素之一，与运算器相关的性能指标包括计算机的字长和速度。

2. 控制器

控制器是计算机的神经中枢，由它指挥计算机各个部件自动、协调地工作。它主要由指令寄存器、译码器、程序计数器和操作控制器等组成。它的基本功能是从内存中取指令和执行指令，控制器按程序计数器指出的指令地址从内存中取出该指令进行译码，然后根据该指令功能向有关部件发出控制命令，执行指令。另外，控制器在工作过程中，还接收各部件反馈回来的信息。

3. 存储器

存储器具有记忆功能，用来保存信息，如数据、指令和运算结果等。存储器可分为两种：内存储器和外存储器。

（1）内存储器（简称内存或主存）：内存储器又称主存储器，它直接与 CPU 相连接，存储容量较小，但速度快，用来存放当前运行程序的指令，并直接与 CPU 交换信息。内存储器由许多存储单元组成，每个单元能存放一个二进制数。

目前微型机的内存都采用半导体存储器。从使用功能上分为，随机存储器（Random Access Memory，RAM）和只读存储器（Read Only Memory，ROM）。随机存储器可以读出，也可以写入。读出时并不损坏原来存储的内容，只有写入时才修改原来所存储的内容。随机存储器仅用于暂时存放程序和数据，关闭电源或断电，数据就会丢失。只读存储器是只能读取数据，不能写入新的数据。由于其不会因断电而丢失数据，一般用来存放固定的程序和数据。

存储器的存储容量以字节为基本单位，每个字节都有自己的编号，称为"地址"，如果要访问存储器中的某个信息，必须知道它的地址，然后再按地址存入或取出信息。

（2）外存储器（简称外存或辅存）：外存储器又称辅助存储器，它是内存的扩充。外存的存储容量大、价格低，但存储速度较慢，一般用来存放大量暂时不用的程序、数据和中间值，需要时，可成批地与内存储器进行信息交换。外存只能与内存交换信息，不能被计算机系统的其他部件直接访问常用的外存有光盘、硬盘、U 盘、磁带、CD 等。

外存与内存的区别是：

内存储器：速度快，价格贵，容量小，断电后内存内数据会丢失。

外存储器：速度慢，价格低，容量大，断电后数据不会丢失。

4．输入设备

输入设备（Input Device）是向计算机输入数据和信息的设备。它是用户和计算机之间进行信息交换的主要设备之一。常用的输入设备有键盘、鼠标、扫描仪等。

5．输出设备

输出设备（Output Device）用于数据的输出。它把各种计算结果数据或信息以数字、字符、图像、声音等形式表示出来。常见的有显示器、打印机、绘图仪等。

人们通常把内存储器、运算器和控制器合称为计算机主机。把运算器、控制器做在一个大规模集成芯片称为中央处理器，即 CPU（Central Processing Unit）。也可以说，主机是由 CPU 和内存储器组成的，而主机以外的装置称为外部设备，外部设备包括输入/输出设备。

步骤 3：计算机的软件系统

软件系统是组成计算机系统的重要部分，可以对硬件进行管理、控制和维护。计算机系统的软件根据用途不同分为两大类，即系统软件和应用软件。

1．系统软件

系统软件是用来管理计算机硬件与软件资源的程序。最常用的系统软件有操作系统、计算机语言处理程序、数据库管理程序等。

以下简介计算机中几种常用的系统软件。

（1）操作系统：操作系统（Operating System）是最基本最重要的系统软件。操作系统是一个庞大的管理控制程序，大致包括 5 个方面的管理功能：进程与处理机管理、作业管理、存储管理、设备管理、文件管理。常见的操作系统有 DOS、Windows 系列、UNIX 等。

（2）计算机语言处理程序：计算机语言分机器语言、汇编语言和高级语言。

机器语言（Machine Language）是用二进制"0"和"1"组成的代码指令，是唯一能被计算机直接认识的语言。

汇编语言（Assemble Language）采用英文符号和数字代替机器语言的二进制码，因此汇编语言也称为符号语言。使用汇编语言编写的程序，机器不能直接识别，要由一种程序将汇编语言翻译成机器语言，这种起翻译作用的程序叫汇编程序。

高级语言（High Level Language）采用接近人们日常使用的自然语言和表达式，编程简单易学，可读性强，对机器依赖性低，但程序运行较慢。常用的高级语言有 Visual BASIC、C、Java 等。

将高级语言编写的程序翻译为机器语言程序有两种方式，即"编译程序"和"解释程序"。编译程序把高级语言所写的程序作为一个整体进行处理，编译后与子程序库链接，形成一个完整的可执行程序。解释程序则对高级语言程序逐句解释执行。

（3）数据库管理系统：数据库管理系统可用于建立、使用和维护数据库。目前，常用的数据库管理程序有 MySql、Oracle、Visual FoxPro 和 SQL Server 等。

2. 应用软件

应用软件是用户使用各种程序设计语言编制的解决实际问题的程序，如文字处理软件WPS、Word、辅助设计软件 CAD、网页设计软件 Dreamweaver 等。

步骤 4：多媒体计算机系统

1. 什么是多媒体计算机

多媒体计算机一般指多媒体个人计算机（MPC），其主要功能是可以把音频、视频、图形图像和计算机交互式控制结合起来，进行综合的处理。第一台多媒体计算机是 1985 年出现了。多媒体计算机一般由多媒体计算机硬件系统和多媒体计算机软件系统构成。

2. 多媒体计算机硬件系统

多媒体计算机硬件系统主要包括以下几部分：

（1）多媒体主机，如个人机、工作站、超级微机等。

（2）多媒体输入设备，如摄像机、电视机、麦克风、录像机、视盘、扫描仪、CD-ROM 等。

（3）多媒体输出设备，如打印机、绘图仪、音响、电视机、喇叭、录音机、录像机、高分辨率屏幕等。

（4）多媒体存储设备，如硬盘、光盘、声像磁带等。

（5）多媒体功能卡，如视频卡、声音卡、压缩卡、家电控制卡、通信卡等。

（6）操纵控制设备，如鼠标器、操纵杆、键盘、触摸屏等。

3. 多媒体计算机软件系统

多媒体计算机软件系统包括多媒体操作系统、图形用户接口和支持多媒体数据开发的应用工作软件。多媒体计算机的软件系统是以操作系统为基础的。除此之外，还有多媒体数据库管理系统、多媒体压缩/解压缩软件、多媒体声像同步软件、多媒体通信软件等。特别需要指出的是，多媒体系统在不同领域中的应用需要有多种开发工具，而多媒体开发和创作工具为多媒体系统提供了方便直观的创作途径，一些多媒体开发软件包提供了图形、色彩板、声音、动画、画像及各种媒体文件的转换与编辑手段。

随着多媒体计算机应用越来越广泛，在办公自动化领域、计算机辅助工作、多媒体开发和教育宣传等领域发挥了重要作用。

步骤 5：计算机的主要性能指标

计算机的性能指标主要包括以下几个方面：

1. 字长

字长：是指计算机能直接处理的二进制信息的位数。字长与计算机的功能和用途有很大的关系，是计算机的一个重要技术指标。字长直接反映了一台计算机的计算精度。在其他指标相同时，字长越长，计算机处理数据的速度就越快。早期的微机字长一般是 8 位和 16 位。目前市面上的计算机的处理器大部分已达到 64 位。

字长由微处理器对外数据通路的数据总线条数决定。

2. 运算速度

运算速度：计算机运算速度（平均运算速度）是指每秒钟所能执行的指令条数，一般用"百万条指令/秒"（MIPS）来描述。运算速度是衡量计算机性能的一项重要指标。

3. 时钟频率

时钟频率也称为主频，是指 CPU 在单位时间（秒）内所发出的脉冲数，单位为兆赫兹（MHz）。它在很大程度上决定了计算机的运算速度，时钟频率越高，运算速度就越快。时钟频率是反映计算机速度的一个重要的间接指标，我们购买 CPU 时通常以它作为重要的参数来考虑。

4. 内存容量

计算机的内存容量通常是指随机存储器（RAM）的容量，是内存条的关键性参数。内存越大，其处理数据的范围就越广，并且运算速度也越快。

5. 存取速度

存储器完成一次读/写操作所需的时间称为存储器的存取时间或访问时间，存储器连续进行读/写操作所允许的最短时间间隔称为存取周期。存取周期越短，存取速度越快，它是反映存储器性能的一个重要参数。内存的速度一般用存取时间衡量，即每次与 CPU 间数据处理耗费的时间，以纳秒（ns）为单位。目前大多数 SDRAM 内存芯片的存取时间为 5、6、7、8 或 10 ns。

6. 磁盘容量

磁盘容量通常指硬盘存储量的大小。硬盘是个人电脑中存储数据的重要部件，其容量就决定着个人电脑的数据存储的大小，这也就是用户购买硬盘所首先要注意的参数之一。

7. 高速缓冲存储器

高速缓冲存储器可以使 CPU 用很快的速度访问数据。在计算机技术发展过程中，由于 CPU 的速度比主存储器存取速度快得多，所以大部分时间都是在等待从 RAM 中传送的数据，使中央处理器的高速处理能力不能充分发挥。高速缓冲存储器可以缓和中央处理器和主存储器之间速度不匹配的矛盾，使得一旦 CPU 请求，就可以迅速访问到数据。

任务四　计算机病毒

任务描述

通过对计算机病毒概念、特点、分类和防范措施的介绍，让学生初步掌握计算机病毒的知识和基本防范操作方法，达到养成良好的计算机使用习惯、提高学生网络安全防范意识和形成良好的网络道德规范的目的。

步骤 1：病毒的概念

1983 年计算机安全专家 F.Cohen 研制出一种能在运行中复制自身的破坏程序，人们发现它在很多方面与生物病毒相类似。计算机病毒（Computer Virus）在《中华人民共和国计算机信息系统安全保护条例》中被明确定义，病毒指"编制或者在计算机程序中插入的破坏计算机功能或者破坏数据，影响计算机使用并且能够自我复制的一组计算机指令或者程序代码"。

步骤 2：病毒的特点

计算机病毒一般具有以下几个特征：

（1）传染性：计算机病毒一旦侵入计算机系统就开始搜索可以传染的程序或磁介质，然后通过自我复制迅速传播。计算机病毒可以通过日益发达计算机网络在极短的时间内传遍世界。

（2）潜伏性：大部分病毒感染系统后，并不会马上发作，它隐藏在系统中就像一个定时炸弹，一旦外部条件成熟时才会发作。如"黑色星期五"病毒每逢１３日与星期五重合时就开始破坏计算机中存储的文件。

（3）隐蔽性：计算机病毒是一种具有很高编程技巧、短小精悍的可执行程序。有的病毒只有几百到几千字节，非常便于隐蔽，用户检查和分析起来通常很困难，容易造成漏查或错杀。

（4）破坏性：计算机病毒对计算机系统的正常运行都具有破坏性。计算机中毒后，可能会导致系统工作效率降低，甚至系统崩溃。正常的程序无法运行，计算机内的文件被删除或受到不同程度的损坏。

步骤 3：计算机病毒的分类

目前全球有 20 多万种病毒，按照基本类型划分，可归结为 5 种类型：

（1）引导型病毒：引导型病毒主要是感染软盘、硬盘的引导扇区或主引导扇区。在用户对软盘、硬盘进行读写动作时进行感染活动。

（2）文件型病毒：文件型病毒主要是感染可执行文件，对于 Windows 来说是感染扩展名为 COM 和 EXE 等可执行文件。被感染的文件在执行的同时，又把病毒复制到其他文件中。

（3）混合型病毒：混合型病毒有引导型病毒和文件型病毒两者的特征。

（4）宏病毒：宏病毒充分利用宏命令的强大系统调用功能，实现某些涉及系统底层操作的破坏。该类病毒的共有特性是能感染 Office 系列文档，而不会传染给可执行文件。

（5）木马病毒、黑客病毒：木马病毒的特点是通过网络或者系统漏洞进入用户的系统并隐藏，然后向外界泄露用户的信息，而黑客病毒则有一个可视的界面，能对用户的电脑进行远程控制。它们往往是成对出现的，即木马病毒负责侵入用户的电脑，而黑客病毒则会通过网络任意控制此计算机，并获得重要文件。

步骤 4：病毒的识别与防治

任何病毒都会对计算机系统构成威胁，但只要养成良好的预防病毒意识，并充分发挥杀毒软件的防护能力，完全可以将大部分病毒拒之门外。

（1）安装杀毒软件和个人防火墙：计算机病毒无孔不入，安装一套杀毒软件很有必要。首次安装时，一定要对计算机做一次彻底的病毒扫描，确保系统尚未受过病毒感染。上网的时候打开杀毒软件和防火墙实时监控，以免病毒通过网络入侵计算机。另外经常更新病毒库和定期扫描计算机也是一个良好的习惯。

（2）对公用软件和共享软件要谨慎使用，使用 U 盘时要先杀毒，以防 U 盘携带病毒传染计算机。

（3）从网上下载任何文件后，一定要先扫描杀毒再运行。

（4）收到电子邮件时先要进行病毒扫描，不要随便打开来历不明的程序和文件。

（5）对重要的文件要做备份，以免遭到病毒侵害时不能立即恢复，造成不必要的损失。

对已经感染病毒的计算机，可以下载最新的防病毒软件进行清除。目前市面上的杀毒软件有金山、江民、瑞星、卡巴斯基、McaFee、诺顿等品牌，杀毒和防毒能力都不错，而且还能实时升级病毒库。

项目二　计算机组装

任务一　电脑硬件的选购

任务描述

（1）了解计算机硬件的主流品牌及其性能特点。

（2）根据需求选购合适的部件。

步骤1：认识PC整机

从外部结构看，一台台式计算机包括的硬件主要有：主机、显示器、键盘、鼠标等，如图1-6所示。

步骤2：主要部件的选购

1. 主板

主板，又叫主机板（mainboard）或母板（motherboard），它安装在机箱内，是微机最基本的也是最重要的部件之一。主板一般为矩形电路板，上面安装了组成计算机的主要电路系统，一般有BIOS芯片、I/O控制芯片、键盘

图1-6　计算机

和面板控制开关接口、指示灯插接件、扩充插槽、主板及插卡的直流电源供电接插件等元件，如图1-7所示。

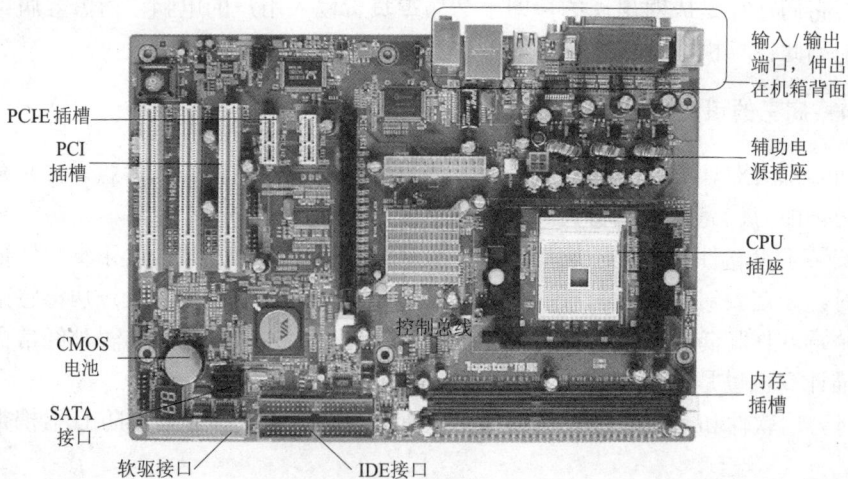

图1-7　主板

电脑的主板对电脑的性能来说，影响是很重大的。曾经有人将主板比喻成建筑物的地基，

其质量决定了建筑物坚固耐用与否；也有人形象地将主板比作高架桥，其好坏关系着交通的畅通力与流速。

主板的性能指标有：

（1）主板芯片组类型：主板芯片组是主板的灵魂与核心，芯片组性能的优劣，决定了主板性能的好坏与级别的高低。CPU 是整个电脑系统的控制运行中心，而主板芯片组的作用不仅要支持 CPU 的工作而且要控制的协调整个系统的正常运行。主流芯片组主要分支持 INTEL 分司的 CPU 芯片组和支持 AMD 公司的 CPU 芯片组两种；

（2）主板 CPU 插座：主板上的 CPU 插座主要有 Socket478、LGA775 等，引脚数越多，表示主板所支持的 CPU 性能越好；

（3）是否集成显卡：一般情况下，相同配置的机器集成显卡的性能不如相同档次的独立显卡，但集成显卡的兼容性和稳定性较好；

（4）支持最高的前端总线：前端总线是处理器与主板北桥芯片或内存控制集线器之间的数据通道，其频率高低直接影响 CPU 访问内存的速度；

（5）支持最高的内存容量和频率：支持的内存容量和频率越高，电脑性能越好。

选购主板时注意：

（1）对 CPU 的支持，主板和 CPU 是否配套；

（2）对内存、显卡、硬盘的支持，要求兼容性和稳定性好；

（3）扩展性能与外围接口，考虑电脑的日常使用，主板除了要有 AGP 插槽和 DIMM 插槽外，还应有 PCI，AMR，CNR，ISA 等扩展槽；

（4）主板的用料和制作工艺，就主板电容而言，全固态电容的主板好于半固态的电容的；

（5）品牌，最好选择知名品牌的主板，目前知名的主板品牌有：华硕（ASUS）、微星（MSI）、技嘉（GIGABYTE）等。

2. CPU

中央处理器（CPU）由运算器和控制器组成。运算器有算术逻辑部件 ALU 和寄存器；控制器有指令寄存器、指令译码器和指令计数器 PC 等。CPU 外观如图 1-8 所示。

CPU 的性能指标直接决定了由它构成的微型计算机系统性能指标。CPU 的性能指标主要由字长、主频和缓存决定。

（1）主频：也叫时钟频率，以 MHz（兆赫）为单位。通常所说的某某 CPU 是多少兆赫的，而这个"多少兆赫"就是 CPU 的主频。主频的大小在很大程度上决定了微机运算速度的快慢，主

图 1-8 CPU

频越高，微机的运算速度就越快。在启动计算机时，BIOS 自检程序会在屏幕上显示出 CPU 的工作频率。

（2）缓存：缓存大小也是 CPU 的重要指标之一，而且缓存的结构和大小对 CPU 速度的影响非常大，实际工作时，CPU 往往需要重复读取同样的数据块，而缓存容量的增大，可以大幅度提升 CPU 内部读取数据的命中率，而不用再到内存或者硬盘上寻找，以此提高系统性能。现在 CPU 的缓存分一级缓存（L1）、二级缓存（L2）和三级缓存（L3）。

（3）字长：电脑技术中对 CPU 在单位时间内（同一时间）能一次处理的二进制数的位数叫字长。所以能处理字长为 8 位数据的 CPU 通常就叫 8 位的 CPU。字长的长度是不固定的，对于不同的 CPU、字长的长度也不一样。8 位的 CPU 一次只能处理一个字节，而 32 位的 CPU

一次就能处理 4 个字节，同理字长为 64 位的 CPU 一次可以处理 8 个字节；字长越长，CPU 处理速度越快；

（4）制作工艺：制造工艺的趋势是向密集度愈高的方向发展。密度愈高的 IC 电路设计，意味着在同样大小面积的 IC 中，可以拥有密度更高、功能更复杂的电路设计。现在主要的 90 nm、65 nm、45 nm。最近 Intel 已经有 32 nm 的制造工艺的酷睿 i3/i5/i7 系列了。总之，制造工艺越精细 CPU 越好；

选购 CPU 时应注意：

（1）确定 CPU 的品牌，可以选用 Intel 或 AMD，AMD 的性价比较高，而 Intel 的则是稳定性较高；

（2）CPU 和主板配套：CPU 的前端总线频率应不大于主板的前端总线频率；

（3）查看 CPU 的参数，主要看主频、前端总线频率、缓存、工作电压等，如 Pentium D 2.8 GHz/2 MB/800/1.25 V，Pentium D 指 Intel 奔腾 D 系列处理器，2.8 GHz 指 CPU 的主频，2 MB 指二级缓存的大小，800 指的是前端总线频率为 800 MHz，1.25 V 指的是 CPU 的工作电压，工作电压越小越好，因为工作电压低的 CPU 产生的热量越少；

（4）CPU 风扇转速：风扇转得越快，风力越大，降温效果越好。

3．内存条

内存又称主存，内存是计算机中重要的部件之一，它是与 CPU 进行沟通的桥梁。计算机所需处理的全部信息都是由内存来传递给 CPU 的，因此内存的性能对计算机的影响非常大。内存（memory）也被称为内存储器，其作用是用于暂时存放 CPU 中的运算数据，以及与硬盘等外部存储器交换的数据。当电脑需要处理信息时，是把外存的数据调入内存，内存条如图 1-9 所示。

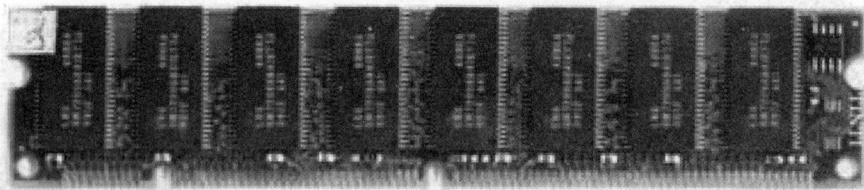

图1-9　内存条

内存的性能指标有：

（1）传输类型：传输类型实际上是指内存的规格，即通常说的 DDR2 内存还是 DDR3 内存，DDR3 内存在传输速率、工作频率工作电压等方面都优于前者。

（2）主频：内存主频和 CPU 主频一样，习惯上被用来表示内存的速度，它代表着该内存所能达到的最高工作频率。内存主频是以 MHz（兆赫）为单位来计量的。内存主频越高在一定程度上代表着内存所能达到的速度越快。目前较为主流的内存频率是 800 MHz 的 DDR2 内存，以及一些内存频率更高的 DDR3 内存。

（3）存储容量：即一根内存条可以容纳的二进制信息量，当前常见的内存容量有：512 MB、1 GB、2 GB 和 4 GB 等。

（4）可靠性：存储器的可靠性用平均故障间隔时间来衡量，可以理解为两次故障之间的平均时间间隔。

选购内存时应注意：

（1）确定内存的品牌，最好选择名牌厂家的产品。比如 Kingston（金士顿），兼容性好、稳定性高，但市场上假货较多；现代（HY）、ADATA（威刚）、APacer（宇瞻）也是不错的品牌；

（2）内存容量的大小；

（3）内存的工作频率；

（4）仔细辨别内存的真伪；

（5）内存做工的精细程度。

4. 硬盘

硬盘是计算机中最重要的外存储器，它用来存放大量数据，由一个或者多个铝制或者玻璃制的碟片组成。这些碟片外覆盖有铁磁性材料。绝大多数硬盘都是固定硬盘，被永久性地密封固定在硬盘驱动器中，如图 1-10 所示。

硬盘的性能指标有：

（1）容量：一张盘片具有正、反两个存储面，两个存储面的存储容量之和就是硬盘的单碟容量，单碟容量越大，单位成本越低，平均访问时间也越短；

（2）转速：是硬盘内电机主轴的旋转速度，也就是硬盘盘片在一分钟内所能完成的最大转数。转速的快慢是标示硬盘档次的重要参数之一，它是决定硬盘内部传输率的关键因素之一，在很

图 1-10 硬盘

大程度上直接影响到硬盘的速度。硬盘的转速越快，硬盘寻找文件的速度也就越快，相对的硬盘的传输速度也就得到了提高。硬盘转速以每分钟多少转来表示，单位表示为 RPM，RPM 是 Revolutions Per minute 的缩写，是转/每分钟；

（3）平均访问时间：是指磁头从起始位置到达目标磁道位置，并且从目标磁道上找到要读写的数据扇区所需的时间；

（4）传输速率：指硬盘读写数据的速度，单位为兆字节每秒（MB/s），硬盘的传输速率取决于硬盘的接口，常用的接口有 IDE 接口和 SATA 接口，SATA 接口传输速率普遍较高，因此现在的硬盘大多采用 SATA 接口；

（5）缓存：缓存（Cache memory）是硬盘控制器上的一块内存芯片，具有极快的存取速度，它是硬盘内部存储和外界接口之间的缓冲器。一般缓存较大的硬盘在性能上会有更突出的表现。

选购硬盘时应注意：

（1）硬盘容量的大小；

（2）硬盘的接口类型：硬盘接口的优劣直接影响着程序运行快慢和系统性能好坏，目前流行的是 SATA 接口；

（3）硬盘数据缓存及寻道时间：对于大缓存的硬盘，在存取零碎数据时具有非常大的优势，因此当硬盘存取零碎数据时需要不断地在硬盘与内存之间交换数据，如果有大缓存，则可以将那些零碎数据暂存在缓存中，这样一方面可以减小外系统的负荷，另一方面也提高硬盘数据的传输速度；

（4）硬盘的品牌选择：目前市场上知名的品牌有：希捷（Seagate）、三星（Samsung）、西部数据（Western Digital）、日立（HITACHI）等。

图 1-11 显卡

5. 显卡

显卡是主机与显示器连接的"桥梁",是连接显示器和主板的适配卡,作用是控制显示器的显示方式,显示卡分集成显卡和独立显卡,图 1-11 所示为独立显卡。

显卡的性能指标有:

(1)分辨率:显卡的分辨率表示显卡在显示器上所能描绘的像素的最大数量,一般以横向点数×纵向点数来表示,分辨率越高,在显示器上显示的图像越清晰,图像和文字可以更小,在显示器上可以显示出更多的东西;

(2)色深:像素的颜色数称为色深,该指标用来描述显示卡在某一分辨率下,每一个像素能够显示的颜色数量,一般以多少色或多少"位"色来表示;

(3)显存容量:显存与系统内存一样,其容量也是越多越好,因为显存越大,可以存储的图像数据就越多,支持的分辨率与颜色数也就越高,做设计或游戏时运行起来就更加流畅。现在主流显卡基本上具备的是 512 MB 容量,一些中高端显卡则配备了 1 GB 的显存容量;

(4)刷新频率:刷新频率是指图像在显示器上更新的速度,也就是图像每秒在屏幕上出现的帧数,单位为 Hz.刷新频率越高,屏幕上图像的闪烁感就越小,图像越稳定,视觉效果也越好。一般刷新频率在 75 Hz 以上时,人眼对影像的闪烁才不易察觉;

(5)核心频率与显存频率:核心频率是指显卡视频处理器(CPU)的时钟频率,显存频率则是指显存的工作频率。显存频率一般比核心频率略低,或者与核心频率相同。显卡的核心频率和显存频率越高,显卡的性能越好。

选购显卡时应注意:

(1)显存容量和速度;

(2)显卡芯片:主要有 NVIDIA 和 ATI;

(3)散热性能;

(4)显存位宽:目前市场上的显存位宽有 64 位、128 位和 256 位三种,人们习惯上叫的 64 位显卡、128 位显卡和 256 位显卡就是指其相应的显存位宽。显存位宽越高,性能越好价格也就越高;

(5)显卡的品牌选择:目前市场上知名的品牌有:Colorful(七彩虹)、GALAXY(影驰)、ASUS(华硕)、UNIKA(双敏)。

6. 显示器

显示器是属于电脑的 I/O 设备,即输入/输出设备。它可以分为阴极射线管显示器(CRT)(如图 1-12 所示)、液晶显示器(LCD)(如图 1-13 所示)、等离子体显示器(PDP)、真空荧

图 1-12 CRT 显示器

图 1-13 LCD 显示器

光显示器（VFD）等多种。不同类型的显示器应配备相应的显示卡。显示器有显示程序执行过程和结果的功能。

目前，一般购置电脑都选择液晶显示器，其性能指标主要有：

（1）可视面积：液晶显示器所标示的尺寸就是实际可以使用的屏幕范围一致。例如，一个 15.1 英寸的液晶显示器约等于 17 英寸 CRT 屏幕的可视范围。

（2）可视角度：液晶显示器的可视角度左右对称，而上下则不一定对称。大多数从屏幕射出的光具备了垂直方向，而从一个非常斜的角度观看一个全白的画面，我们可能会看到黑色或是色彩失真。

（3）点距：我们常问到液晶显示器的点距是多大，比如 14 英寸 LCD 的可视面积为 285.7 mm×214.3 mm，它的最大分辨率为 1 024×768，那么点距就等于：可视宽度/水平像素（或者可视高度/垂直像素），即 285.7 mm/1 024=0.279 mm。

（4）色彩度：LCD 重要的当然是的色彩表现度。我们知道自然界的任何一种色彩都是由红、绿、蓝三种基本色组成的。高端液晶使用了所谓的 FRC（Frame Rate Control）技术以仿真的方式来表现出全彩的画面，也就是每个基本色（R、G、B）能达到 8 位，即 256 种颜色，那么每个独立的像素有高达 256×256×256=16 777 216 种色彩。

（5）亮度和对比度：液晶显示器的亮度越高，显示的色彩就越鲜艳。对比度是定义最大亮度值（全白）除以最小亮度值（全黑）的比值，CRT 显示器的对比值通常高达 500:1，以致在 CRT 显示器上呈现真正全黑的画面是很容易的。但对 LCD 来说就不是很容易了，由冷阴极射线管所构成的背光源是很难去做快速的开关动作，因此背光源始终处于点亮的状态。为了要得到全黑画面，液晶模块必须完全把由背光源而来的光完全阻挡，但在物理特性上，这些组件并无法完全达到这样的要求，总是会有一些漏光发生。一般来说，人眼可以接受的对比值约为 250:1。

（6）响应时间：响应时间是指液晶显示器各像素点对输入信号反应的速度，此值当然是越小越好。如果响应时间太长了，就有可能使液晶显示器在显示动态图像时，有尾影拖曳的感觉。一般的液晶显示器的响应时间在 20～30 ms。

选购显示器时应注意：

（1）液晶显示器对比度和亮度的选择；

（2）灯管的排列；

（3）液晶显示器响应时间和视频接口；

（4）液晶显示器的分辨率和可视角度；

（5）品牌：目前比较知名的显示器品牌有：三星、LG、AOC、飞利浦等。

7. 光驱

光驱，是计算机用来读写光碟内容的设备，在安装系统软件、应用软件、数据保存等情况经常用到光驱。目前，光驱可分为 CD–ROM 驱动器、DVD 光驱（DVD–ROM）、康宝（COMBO）和刻录机等，如图 1–14 所示。

光驱的性能指标有：

（1）数据传输率：指光驱在 1 秒时间内所能读取的数据量，用 k 字节/秒（kbps）表示。该数据量越大，则

图 1–14 光驱

光驱的数据传输率就越高。双速、四速、八速光驱的数据传输率分别为 300 kbps、600 kbps 和 1.2 Mbps，以此类推；

（2）平均访问时间：又称平均寻道时间，是指 CD–ROM 光驱的激光头从原来位置移动到一个新指定的目标（光盘的数据扇区）位置并开始读取该扇区上的数据这个过程中所花费的时间；

（3）CPU 占用时间：指 CD–ROM 光驱在维持一定的转速和数据传输速率时所占用 CPU 的时间。

选购光驱时应注意：

（1）光驱读写速度；

（2）光驱的纠错能力；

（3）光驱的稳定性；

（4）光驱的芯片材料。

图 1–15　音箱

（3）频率范围。

8. 音箱

音箱指将音频信号变换为声音的一种设备。通俗地讲就是指音箱主机箱体或低音炮箱体内自带功率放大器，对音频信号进行放大处理后由音箱本身回放出声音，如图 1–15 所示。

音箱的性能指标有：

（1）功率；

（2）信噪比：是指功放最大不失真输出电压和残留噪声电压之比；

目前市场上知名的音箱品牌有：漫步者（Edifier）、麦博（Microlab）、三星（Samsung）音箱等。

9. 机箱

机箱是电脑主机的"房子"，起到容纳和保护 CPU 等电脑内部配件的重要作用，从外观上分立式和卧式两种。机箱一般包括外壳、用于固定软硬盘驱动器的支架、面板上必要的开关、指示灯和显示数码管等。配套的机箱内还有电源，如图 1–16 所示。

机箱的性能和选购应注意以下几方面：

① 制作材料；

② 制作工艺；

③ 使用的方便度；

④ 机箱的散热能力；

⑤ 机箱的品牌。

10. 键盘和鼠标

键盘是计算机最常用的输入设备，包括数字键、字母键、功能键、控制键等，如图 1–17 所示。

鼠标的全称是显示系统纵横位置指示器，因形似老鼠而得名"鼠标"英文名 Mouse。鼠标的使用是为了使计算机的操作更加简便，来代替键盘那繁琐的指令。

鼠标按键数分类可以分为传统双键鼠、三键鼠和新型的多键鼠标；按内部构造分可以分为机械式、光机式和光电式三大类；按接口分类可以分为 COM、PS/2、USB 三类。

图 1-16　机箱

图 1-17　键盘和鼠标

一般情况下，键盘和鼠标的市场价格都比较便宜，由于键盘鼠标使用率较高，容易损坏，建议选择价格适中的产品。

任务二　学生电脑硬件的组装

任务描述

（1）掌握计算机各部件的安装方法。

（2）熟悉计算机各设备的连线方法。

（3）了解计算机系统的组成。

步骤1：在主板上安装CPU

（1）找到主板上安装 CPU 的插座，稍微向外、向上拉开 CPU 插座上的拉杆，拉到与插座垂直的位置，如图 1-18 所示。

（2）仔细观察可看到在靠近阻力杆的插槽一角与其他三角不同，上面缺少针孔。取出 CPU，仔细观察 CPU 的底部会发现在其中一角上也没有针脚，这与主板 CPU 插槽缺少针孔的部分是相对应的，只要让两个没有针孔的位置对齐就可以正常安装 CPU 了。

（3）看清楚针脚位置以后就可以把 CPU 安装在插槽上了。安装时用拇指和食指小心夹住 CPU，然后缓慢下放到 CPU 插槽中，安装过程中要保证 CPU 始终与主板垂直，不要产生任何角度和错位，而且在安装过程中如果觉得阻力较大的话，就要拿出 CPU 重新安装。当 CPU 顺利地安插在 CPU 插槽中后（如图 1-19 所示），使用食指下拉插槽边的阻力杆至底部卡住后，CPU 的安装过程就完成了。

图 1-18　拉开插座拉杆

图 1-19　安装上 CPU

步骤2：安装散热器

在安装之前应先确保 CPU 插槽附近的四个风扇支架没有松动的部分。然后将风扇两侧的压力调节杆搬起，小心地将风扇垂直轻放在四个风扇支架上，并用两手扶中间支点轻压风扇的四周，使其与支架慢慢扣合，在听到四周边角扣具发出扣合的声音后就可以了。最后将风扇两侧的双向压力调节杆向下压至底部扣紧风扇，保证散热片与 CPU 紧密接触。在安装完风扇后，千万记得要将风扇的供电接口安装回去。

步骤 3：安装内存条

（1）安装内存前先要将内存插槽两端的白色卡子向两边扳动，将其打开，这样才能将内存插入。然后再插入内存条，内存条的 1 个凹槽必须直线对准内存插槽上的 1 个凸点（隔断）。

（2）再向下按入内存，在按的时候需要稍稍用力。如图 1-20 所示。

步骤 4：将主板安装到机箱中

（1）在安装主板之前，先将机箱提供的主板垫脚螺母安放到机箱主板托架的对应位置（有些机箱购买时就已经安装）。

（2）将 I/O 挡板安装到机箱的背部，然后双手平托住主板，将主板放入机箱中。如图 1-21 所示。

图 1-20　安装内存条

将主板轻轻地放入机箱中

图 1-21　将主板放入机箱中

（3）拧紧螺丝，固定主板。注意，螺丝不能一次性就拧紧，而应将螺丝先较松地全部安装后再逐个拧紧，以避免扭曲主板。

步骤 5：安装电源

先将电源放进机箱上的电源位，并将电源上的螺丝固定孔与机箱上的固定孔对正。然后再先拧上一颗螺钉（固定住电源即可），然后将剩下 3 颗螺钉孔对正位置，再拧上剩下的螺钉即可，如图 1-22 所示。

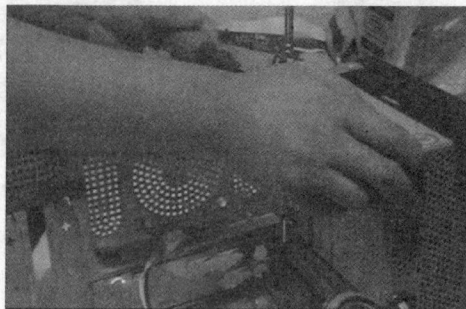

图 1-22　电源的安装

步骤 6：安装光盘驱动器

从机箱的面板上，取下一个五寸槽口的塑料挡板，为了散热的原因，应该尽量把光驱安装在最上面的位置。先把机箱面板的挡板去掉，然后把光驱从前面放进去，安装光驱后固定光驱螺丝。

步骤 7：安装硬盘

（1）在机箱内找到硬盘驱动器舱，再将硬盘插入驱动器舱内，并使硬盘侧面的螺丝孔与驱动器舱上的螺丝孔对齐。

（2）用螺丝将硬盘固定在驱动器舱中。在安装的时候，要尽量把螺丝拧紧，把它固定得稳一点，因为硬盘经常处于高速运转的状态，这样可以减少噪音以及防止震动。

步骤 8：安装显卡

显卡插入插槽中后，用螺丝固定显卡，如图1-23 所示。固定显卡时，要注意显卡挡板下端不要顶在主板上，否则无法插到位。插好显卡，固定挡板螺丝时要松紧适度，注意不要影响显卡插脚与PCI/PCE-E 槽的接触，更要避免引起主板变形。安装声卡、网卡或内置调制解调器与之相似，在此不再赘述。

图1-23　显卡的安装

步骤 9：连接相关数据线

（1）在跳线中找到标有 AUDIO 的插头，这个插头就是前置的音频跳线。在主板上找到AUDIO 插槽并插入，这个插槽通常在显卡插槽附近。

（2）找到报警器跳线 SPEAKER，并在主板上找到 SPEAKER1 插槽并将线插入。这个插槽在不同品牌主板上的位置可能是不一样的。

（3）找到标有 USB 字样的 USB 跳线，将其插入 USB 跳线插槽中。

（4）找到主板跳线插座，一般位于主板右下角，共有 9 个针脚，其中最右边针脚是没有任何用处的。将硬盘灯跳线 H.D.D.LED、重启键跳线 RESET SW、电源信号灯线 POWER LED、电源开关跳线 POWER SW 分别插入对应的接口。

连接电源线：主板上一般提供 24 PIN 的供电接口或 20 PIN 的供电接口，并连接硬盘和光驱上的电源线。

连接数据接口：硬盘一般采用 SATA 接口或 IDE 接口，光驱采用 IDE 接口，在现在的大多主板上，有多个 SATA 接口，一个 IDE 接口。

步骤 10：连接电源线

为整个主板供电的电源线插头共有 24 个针脚。主板的电源插座采用了防呆设计，正确插法是将带有卡子的一侧对准电源插座凸出来的一侧插进去。

步骤 11：整理内部连线和合上机箱盖

机箱内部的空间并不宽敞，加之设备发热量都比较大，如果机箱内如果没有一个宽敞的空间，会影响空气流动与散热，同时容易发生连线松脱、接触不良或信号紊乱的现象。装机箱盖时，要仔细检查各部分的连接情况，确保无误后，把主机的机箱盖盖上，上好螺丝，主机安装就成功完成。

步骤 12：连接外设

主机安装完成以后，把相关的外部设备如键盘、鼠标、显示器、音箱等同主机连接起来，如图 1-24 所示。

图 1-24　连接外设

至此，所有的计算机设备都已经安装好，按下机箱正面的开机按钮启动电脑，可以听到 CPU 风扇和主机电源风扇转动的声音，还有硬盘启动时发出的声音。显示器上开始出现开机画面，并且进行自检。

模块 2　计算机操作系统——Windows 7

Windows 7 是由微软公司开发的操作系统。Windows 7 可供家庭及商业工作环境、笔记本电脑、平板电脑、多媒体中心等使用。微软 2009 年 10 月 22 日于美国、2009 年 10 月 23 日于中国正式发布 Windows 7，2011 年 2 月 22 日发布 Windows 7 SP1（Build7601.17514.101119–1850）。Windows 7 同时也发布了服务器版本——Windows Server 2008 R2。同 2008 年 1 月发布的 Windows Server 2008 相比，Windows Server 2008 R2 继续提升了虚拟化、系统管理弹性、网络存取方式，以及信息安全等领域的应用，其中有不少功能需搭配 Windows 7。

项目一　初次接触 Windows 7

任务一　正确开机和关机

任务描述

（1）要使用一台计算机，首先要做的任务是启动计算机。

（2）注销计算机，这样其他人在使用这台计算机的时候就不会改变你设置的工作环境了。

（3）使用完计算机后关闭计算机。

步骤 1：启动计算机

打开显示器上的电源，然后按下主机的电源开关。系统经过自检后，出现 Windows 7 的启动界面，进入 Windows 7 默认的用户操作界面。

知识链接

启动计算机的方法有冷启动、热启动和复位启动三种。

（1）冷启动：在计算机尚未开启电源的情况下启动，即步骤 1 中所用方法。

（2）热启动简单地说就是重新启动，方法是单击"开始"按钮旁的下三角按钮，在弹出快捷菜单中选择"重新启动"选项，如图 2-1 所示。

（3）当使用计算机时遇到系统突然没有响应，如鼠标不能移动，键盘不能输入等情况，可以通过复位来实现重新启动，方法是按下主机箱上的 Reset 按钮。

由于程序没有响应或系统运行时出现异常，导致所有操作不能进行，这种情况称为死机。死机时应首先进

图 2-1　重新启动计算机

行热启动，若不行再进行复位启动，如果复位启动还是不行，就只能按住电源键10秒进行强制关机，然后进行冷启动。

步骤2：注销和关闭计算机

（1）注销：单击桌面左下角的 Windows 图标，在弹出的"开始"菜单中单击"关机"按钮旁的下三角按钮，在弹出的快捷菜单中选择"注销"选项，如图2-2所示，

知识链接

图2-2中快捷菜单的6个选项的含义如下：

● 切换用户：可以在打开应用程序的情况下切换用户。

● 锁定：帮助用户锁定计算机不被其他人操作。

● 重新启动：首先会退出 Windows 7 操作系统，然后重新启动计算机。

图2-2 注销

● 睡眠：首先退出 Windows 7 操作系统，进行"睡眠"状态，此时除部分控制电路工作外，其他电源自动关闭，从而使计算机进入低功耗状态，要使计算机恢复原来的工作状态，移动或单击鼠标或在键盘上按任意键即可。

● 休眠：休眠是一种主要为便携式计算机设计的电源节能状态。使用休眠模式，并确信在回来时所有工作（包括没来得及保存或关闭的程序和文档）都会完全精确地还原到离开时的状态。

（2）关闭计算机：首先检查一下系统是否还有未执行完的任务或尚未保存的文档，如果有，首先关闭正在执行的任务，并保存好文档，然后关闭计算机。关机时注意要首先关闭主机电源，再关闭显示器电源。

任务二 安装 Windows 7

（1）计算机重启后，插入安装光盘，进入 Windows 7 的安装界面，如图2-3所示。单击"下一步"，在出现的界面中，单击"现在安装"按钮，如图2-4所示。

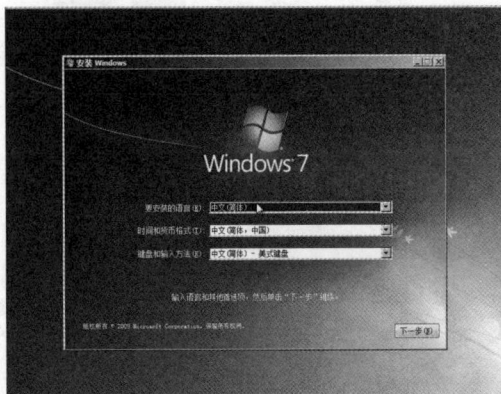

图2-3 安装界面

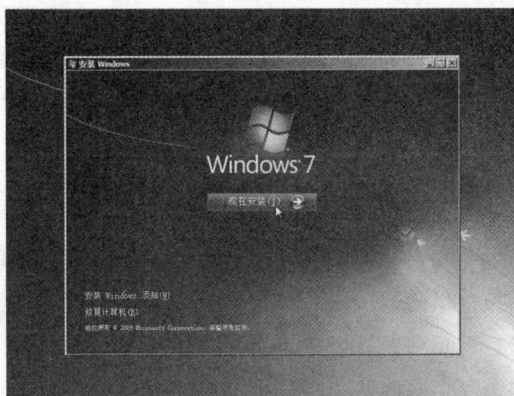

图2-4 开始安装

（2）确认接受许可条款，单击"下一步"继续，如图 2-5 所示。

（3）选择安装类型，如图 2-6 所示。

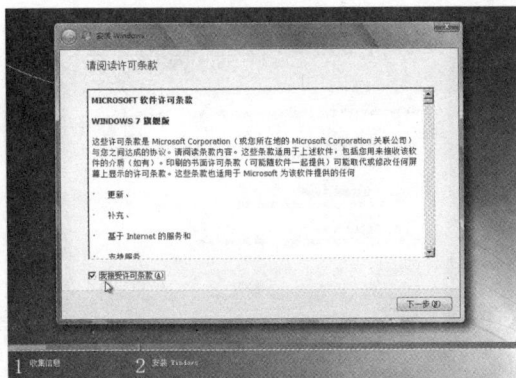

图 2-5 许可条款

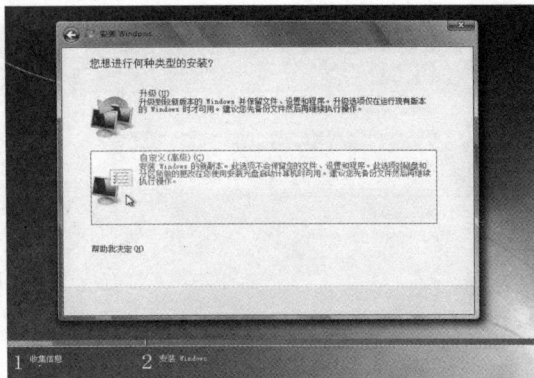

图 2-6 安装类型

（4）选择安装方式后，需要选择安装位置。默认将安装 Windows 7 安装在第一个分区（如果磁盘未进行分区，则安装前要先对磁盘进行分区），单击"下一步"继续，如图 2-7 所示。

（5）开始安装 Windows 7，如图 2-8 所示。

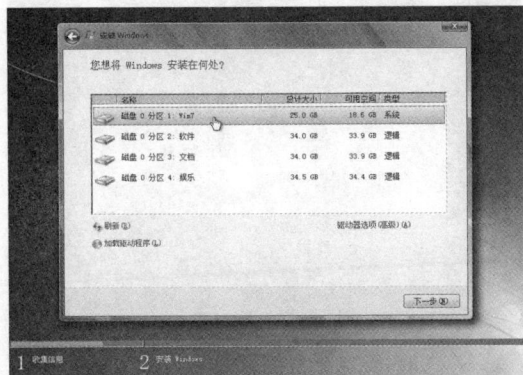

图 2-7 选择分区

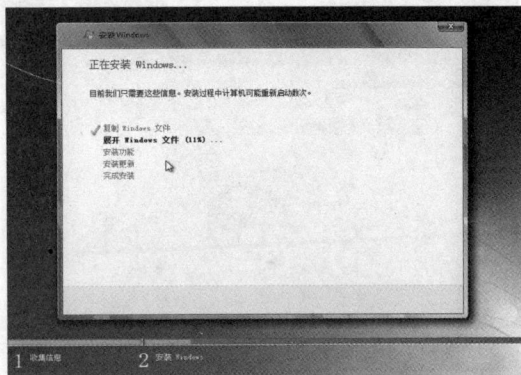

图 2-8 安装过程

（6）计算机重启数次，完成所有安装操作后进入 Windows 7 的设置界面，设置用户名和计算机名称，如图 2-9 所示。

（7）为您的 Windows 7 设置密码，如图 2-10 所示。

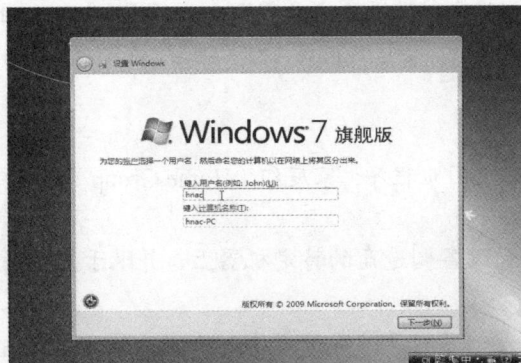

图 2-9 设置用户名和计算机名

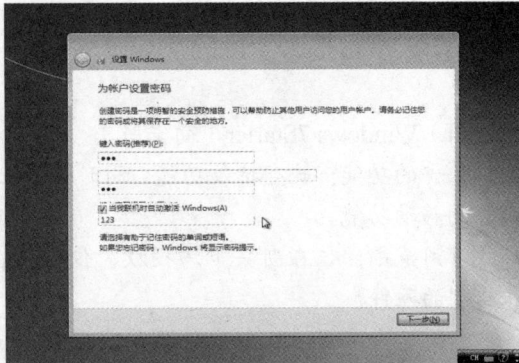

图 2-10 设置密码

（8）输入产品密钥，如图 2-11 所示。

（9）选择"帮助自动保护计算机以及提高 Windows 的性能"选项，如图 2-12 所示。

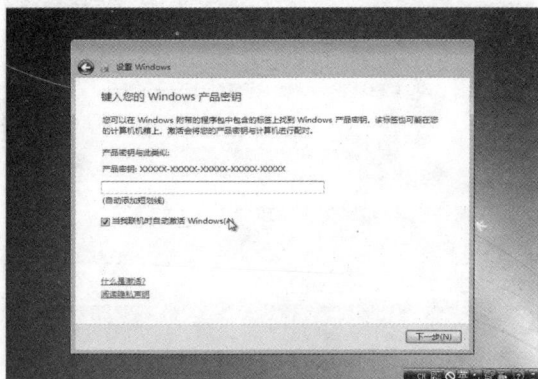

图 2-11　输入产品密钥

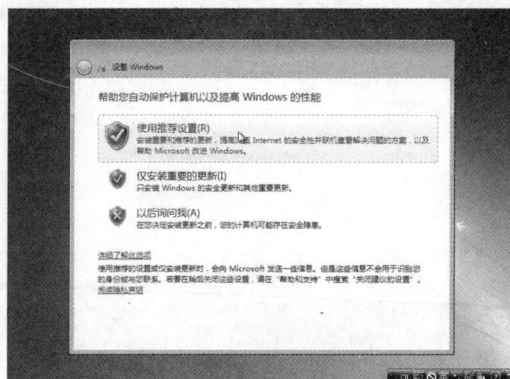

图 2-12　设置自动保护计算机

（10）进行时区、时间、日期设定，如图 2-13 所示。

（11）等待 Windows 完成设置，完成安装后，首次登录 Windows 7 的界面如图 2-14 所示。

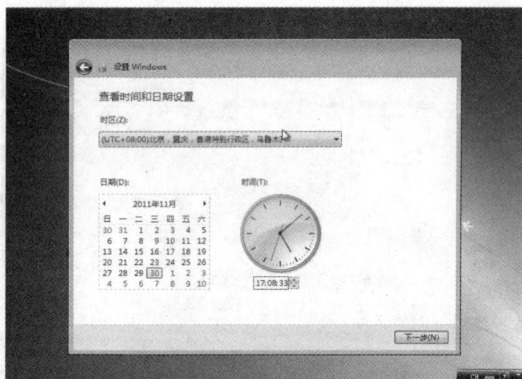

图 2-13　设定时间

图 2-14　首次登录界面

知识链接

Windows 7 版本分 32 位和 64 位，基本都有：Windows 7 Starter（简易版），Windows 7 HomeBasic（家庭普通版），Windows 7 HomePremium（家庭高级版），Windows 7 Professional（专业版），Windows 7 Enterprise（企业版），Windows 7 Ultimate（旗舰版），它们的区别如下。

（1）Windows 7Starter（简易版）。

缺少的功能：航空特效功能；同时运行三个以上同步程序；家庭组（Home Group）创建；完整的移动功能。

可用范围：仅在新兴市场投放，仅安装在原始设备制造商的特定机器上，并限于某些特殊类型的硬件。

忽略后台应用，比如文件备份实用程序，但是一旦打开该备份程序，后台应用就会被自动触发。

（2）Windows 7 HomeBasic（家庭普通版）。

缺少的功能：航空特效功能；实时缩略图预览；Internet 连接共享。

可用范围：仅在新兴市场投放（不包括美国、西欧等其他发达国家）。购买的个人电脑有一些预装这种版本。

（3）Windows 7 HomePremium（家庭高级版）。

包含功能：航空特效功能；多触控功能；多媒体功能（播放电影和刻录 DVD）；组建家庭网络组。

可用范围：全球。购买的个人电脑大都预装这种版本。

（4）Windows 7 Professional（专业版）。

包含功能：加强网络的功能，如域加入；高级备份功能；位置感知打印；脱机文件夹；移动中心（Mobility Center）；演示模式（Presentation Mode）。

可用范围：全球。

（5）Windows 7 Enterprise（企业版）。

包含功能：Branch 缓存；Direct Access；Bit Locker；AppLocker；增强虚拟化；管理；兼容性和部署；VHD 引导支持。

可用范围：仅批量许可。

（6）Windows 7 Ultimate（旗舰版）。

包含功能：所有功能。

可用范围：有限。

Windows 7 企业版和旗舰版相比专业版新增了 Bit Locker 驱动器加密、AppLocker、直接访问、Branch Cache 和 MUI 语言包。

Windows 7 家庭普通版要升级为旗舰版的方法：点击"开始"，选择控制面板；点击"系统与安全"，选择"Windows Anytime Upgrade"；选择输入升级为旗舰版的密钥激活 Windows；电脑显示正在验证激活码，验证成功后按照提示操作就行了。接下来就是等待它自动升级了。升级的过程中会重启电脑，大概会重启两到三次即可。

任务三　熟悉 Windows 7 窗口操作

任务描述

（1）认识 Windows 7 窗口的形式及组成。

（2）打开一个程序窗口，对其进行最大化、最小化、放大、缩小、操作。

（3）在所有打开的窗口间进行切换。

步骤 1：认识 Windows 7 窗口

窗口分为两种，一种是文件夹窗口，如"计算机"窗口，这类窗口显示的是文件夹和文件，如图 2-15 所示。

另一种窗口为应用程序窗口，如执行"开始" | "所有程序" | "记事本"命令，打开"记事本"窗口，如图 2-16 所示，这类窗口属于应用程序窗口。

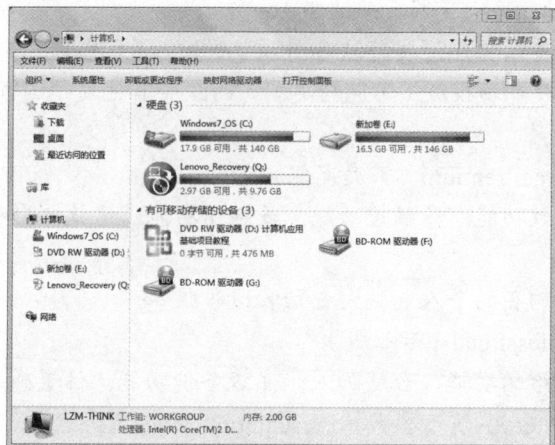

图 2-15　"计算机"窗口

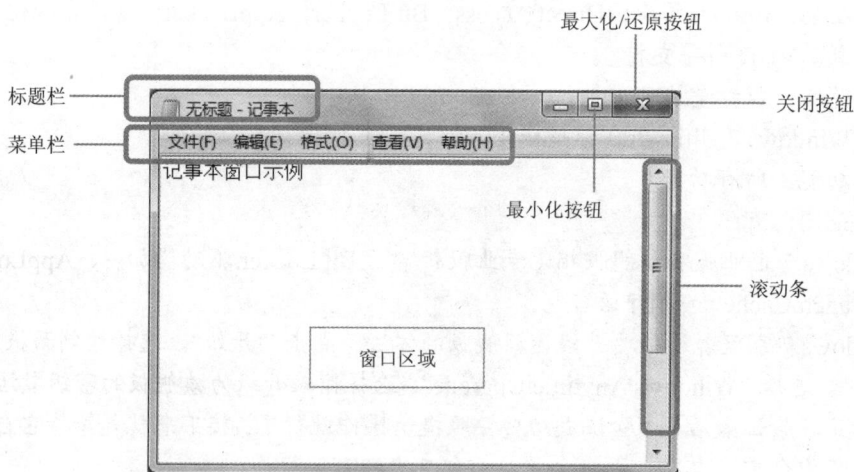

图 2-16　应用程序窗口示例

应用程序窗口的组成部分及其作用如下：

● 标题栏：用于显示窗口的名称，如果用户在桌面上打开多个窗口，其中一个窗口的标题栏会处于亮显状态，为当前活动窗口。在标题栏上单击可拖动窗口。

● 最小化按钮、最大化/还原按钮、关闭按钮：可以根据需要隐藏窗口、放大或还原窗口、关闭窗口。

● 菜单栏：用于显示应用程序的菜单项，单击每一个菜单项可以打开相应的菜单，从中可以选择需要的命令。

● 窗口区域：用于显示窗口中的内容。

● 滚动条：当窗口区域内容较多时，用户只能看到其中的部分内容，要想查看其他部分内容，可拖动滚动条。

步骤 2：Windows 7 窗口的操作

（1）打开窗口：单击图标后按 Enter 键即可打开窗口，也可双击程序图标打开窗口。

（2）最大化、最小化及还原窗口：最大化窗口是指将窗口设为整个屏幕的大小，从而方便操作，其方法是单击窗口右上角的最大化按钮■；最小化窗口是指将打开的窗口以按钮的形式缩放到任务栏的任务按钮区中，即不让它们显示在屏幕中，其方法是单击窗口标题栏右上角的最小化按钮■；还原窗口是指将窗口恢复到操作前的状态，主要包括下面两种情况：

- 当窗口最大化后，最大化按钮■将变成还原按钮■，可将最大化窗口还原为原始大小。
- 当窗口最小化到任务栏后，在任务按钮区中单击相应任务按钮，即可将其还原。

（3）缩放窗口：窗口处于非最大化或最小化的状态时，可通过将鼠标指针移动到窗口的四边或四个角，当指针变成双向箭头时进行拖动来缩放窗口。

（4）移动窗口：当窗口处于非最大化状态时，将鼠标指针移动到该窗口的标题栏上，按住鼠标左键不放拖动至适当位置释放鼠标，即可完成移动操作。

（5）切换窗口：按住 Alt 键然后单击 Tab 键即可查看目前打开的所有窗口，如图 2-17 所示，单击 Tab 键可以在窗口间循环切换，当显示出需要的窗口时，释放 Tab 键即可实现对窗口的切换。

图 2-17 窗口列表

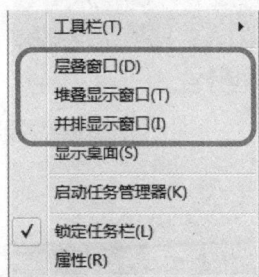

图 2-18 窗口排列方式

（6）排列窗口：当打开多个窗口后，为了便于操作和管理，可将这些窗口进行层叠、堆叠和并排等排列，方法是在任务栏按钮区的空白位置右击，在弹出的快捷菜单中选择相应的窗口命令即可将窗口排列为所需的样式，如图 2-18 所示。

- 层叠窗口：当在桌面中打开多个窗口并需在窗口间来回切换时，可用层叠方式排列窗口。
- 堆叠显示窗口：是指以横向的方式同时在屏幕上显示所有窗口，所有窗口互不重叠。
- 并排显示窗口：是以垂直的方式同时在屏幕上显示所有窗口，窗口间互不重叠。

（7）关闭窗口：使用完某个窗口后，单击关闭按钮即可关闭窗口，也可使用 Alt+F4 快捷键关闭窗口。

项目二　Windows 7 的基本操作

任务一　认识和自定义桌面

任务描述

（1）添加桌面图标，并对其进行适当的排版。

（2）设置桌面背景。

步骤 1：个性化设置桌面图标

在 Windows 7 操作系统中，所有的文件、文件夹以及应用程序都可以用形象的图标表示，将这些图标放置在桌面上就叫做"桌面图标",双击任意一个图标都可以快速地打开相应的文件、文件夹或应用程序。

1. 添加桌面快捷方式

执行"开始"|"所有程序"|"附件"命令,在弹出的相应的程序组列表中选择"画图"选项,右击,在弹出的快捷菜单中执行"发送到"|"桌面快捷方式"命令,如图 2-19 所示。返回桌面,即可看到一个"画图"快捷方式图标,如图 2-20 所示。

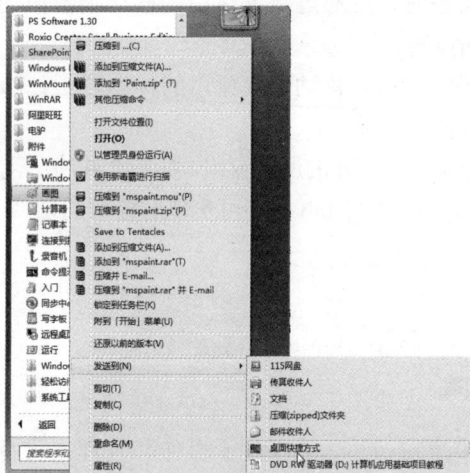

图 2-19 发送桌面快捷方式

图 2-20 桌面图标

2. 排列桌面图标

在日常应用中,不断地添加桌面图标会使桌面变得混乱,这时通过排列桌面图标可以整理桌面,通常排列桌面图标方式有 4 种,即按名称、大小、项目类型和修改日期排列。

在桌面空白处右击,在弹出的快捷菜单中选择"排列方式"选项,在下一级菜单中可以看到 4 种排列方式,如图 2-21 所示。选择按照"修改日期"进行排列,即可按建立时间早晚查看图标。

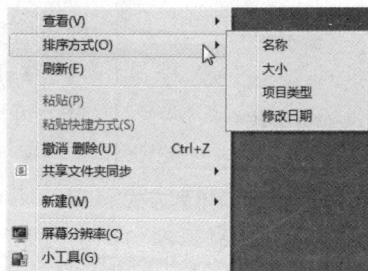

图 2-21 选择排列方式

步骤 2: 个性化桌面背景

1. 设置桌面背景

Windows 7 系统自带了很多精美的背景图片,用户可以从中挑选自己喜欢的图片作为桌面背景。

(1)执行"开始"|"控制面板"菜单命令,在弹出的窗口中选择"显示"命令,打开如图 2-22 所示的显示窗口。

单击左侧的"桌面背景"命令,切换到"选择桌面背景"窗口,单击"窗口位置"下三角按钮,在弹出的下拉列表中列出了 4 个系统默认的图片存放位置,如图 2-23 所示。

(2)选择"Windows 桌面背景"选项,从下拉列表中选择一幅图片作为背景图片即可,如图 2-24 所示。单击"图片位置"旁的下三角按钮,在下拉列表中提供了 5 种显示方式,从中选择适合自己的选项,这里选择"填充"选项,如图 2-25 所示。

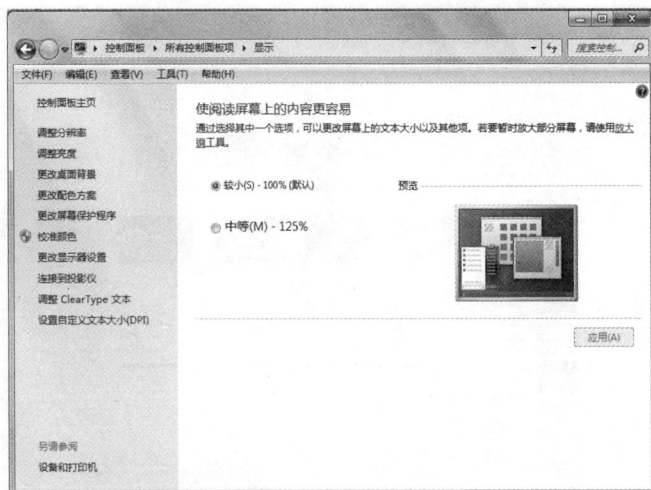

图 2-22 显示窗口

图 2-23 "选择桌面背景"窗口

图 2-24 选择图片

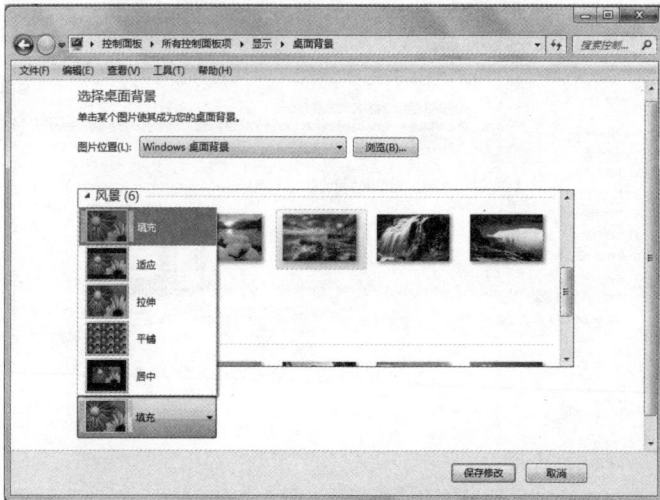

图2-25　选择填充方式

（3）完成背景的设置，单击"保存修改"按钮，系统会自动返回到显示窗口。

任务二　个性化设置"开始"菜单

任务描述

Windows 7中几乎所有的操作都可以通过"开始"菜单来实现，为了使开始菜单更符合自己的使用习惯，可以设置"开始"菜单的属性、出现在其中的固定程序、常用程序等。

步骤1：设置"开始"菜单属性

（1）在"开始"菜单上右击，从弹出的快捷菜单中选择"属性"选项，弹出"任务栏和「开始」菜单"选项卡，如图2-26所示。

（2）单击"自定义"按钮，弹出"自定义「开始」菜单"对话框，在该对话框中可以对"开始"菜单中各个选项的属性进行设置，如选中"计算机"选项下方的"显示为菜单"选项，如图2-27所示。

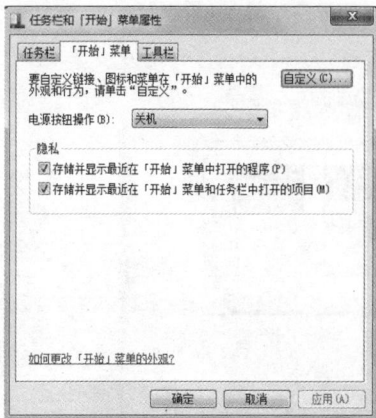

图2-26　"任务栏和「开始」菜单"选项卡

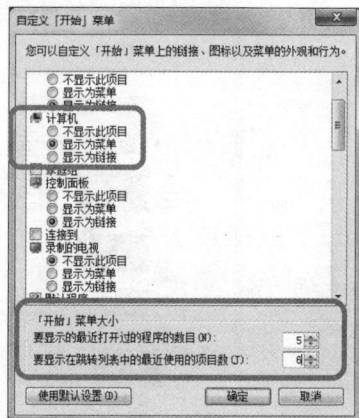

图2-27　设置"开始"菜单属性

（3）在"要显示的最近打开过的程序的数目"微调框中设置显示的最近打开程序的数目，在"要显示在跳转列表中的最近使用的项目数"微调框中设置显示的最近使用的项目数，如图2-27所示。

（4）单击"确定"按钮返回到"自定义「开始」菜单"对话框，然后单击"确定"按钮，打开"开始"菜单，可以看到设置的地方发生了变化，如图2-28所示。

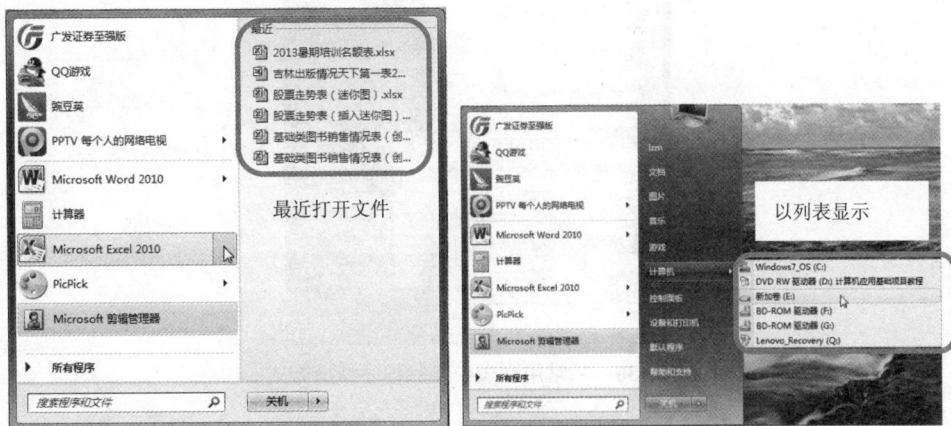

图2-28 修改后"开始"菜单显示

步骤2："固定程序"列表个性化

"固定程序"列表中的程序会固定显示在"开始"菜单中，同学们可以快速地打开其中的应用程序，也可以根据自己的需要将常用的程序添加到"固定列表"中，具体步骤如下：

（1）执行"开始"|"所有程序"|"附件"命令，从弹出的"附件"菜单中选择"记事本"选项，然后右击，从弹出的快捷菜单中选择"附在开始菜单"选项。单击"返回"菜单，返回到"开始"菜单，可以看到"记事本"已被添加到"固定程序"列表中，如图2-29所示。

（2）如果不想再使用"固定程序"列表中的某个程序，如刚刚添加的"记事本"程序，可以将其删除，只需要在该程序上右击鼠标，从弹出的快捷菜单中选择"从开始菜单解锁"选项即可。

图2-29 添加后效果

步骤3："常用程序"列表个性化

"常用程序"列表中列出了一些经常使用的程序，随着日后对一些程序的频繁使用，在该列表中会默认列出10个最常用的程序，用户可以根据实际需要设置"常用程序"列表中的程序显示数目，方法在前面的步骤1中已经进行了介绍。按照前面的方法打开"自定义「开始」菜单"对话框，在"要显示的最近打开过的程序的数目"微调框中设置显示的最近打开程序的数目即可。

如果要删除不经常使用的某个应用程序，如"计算器"，只需要在该程序上右击，在弹出的快捷菜单中选择"从列表中删除"选项即可，如图 2-30 所示。

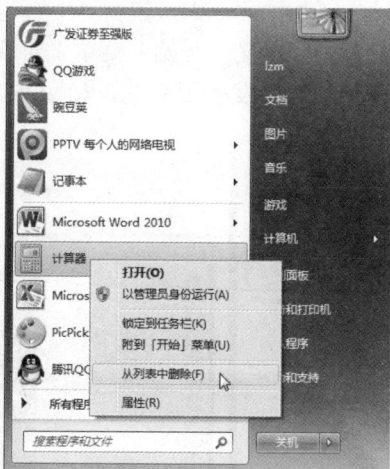

图 2-30　从常用列表中删除程序快捷方式

步骤 4：个性化"启动"菜单

在"开始"菜单右侧窗格中列出了部分 Windows 的项目链接，有 4 个默认库，即文档、音乐、图片和游戏。在默认情况下，文档、图片和音乐显示在该菜单中，如图 2-31 所示。用户可以通过单击这些链接快速地打开窗口进行各项操作，也可以根据自己的需要添加或删除这项项目连接并定义其外观。

要添加"游戏"项目，操作过程是：

（1）根据前面的讲解打开"自定义「开始」菜单"对话框，在其中拖动滚动条找到"游戏"选项并选择下方的"显示为菜单"选项，选择"音乐"选项下方的"不显示此项目"选项，如图 2-32 所示。

图 2-31　"启动"菜单

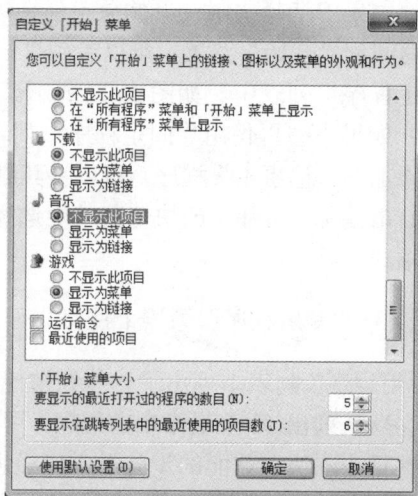

图 2-32　设置游戏及音乐选项

（2）单击"确定"按钮返回到"自定义「开始」菜单"对话框，然后单击"确定"按钮。打开"开始"菜单，可以看到"音乐"项目已被删除，而添加了"游戏"项目，单击可以看到游戏项目是以菜单形式显示的。

任务三　任务栏的设置

任务描述

（1）对任务栏上程序按钮的显示方式进行设置。

（2）使用跳转列表迅速访问程序。

（3）设置通知区域，使其尽量占用更少的空间。

步骤1：设置程序按钮区

在 Windows 7 中，任务栏完全经过了重新设计，任务栏图标不但拥有了新外观，而且除了为用户显示正在运行的程序外，还新增了一些功能。

1. 任务栏上的显示方式

（1）在任务栏任意空白位置右击，在弹出的菜单中选择"属性"选项，如图 2-33 所示，在弹出的"任务栏和开始菜单属性"对话框中选择"任务栏"选项卡，在"任务栏外观"组的"任务栏按钮"列表中选择一个选项即可，如图 2-34 所示。

图 2-33　打开任务栏"属性"命令

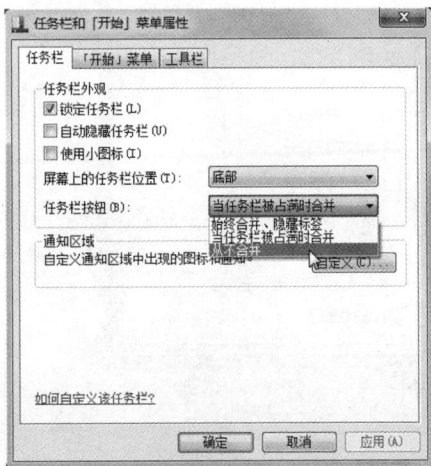

图 2-34　设置任务栏按钮显示方式

（2）选择"始终合并、隐藏标签"选项，这是系统的默认设置，此时每个程序显示为一个无标签的图标，即使在打开某个程序的多个项目也是一样的，如图 2-35 所示。

图 2-35　始终合并、隐藏标签

（3）选择"当任务栏被占满时合并"选项，则将每个程序显示为一个有标签的图标，当"任务栏"变得很拥挤时，具有多个打开项目的程序会重叠为一个程序图标，单击图标可显示打开的项目列表，如图 2-36 所示。

图 2-36 当任务栏被占满时合并

（4）选择"从不合并"选项，则不图标不会重叠为一个图标，无论打开多少个窗口都是一样的，随着打开的程序和窗口越来越多，图标会减小大小，并且最终在"任务栏"中滚动，如图 2-37 所示。

图 2-37 从不合并

2. 使用任务栏中的跳转列表

跳转列表就是最近使用的列表，此功能是 Windows 7 的一大特色，能够帮助用户迅速访问历史记录。在任务栏的跳转列表中显示的是最近使用的程序。

（1）在任务栏的程序上右击，最近通过这个程序打开的文档就会全部显示出来，如图 2-38 所示。

（2）如果想将一些文档一直保留在任务栏的跳转菜单中，可以单击文档右侧的"锁定到此列表"按钮，或者在文档上右击，在弹出的快捷菜单中选择"锁定到此列表"选项，如图 2-39 所示，都可以将该文档锁定到跳转菜单中。

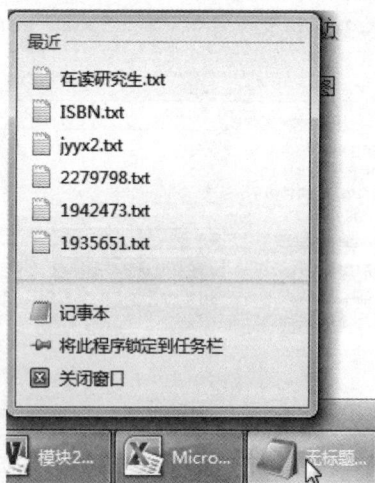

图 2-38 跳转列表

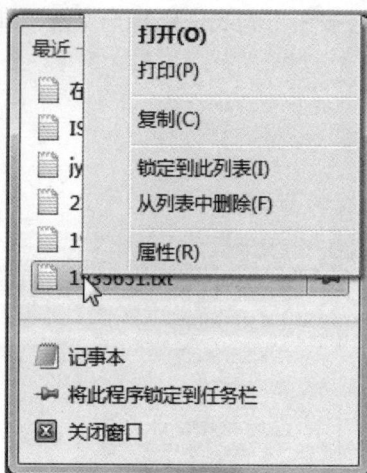

图 2-39 将文档锁定到跳转列表

步骤 2：设置通知区域

默认情况下，通知区域位于"任务栏"的右侧，除了包含时钟、音量等标识外，还包含一些程序图标，这些程序图标提供传入的有关电子邮件、更新、网络连接等事项的状态和通知。在安装新程序时，可以将程序的图标添加到通知区域中。

（1）设置通知区域中的显示方式：在任务栏空白位置右击，在弹出的快捷菜单中选择"属性"选项，在弹出的"任务栏和「开始」菜单属性"对话框中选择"任务栏"选项卡，在"通知区域"组中单击"自定义"按钮，如图 2-40 所示。在弹出的"通知区域图标"窗口中可以根据需要对各图标进行相应的设置，如图 2-41 所示。

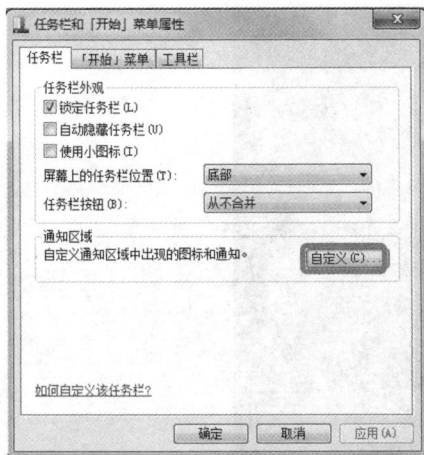

图 2-40 "任务栏和开始菜单属性"对话框

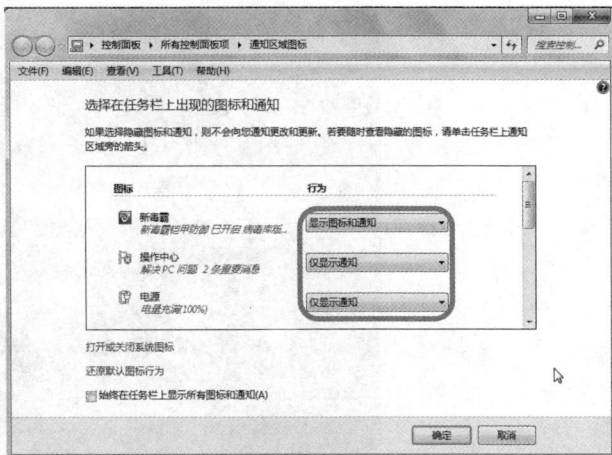

图 2-41 "通知区域图标"窗口

（2）打开和关闭系统图标：在图 2-41 所示的"通知区域图标"窗口中单击"打开或关闭系统图标"链接，打开"打开或关闭系统图标"窗口，在其中的列表框中设置有 5 个系统图标的行为，可在"电源"图标右侧单击，在弹出的下拉列表中选择"关闭"选项，如图 2-42所示，即可将"电源"图标从任务栏的通知区域中删除或关闭通知。

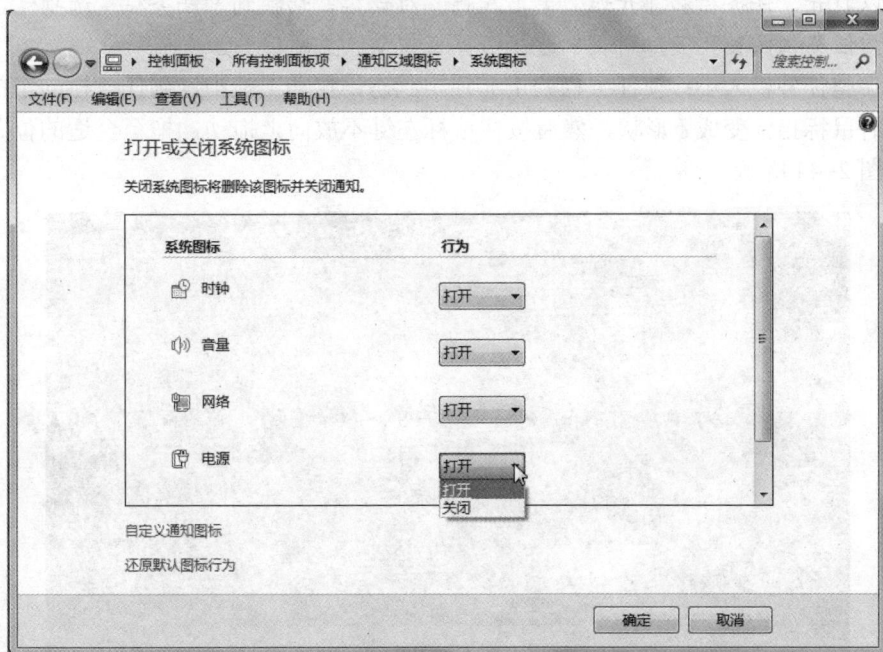

图 2-42 "打开或关闭系统图标"窗口

步骤 3：调整任务栏位置和大小

（1）在任务栏的空白处右击，从弹出的快捷菜单中选择"锁定任务栏"选项，取消"锁定任务栏"选项（使其前面不带对勾），将鼠标移动到任务栏中的空白处，按住鼠标左键不放拖动鼠标，将其拖动到合适的位置后释放鼠标即可，如图 2-43 所示。

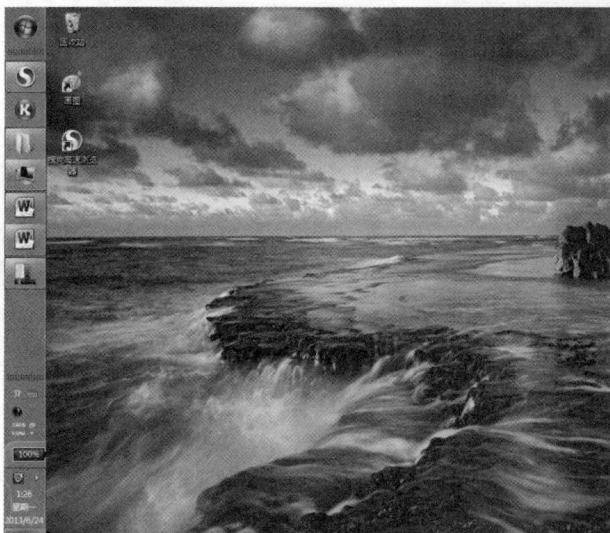

图 2-43　调整任务栏位置

知识链接

还可以打开"任务栏和「开始」菜单属性"对话框，切换到"任务栏"选项卡，从"屏幕上的任意任务栏位置"下拉列表中选择任务栏需要放置的位置。

（2）调整任务栏大小：使任务栏处于非锁定状态，移动鼠标指针到任务栏的空白区域的上方，此时鼠标指针变成 形状，然后按住鼠标左键不放向上拖动，拖至合适的位置后释放即可，如图 2-44 所示。

图 2-44　调整任务栏大小

任务四　设置字体

任务描述

（1）对系统字体进行添加、预览、显示和隐藏等设置。

（2）为使字体清晰而又圆润，调整 ClearType 文本。

步骤1：设置字体

（1）执行"开始"|"控制面板"命令，打开"控制面板"窗口，单击"字体"链接，如图 2-45 所示，打开"字体"窗口，在左侧窗格中单击"字体设置"链接，如图 2-46 所示，弹出"字体设置"窗口，如图 2-47 所示。

图 2-45　"控制面板"窗口

图 2-46　"字体设置"命令

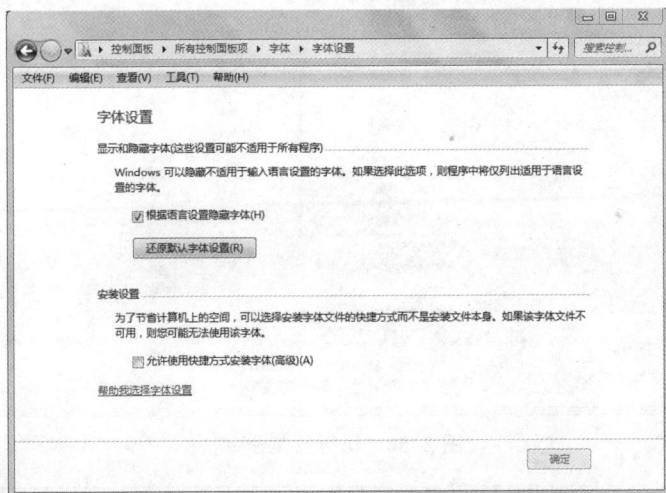

图 2-47　"字体设置"窗口

● 根据语言设置隐藏字体：选中该复选框，程序中就会仅列出适用于语言设置的字体，因为 Windows 可以隐藏不适用于输入语言设置的字体。

● 允许使用快捷方式安装字体（高级）：勾选该复选框，当用户需要安装字体时，只需要安装快捷方式即可，这样可以节省计算机空间。

步骤2：添加字体

首先找到需要安装的字体所在的位置，选中需要安装的字体。然后在字体图标上右击，从弹出的快捷菜单中选择"安装"选项，如图 2-48 所示。弹出"正在安装字体"对话框，如图 2-49 所示，安装完毕后，安装的字体即可添加到"字体"窗口中。

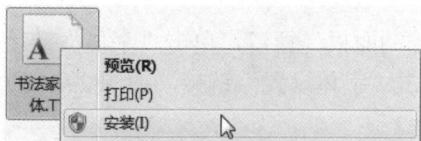

图2-48　执行安装命令

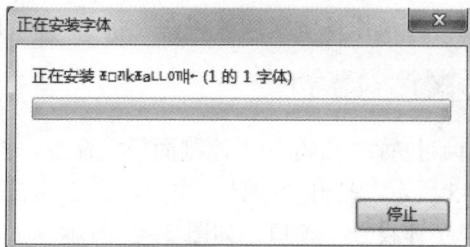

图2-49　"正在安装字体"对话框

步骤3：预览字体

打开"字体"窗口，单击该窗口中的某种字体，在工具栏上会显示出"预览"、"删除"和"组织"或"隐藏"选项，在此选择"预览"选项，或者在字体上右击，从弹出的快捷菜单中选择"预览"选项，如图2-50所示，即可弹出预览字体的窗口，如图2-51所示。

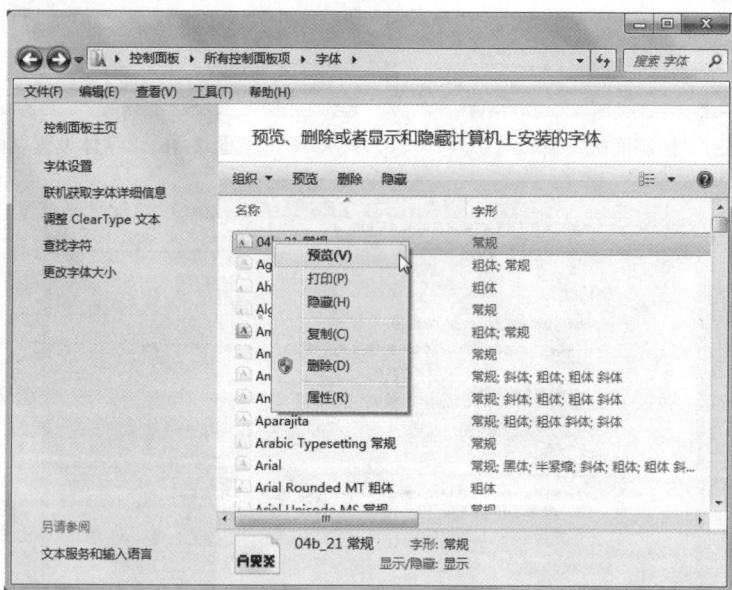

图2-50　执行预览命令

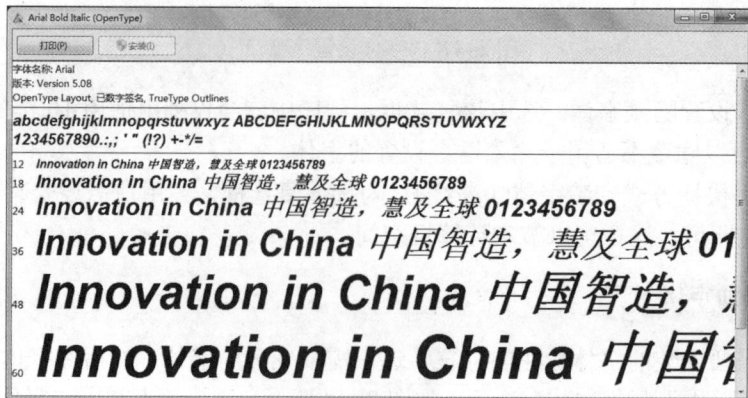

图2-51　字体预览

步骤 4：调整 ClearType 文本

（1）打开"字体"窗口，在左侧窗格中单击"调整 ClearType 文本"链接，弹出"ClearType 文本调谐器"对话框，选中"启用 ClearType"复选框，如图 2–52 所示，然后单击"下一步"按钮。

（2）在弹出的"Windows 正在确保将您的监视器设置为其本机分辨率"对话框。单击"下一步"按钮，弹出"单击您看起来最清晰的文本示例（1/4）"对话框，从中选择看起来比较清晰的文本，如图 2–53 所示，然后单击"下一步"按钮。

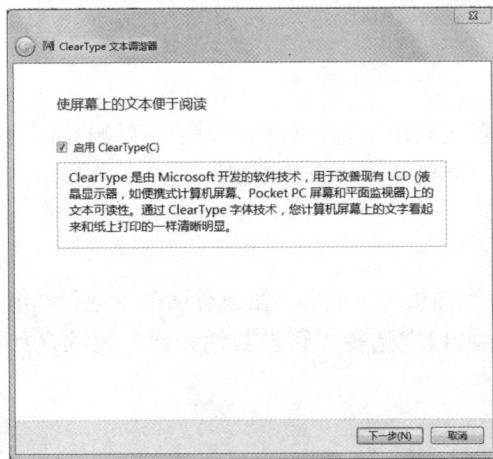

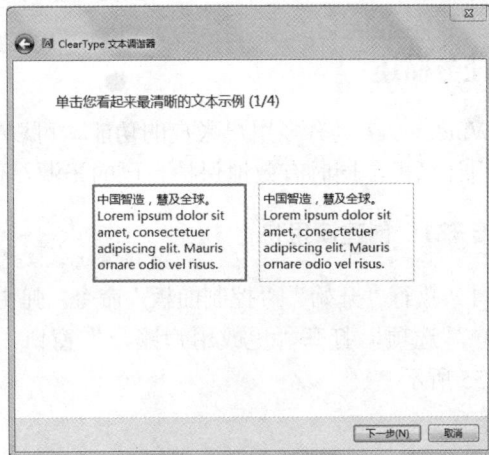

图 2–52　"ClearType 文本调谐器"对话框　　图 2–53　"单击您看起来最清晰的文本示例（1/4）"对话框

（3）弹出"单击您看起来最清晰的文本示例（2/4）"对话框，从中选择看起来比较清晰的文本，以此类推，直到"单击您看起来最清晰的文本示例（4/4）"对话框，然后单击"下一步"按钮，弹出"您已完成对监视器中文本的调谐"对话框，如图 2–54 所示，单击"完成"按钮即可。

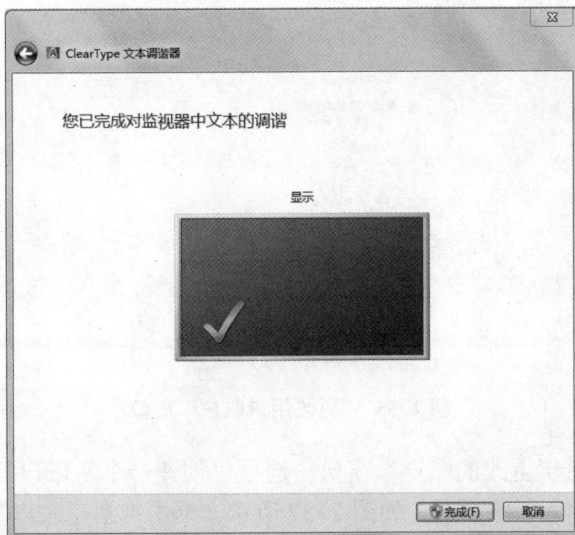

图 2–54　完成设置

知识链接

ClearType 文本是 Windows 7 特有的一项新功能，是一种显示计算机字体的技术，可以使字体清晰而又圆润地显示出来。

由于 ClearType 可以使屏幕上的文本更细致，因此更易于长时间阅读，而不至于使眼睛紧张或精神疲劳。尤其适合用于 LCD 设备，包括平面监视器、便携式计算机以及更小的手持设备。

任务五 用 户 管 理

任务描述

Windows 7 具有多用户账户的功能，可以方便多人共用一台计算机，为了不影响其他用户使用计算机，同时有效地保护自己的资源，创建一个账号，并为其设置密码。

步骤 1：创建新用户

（1）执行"开始"|"控制面板"命令，弹出"控制面板"对话框，在该对话框中选择"用户账户"选项，打开"更改用户账户"窗口，在该窗口中选择"管理其他账户"选项，如图 2-55 所示。

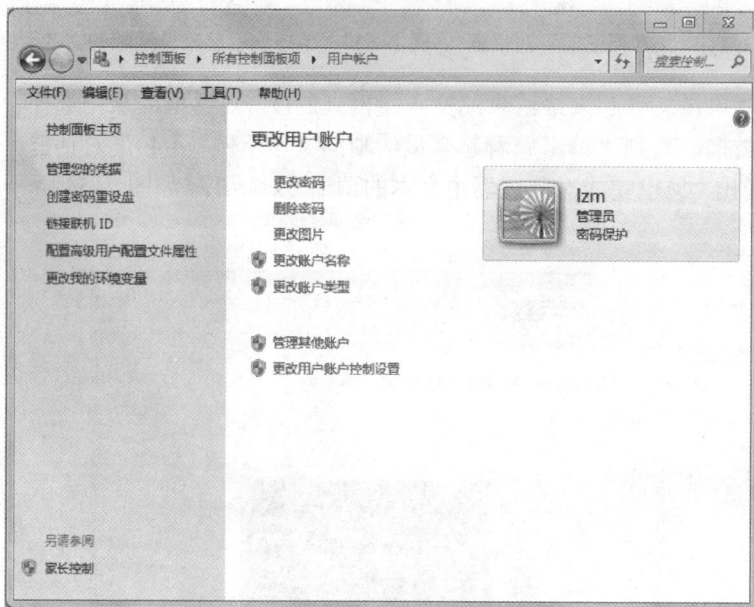

图 2-55 "更改用户账户"窗口

（2）打开"选择希望更改的账户"窗口，选项"创建一个新账户"选项，如图 2-56 所示。在打开的窗口中输入新账户名，如图 2-57 所示。单击"创建账户"按钮，返回到"选择希望更改的账户"窗口，可以看到新建的用户账户，如图 2-58 所示。

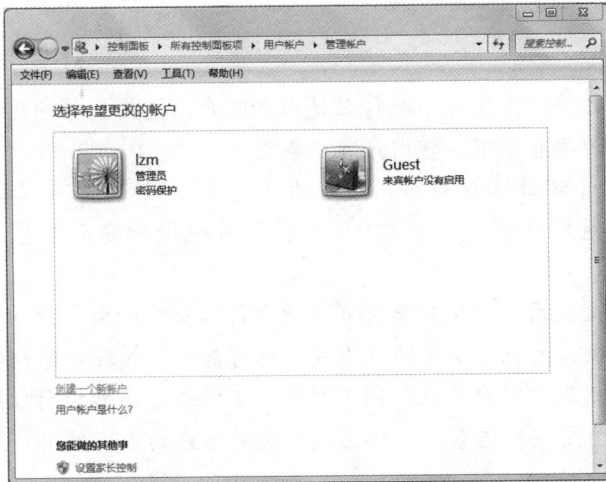

图 2-56　"选择希望更改的账户"窗口

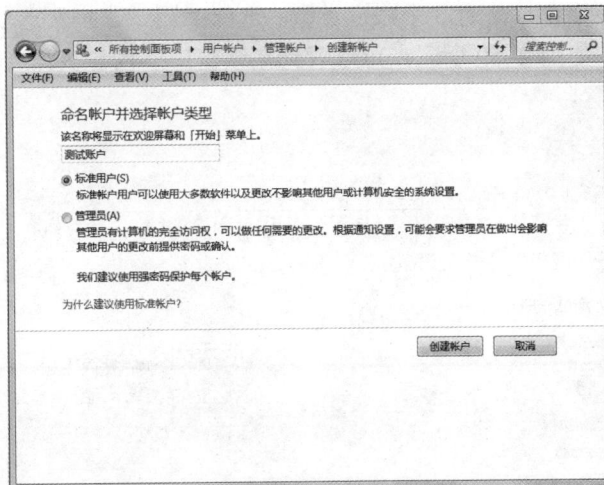

图 2-57　输入新账户名

图 2-58　添加完成

知识链接

在使用用户账号之前，首先要了解什么是用户账户，这样能够明确不同类型账户的使用权限，在 Windows 7 种共有以下 3 种用户账户类型：

● 管理员账户：管理员账户是用户账户的"老大"，使用它可以访问计算机中的所有文件，并且可以对其他用户账户进行更改、对操作系统进行安全设置、安装软件和硬件等操作。

● 标准用户账户：使用标准用户账户可以使用计算机中的大部分功能，当要进行可能影响到其他用户账户或操作系统安全等的操作时，则需要经过管理员账户的许可。

● 来宾账户：使用来宾账户不能访问个人账户文件夹、不能进行软硬件的安装、不能创建或更改密码等，它主要供在这台计算机上没有固定账户的来宾使用。

步骤 2：设置新用户属性

（1）在图 2-58 所示窗口，有 3 个账户类型，选择"测试账户"选项，打开"更改 测试账户 的账户"窗口，如图 2-59 所示，可以看到在该窗口中包含多种选项，单击相应的选项即可对该账户进行设置。

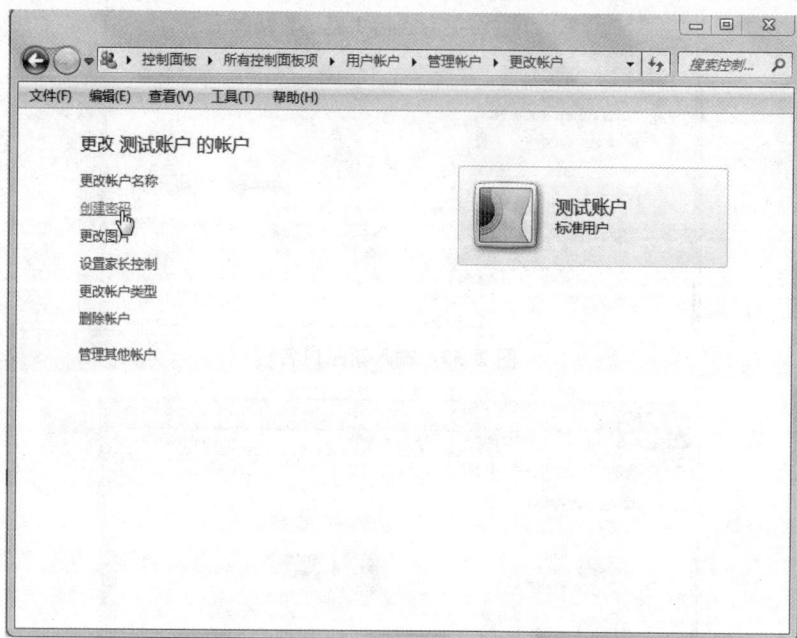

图 2-59 "更改 测试账户 的账户"窗口

（2）在此选择"创建密码"选项，打开"为 测试账户 的账户创建一个密码"窗口，在新密码和确认新密码提示文本框中输入密码提示信息，如"生日"，如图 2-60 所示。单击"创建密码"按钮，返回到"更改 测试账户 的账户"窗口，在该窗口中可以看到用户账户图标中出现密码保护的提示并且还出现了"更改密码"和"删除密码"选项，如图 2-61 所示。

图 2-60　设置密码

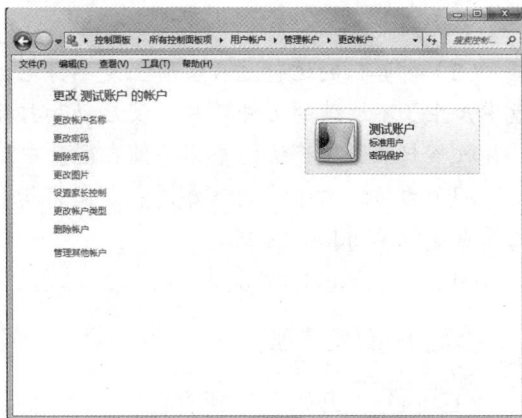

图 2-61　设置完成

步骤 3：删除用户账户

（1）根据前面的方法，进入到"更改 测试账户 的账户"窗口，在该窗口中选择"删除账户"选项，打开"是否保留 测试账户 的文件"窗口，如图 2-62 所示。单击"保留文件"按钮，保留该用户账户的文件，如果不需要保留该用户账户的文件，可单击"删除文件"按钮。

（2）进入"确定要删除测试账户吗"窗口，单击"删除账户"按钮，如图 2-63 所示，返回到"选择希望更改的账户"窗口，可以看到"测试账户"账户已经被删除。

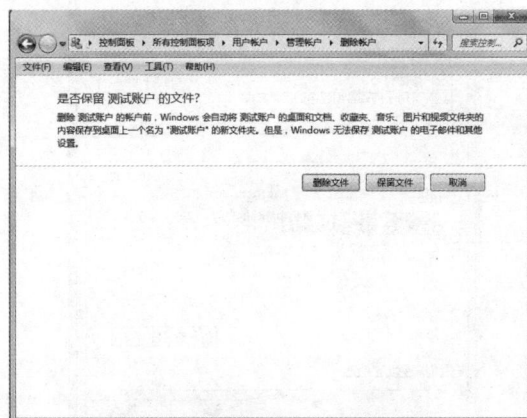

图 2-62　确实是否删除文件

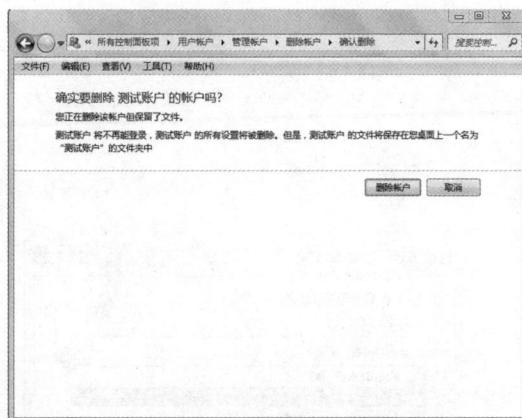

图 2-63　确认是否删除账户

项目三　管理磁盘空间

任务一　磁　盘　管　理

任务描述

（1）在使用 Windows 7 的过程中，由于使用时间过长，产生了大量的垃圾文件，这些垃圾文件不但占用磁盘空间，而且还影响系统的运行速度，通过磁盘清理的方法来删除它们。

（2）计算机的运行过程实质上是不停地进行读写操作的过程，由于运行时间过长，在此盘中产生了不连续的文件碎片，使启动和打开文件变慢。使用磁盘碎片清理的办法，将文件碎片收集起来形成连续的整体存储在磁盘中。

（3）为防止由于遇到病毒侵袭或突然断电等情况造成计算机中的数据文件丢失设置系统还原点备份 Windows 系统。

（4）还原 Windows 系统。

步骤 1：磁盘清理

（1）执行"开始"|"所有程序"|"附件"|"系统工具"|"磁盘清理"命令，弹出"磁盘清理：驱动器选择"对话框。在"驱动器"下拉列表中选择"新加卷（E:）"选项，如图 2-64 所示。

（2）单击"确定"按钮，弹出"新加卷（E:）的磁盘清理"对话框，如图 2-65 所示，在此对话框中选择"回收站"选项。单击"确定"按钮，在弹出的"磁盘清理"对话框中，询问是否永久删除这些文件，单击"删除文件"按钮，系统将自动对该驱动器上的垃圾文件进行清理和删除。

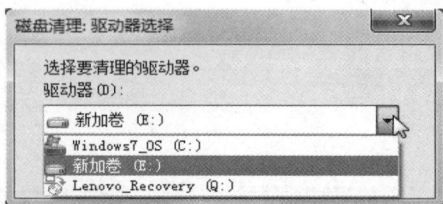

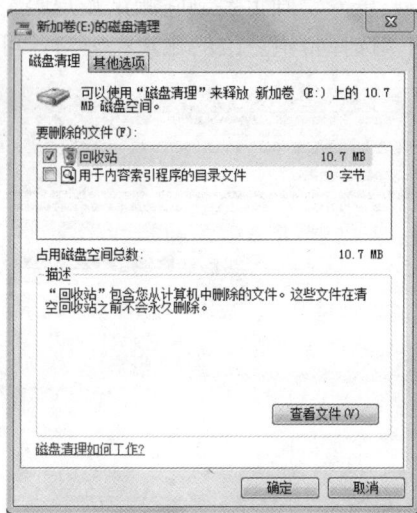

图 2-64 选择驱动器　　　　　　　　　图 2-65 选择要删除的文件

步骤 2：整理磁盘碎片

（1）执行"开始"|"所有程序"|"附件"|"系统工具"|"磁盘碎片整理程序"命令，打开"磁盘碎片整理程序"对话框，在"当前状态"列表框中选择"新加卷（E:）"选项，如图 2-66 所示。

（2）单击"磁盘碎片整理"按钮，系统对 E 盘进行分析和磁盘碎片整理工作，如图 2-67 所示。单击"停止操作"按钮将停止操作。

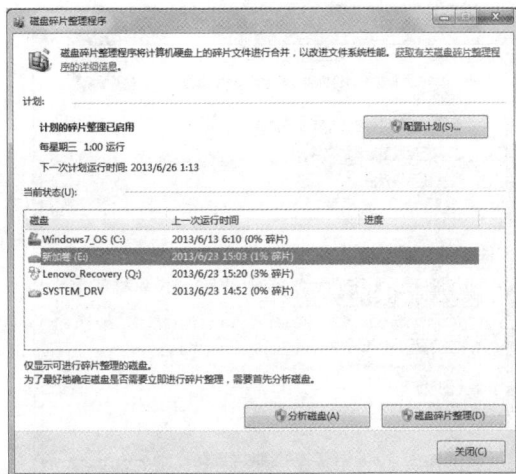

图 2-66 选择磁盘

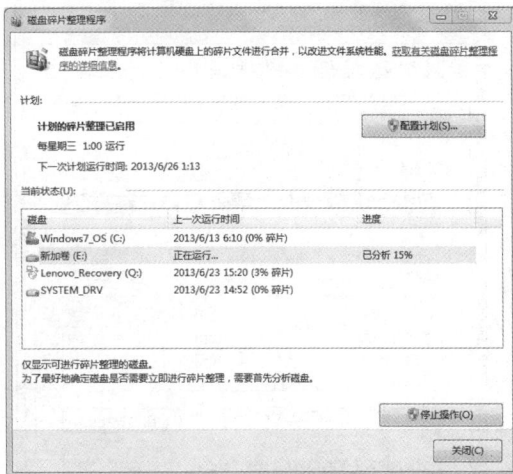

图 2-67 进行磁盘碎片分析和整理

步骤 3：创建 Windows 7 系统还原点

（1）右击"计算机"图标，在弹出的快捷菜单中选择"属性"命令，弹出系统属性窗口，如图 2-68 所示。

图 2-68 系统属性窗口

（2）单击左侧的"系统保护"链接，弹出"系统属性"对话框，切换到"系统保护"选项卡，如图 2-69 所示。单击"配置"按钮，在弹出的对话框中勾选"还原系统设置和以前版本的文件"，如图 2-70 所示，单击"确定"按钮。

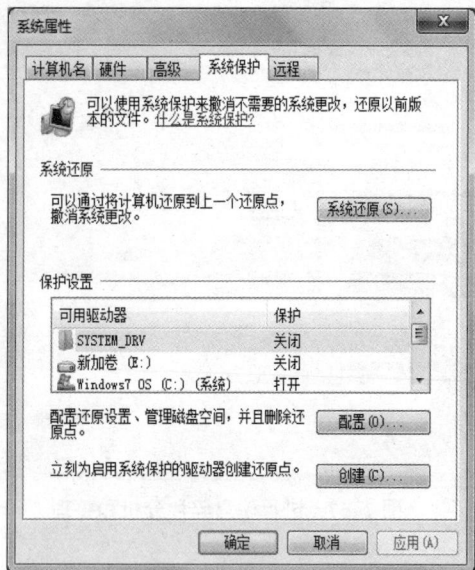

图 2-69 "系统属性"对话框

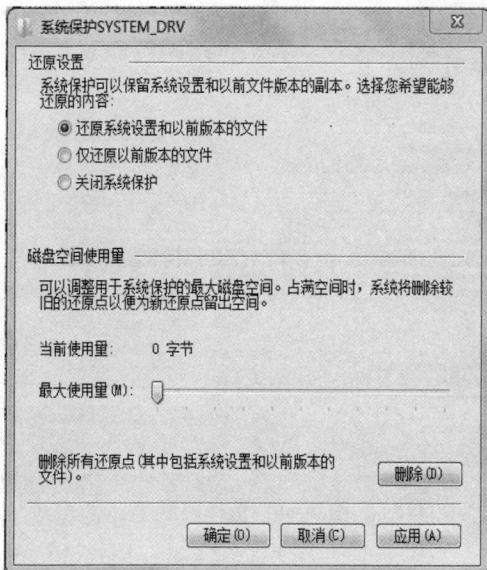

图 2-70 勾选"还原系统设置和以前版本的文件"

（3）返回到系统保护界面，单击创建按钮，输入还原点名称，如图 5-71 所示，单击创建按钮之后，便会自动创建还原点。

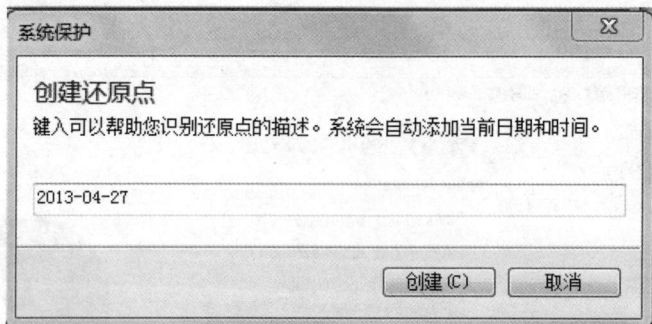

图 2-71 设置还原点名称

▌ 知识链接

在使用 Windows 7 的过程中，默认状态下它是打开了系统还原功能的，在下列情况下系统会自动创建还原点。

- Windows 7 安装完成第一次启动时。
- 当 Windows 7 连续开机时间达到 24 小时，或关机时间超过 24 小时再开机时。
- 通过系统更新安装软件时。
- 软件的安装程序运用了 Windows 7 所提供的系统还原技术，在安装的过程中也会创建还原点。
- 当在安装未经 Microsoft 签署认可的驱动程序时。
- 当用户账户使用备份程序还原文件和系统时。
- 当运行还原命令，要将系统还原到以前的某个还原点时。

步骤 4：还原 Windows 7 系统

（1）执行"开始"|"所有程序"|"附件"|"系统工具"|"系统还原"命令，打开"系统还原"对话框，如图 2-72。单击"下一步"按钮，进入到"将计算机还原到所选事件之前的状态"窗口，如图 2-73 所示。在此窗口可以选择所需的还原点。

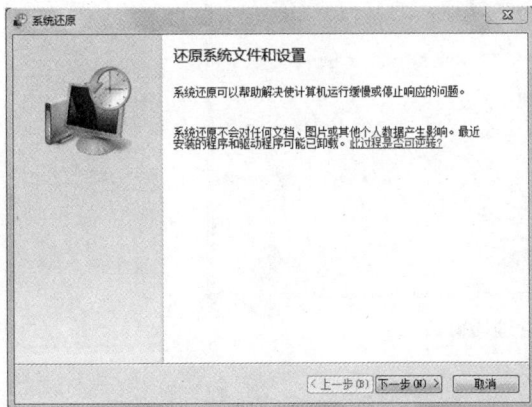

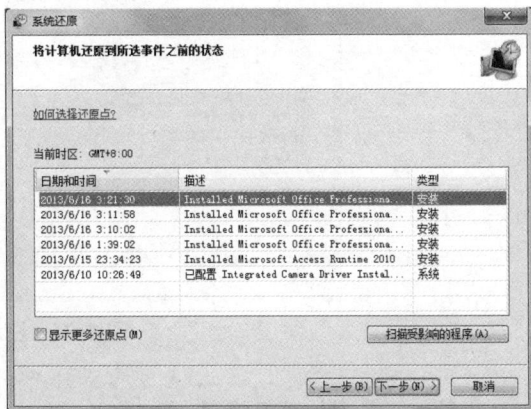

图 2-72 "系统还原"对话框　　　　图 2-73 "将计算机还原到所选事件之前的状态"窗口

（2）单击"下一步"按钮，在打开的对话框中单击"完成"按钮，系统开始还原，此时计算机会自动重启，然后打开"系统还原"对话框，单击"确定"按钮，系统即可还原到创建还原点时的状态。

任务二　文件和文件夹的操作

任务描述

（1）Windows 资源管理器显示了用户计算机上所有的文件、文件夹和驱动器分层次结构，在"计算机"中可以完成的操作在"资源管理器"中同样可以完成，而且更加方便。打开资源管理器，并对其中文件的显示方式进行设置。

（2）对文件和文件夹进行新建、重命名、选定、复制、移动、删除等操作。

步骤 1：打开资源管理器

在"开始"按钮上右击，从弹出的快捷菜单中选择"打开 Windows 资源管理器"命令，即可打开"资源管理器窗口"窗口，如图 2-74 所示。

可以看到，资源管理器窗口主要由两部分组成：左边的任务窗格和右边的内容窗格。左侧任务窗格中展开了 4 个以树形结构目录显示当前计算机中所有资源的"文件夹"栏，即收藏夹、库、计算机和网络；在窗格右边的内容窗格中显示的是左侧文件夹中相应的内容。

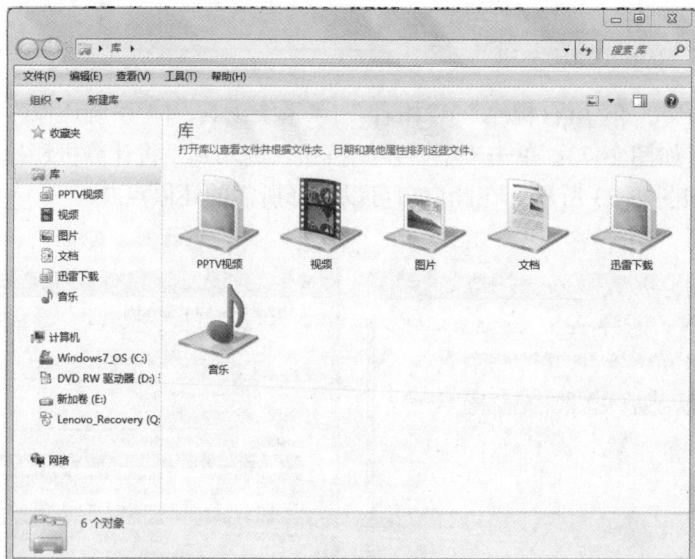

图 2-74　资源管理器窗口

步骤2：管理计算机资源

（1）设置文件显示方式为了便于根据不同的需要对文件进行查询，在操作资源管理器时可以为文件或文件夹设置不同的显示方式，只需要在资源管理器窗口中单击"视图"按钮，在弹出的下拉列表中选择想要显示的方式即可，如图 2-75 所示。

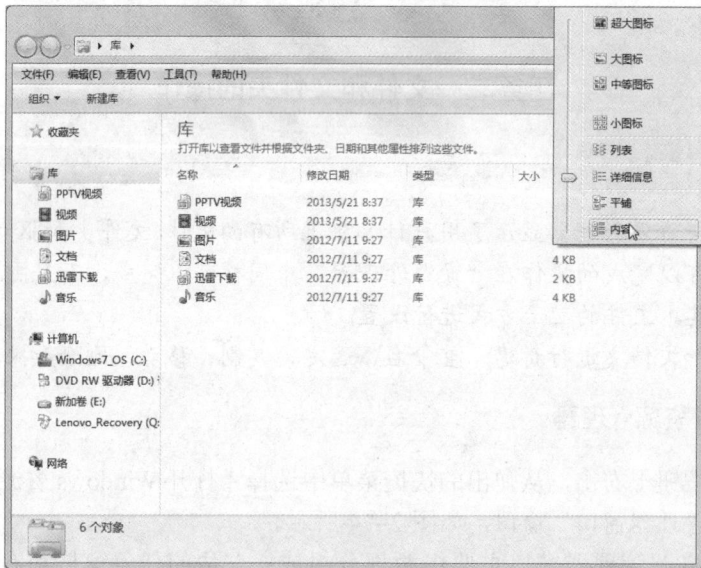

图 2-75　选择显示方式

知识链接

当计算机中的文件不显示扩展名时，可以执行"工具"|"文件夹选项"命令，弹出"文件夹选项"对话框，选择"查看"选项卡，在"高级设置"列表中取消"隐藏已知文件的扩

展名"选项。

（2）显示隐藏文件：打开资源管理器，单击工具栏中的"组织"按钮，在弹出的下拉菜单中选择"文件夹和搜索选项"选项，如图2-76所示，弹出"文件夹选项"对话框，选择"查看"选项卡，在"高级设置"列表中选择"显示隐藏的文件、文件夹或驱动器"选项，如图2-77所示。单击"确定"按钮，返回窗口后即可看到原来隐藏的文件。

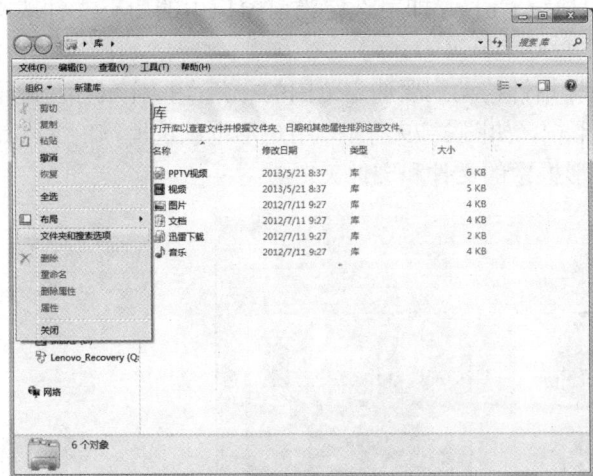

图2-76　选择"文件夹和搜索选项"选项　　　　图2-77　设置文件夹属性

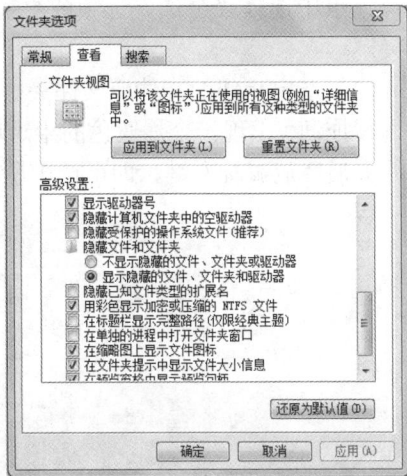

步骤3：新建文件夹

进入E盘窗口，在窗口空白处右击，从弹出的快捷菜单中执行"新建"命令，从弹出的子菜单中选择"文件夹"选项，如图2-78所示，即可新建一个文件夹，并使其名称呈可编辑状态，输入文件夹名称"音乐"后按Enter键即可。

图2-78　执行新建文件夹命令

步骤4：选定文件或文件夹

（1）选定单个文件或文件夹：用鼠标单击要选定的文件或文件夹，被选定的文件或文件夹以蓝底白字形式显示，如果想要取消选择，单击被选定文件或文件夹外的任意位置即可。

（2）选定全部文件或文件夹：在资源管理器中单击工具栏中的"组织"按钮，在弹出的下拉菜单中选择"全选"选项或直接按快捷键Ctrl+A即可选定当前窗口中的所有文件或文件夹。

（3）选定相邻的文件或文件夹：将鼠标指针移动到要选定范围的一角，按住鼠标左键不放进行拖动，出现一个浅蓝色的半透明矩形框，如图2-79所示，用矩形框款选所需的文件或文件夹后释放鼠标左键，即可选中所有矩形框中的文件和文件夹。

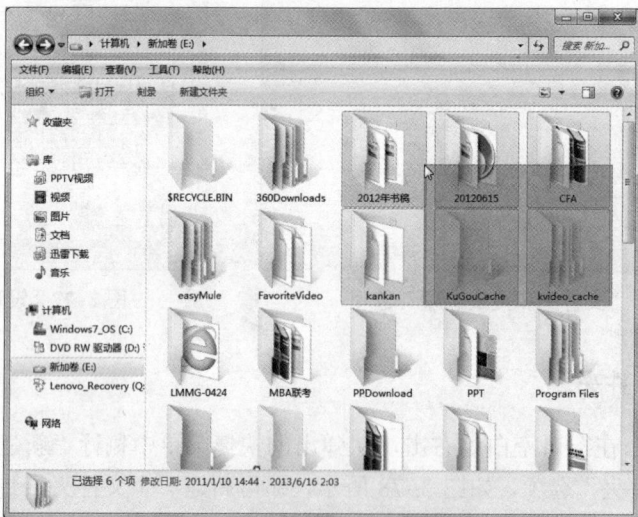

图2-79 选定相邻的文件或文件夹

（4）选定多个连续的文件或文件夹：首先用鼠标左键单击第一个文件或文件夹，然后按住Shift键不放，再单击要选中的最后一个文件或文件夹即可。

（5）选定多个不相邻的文件或文件夹：首先选中一个文件或文件夹，然后按住Ctrl键不放，再依次单击所要选择的文件或文件夹。

步骤5：移动和复制文件或文件夹

（1）通过鼠标拖动移动或复制文件或文件夹：选定要移动的文件或文件夹，按住鼠标左键不放，将其拖动到目标文件夹图标上，释放鼠标左键即可将选定的文件或文件夹移动到目标文件夹中。如果在拖动过程中按住Ctrl键，则可实现复制。

（2）通过剪贴板移动或复制：选定需要移动的文件或文件夹，按Ctrl+X快捷键（剪切）或Ctrl+C快捷键（复制），将其剪切或复制到Windows的剪贴板中。打开目标文件夹，然后按Ctrl+V快捷键即可将剪贴板中文件或文件夹粘贴到目标位置。

模块 3　文字处理软件——Word 2010

　　Word 软件是微软公司发布的办公软件 Microsoft Office 中重要的组件之一。作为文字处理软件，它也是普及性较高且易掌握的一款软件，通过它，不仅可以进行文字输入、编辑、排版和打印，还可以制作出各种图文并茂的办公文档和商业文档。使用 Word 2010 自带的各种模板，还能快速地创建和编辑各种专业文档。

项目一　认识全新的 Office 2010

项目描述

　　在 Office 2010 组件中，Word、Excel、PowerPoint 是最常用的三个组件，其中，Word 可以编辑和排版各种文档；Excel 可以对各类财务报表、销售报表以及其他数据进行计算、分析和处理；而 PowerPoint 则可以制作具有展示功能的演示文稿。本项目主要介绍这三个组件的作用、共性操作以及 Office 2010 的新增功能。

项目目标

- 认识 Office 2010 工作界面；
- 学习 Office 2010 组件的基本操作。

任务一　Office 2010 常用软件简介

任务描述

　　在使用 Office 2010 前，首先要对其中的组件功能有所了解。认识和了解了其用途后，才能更好地将软件的功能应用到实际工作中。

　　1. Word 2010

　　Word 2010 是 Office 系列软件中重要的组成部件，其功能强大，也是目前全世界用户最多、使用范围最广的文字编辑软件之一，它的主要功能包括文档的排版、表格的制作与处理、图形的制作与处理、页面设置和文档打印等，被广泛用于各种办公和日常事务处理中。

　　2. Excel 2010

　　Excel 是 Office 系列软件中专门用于电子表格处理的软件，Excel 的功能也很强大，可以制作表格、计算和管理数据、分析与预测数据，并且能制作多种样式的图表，另外还能实现网络共享。

　　3. PowerPoint 2010

　　PowerPoint 是 Office 系列软件的一个组件，主要用于制作动态幻灯片。在幻灯片中可以插入各种对象，如文本、图片、视频、音频等，再通过动画功能将多个对象链接起来。幻灯片具有动态效果，能更直观地将幻灯片中的对象形象生动地展示出来。

任务二 Office 2010 的新增功能

任务描述

作为 Office 软件的新版本，相对于以前的版本，Office 2010 针对不同的操作需求提供了很多的新增功能，大大方便了办公应用，操作起来更得心应手。

1. 实时预览

在 Office 2010 中，当用户在选择实现某项功能之前，可以得到预览。比如在选择字号或者字体时，当鼠标移动到某种字号时，工作区中的字体就会瞬时改变，用户可以方便地看到所选择的效果。

2. 保护视图

当打开从不安全位置获得的文件时，Office 2010 会自动进入保护视图，保护视图相当于沙箱，防止来自 Internet 和其他可能不安全位置的文件中可能包含的病毒、蠕虫和其他种类的恶意软件，避免它们对计算机可能构成的危害。在"受保护的视图"中，只能读取文件并检查其内容，不可进行编辑等操作，降低可能发生的风险。

3. "导航"窗格

Office 2010 为用户提供了"导航"窗格，可用于浏览文档标题、文档页面和搜索文档内容，如图 3-1 所示。"导航"窗格中包括搜索文本框和三个选项卡，需要搜索长文档中的内容时，在搜索文本框中输入需要搜索的内容，系统会自动执行搜索操作。需要查看长文档标题或浏览长文档的具体内容时，在"导航"窗格中单击相应标签或标题即可。

图 3-1 "导航"窗格

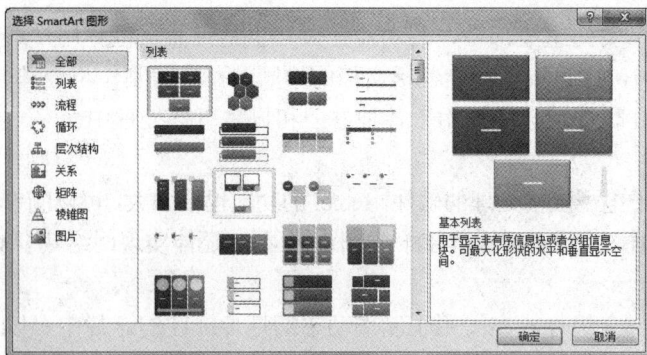

图 3-2 SmartArt 模板

4. 新的 SmartArt 模板

SmartArt 是 Office 2007 引入的一个很有用的功能，可以轻松制作出精美的业务流程图，而 Office 2010 在现有类别下增加了大量新模板，还新添了数个新的类别，SmartArt 模板如图 3-2 所示。

5. 屏幕截图功能

使用 Office 2010 提供的截图功能可以将当前的电脑屏幕画面插入

到当前文档中。截图时可以截取全屏画面，也可以根据需要自定义截取范围。截取画面后，所截取的屏幕画面将自动插入到当前文档中。

6. 作者许可（Author Permissions）

在线协作是 Office 2010 的重点努力方向，也符合当今办公趋势。Office 2010 里审阅标签下的保护文档现在变成了限制编辑（Restrict Editing），旁边还增加了阻止作者（Block Authors），如图 3-3 所示。

图 3-3 作者许可

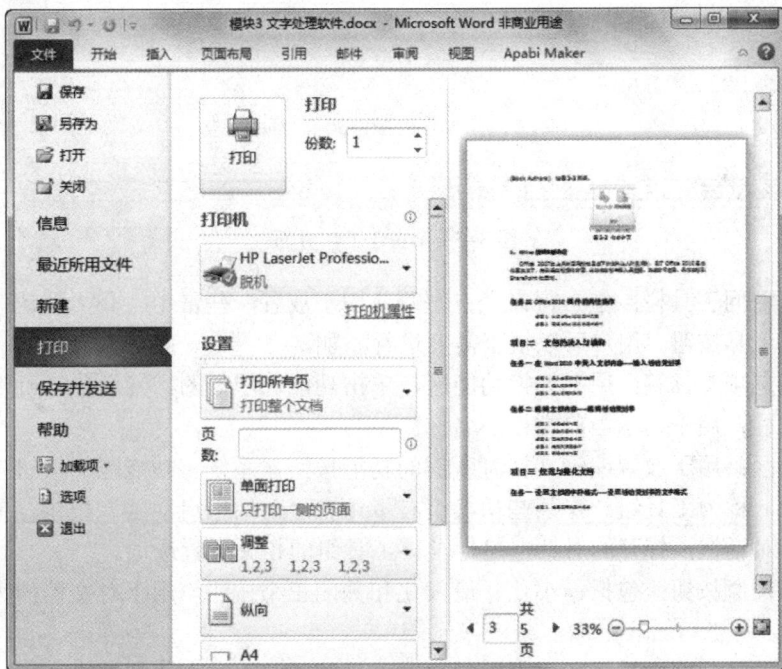

7. 打印选项

打印部分此前只有寥寥三个选项，现在几乎成了一个控制面板，基本可以完成所有打印操作，如图 3-4 所示。

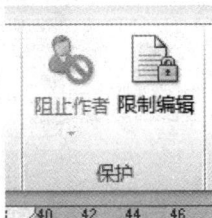

图 3-4 打印选项

此外，Word、Excel、PowerPoint 还各自有许多新的功能，如 Excel 迷你图、Excel 切片器、PowerPoint 视频编辑功能等，都有待同学们进一步探索，这里不再详细讲述。

任务三　Office 2010 组件的共性操作

任务描述

Office 是具有办公功能的软件的集合，其中的各个软件在应用类别和功能上有所不同，但其中很多操作方法都是相同的，下面以 Word 为例，其他组件的操作基本相同。

步骤 1：认识 Office 2010 工作界面

在学习使用 Office 软件之前，首先需要对其工作界面和工作视图有所了解。以 Word 2010 的工作界面（图 3-5）为例，介绍工作界面的各组成部分及其作用。

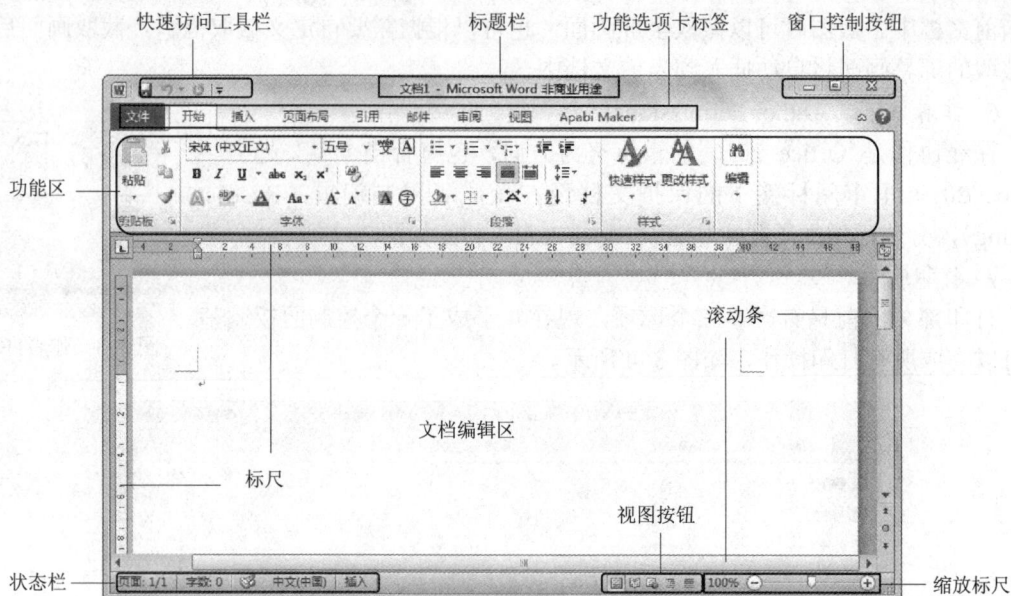

图3-5　Word 工作界面

（1）快速访问工具栏：位于窗口上方左侧，用于放置一些常用工具，默认包括保存、撤销和恢复三个工具按钮。用户可以根据需要进行添加。

（2）功能选项卡标签：用于切换功能区，单击功能选项卡的标签名称就可以完成切换。

（3）标题栏：用于显示当前文档的名称。

（4）功能区：用于放置编辑文档时所需的功能按钮，系统将功能区的按钮按功能划分为一个一个的组，称为工具组。在某些功能组右下角有"对话框启动器"按钮，单击该按钮可以打开相应的对话框，打开的对话框包含了该工具组的相关设置选项。

（5）窗口控制按钮：包括最小化、最大化和关闭三个按钮，用于对文档的大小和关闭进行控制。

（6）标尺：分为水平标尺和垂直标尺，用于显示或定位文本的位置。

（7）滚动条：分为水平滚动条和垂直滚动条，拖动滚动条可以查看文档中未显示的内容。

（8）文档编辑区：用于显示或编辑文档内容的工作区域，编辑区内不停闪烁的光标称为插入点，新输入或插入的文本内容定位在此处。

（9）状态栏：用于显示当前文档的页数、字数、拼写和语法状态、使用语言、输入状态等信息。

（10）视图按钮：用于切换文档的视图方式，单击相应按钮，即可切换到相应视图。

（11）缩放标尺：用于对编辑区的显示比例和缩放尺寸进行调整，用鼠标拖动缩放滑块后，标尺左侧会显示缩放的具体数值。

步骤2：掌握 Office 2010 的基本操作

1. 启动 Office 组件

方法1：执行"开始"菜单下 Microsoft Office 子菜单下的相应命令启动相关组件。

方法2：双击桌面上 Office 组件的快捷方式图标，启动相应程序。

方法 3：从"我的电脑"或"资源管理器"窗口中双击 Word/Excel/PowerPoint 文件，在打开该文件内容的同时打开相应程序窗口。

2. 新建 Office 文档

通过启动 Office 组件方法中的方法 1 或方法 2 启动 Office 组件后，就新建了一个空白文档。用户也可以在现有文档基础上另外新建空白文档，方法是：单击"文件"功能选项卡中的"新建"命令，然后单击右侧的"可用模板"列表中的"空白文档"选项，单击"创建"按钮，创建新的空白文档，如图 3-6 所示。

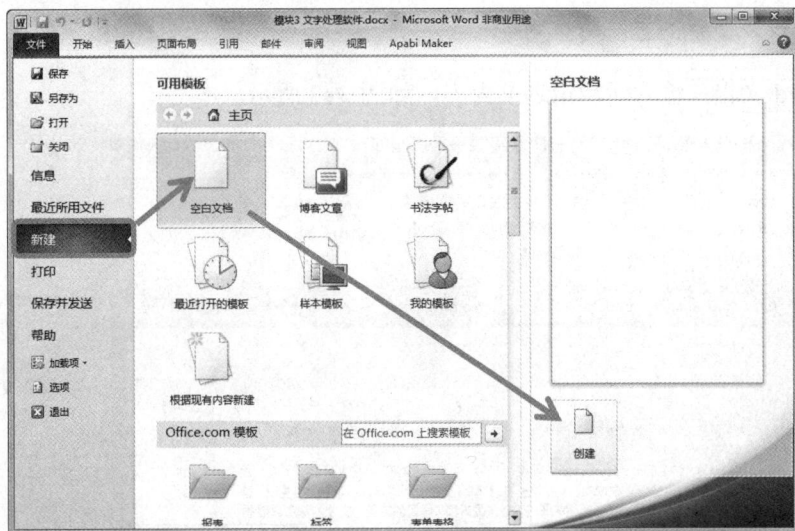

图 3-6　新建 Office 文档

知识链接

在编辑文档的过程中，按下 Ctrl+N 快捷键，可快速创建空白文档。如果重复按该快捷键，可按文档 1、文档 2……的命名方式新建空白文档。

项目二　文档的录入与编辑——活动策划书

项目描述

某大学为丰富校园生活，营造互助互爱、学习氛围浓厚的寝室文化，特举办"大学寝室文化节"活动。王同学作为校学生会干事，为此次活动制定了一份详细的活动策划书，并使用 Word 文件进行录入和初步排版。

项目目标

- 能进行简单的文字录入；
- 掌握对文档内容进行选取、移动、复制、删除的操作；
- 掌握在长文档中进行查找和替换的方法；
- 掌握撤销和恢复操作。

任务一 在 Word 2010 中录入文档内容——输入活动策划书

任务描述

启动 Word 软件，输入"大学寝室文化节"活动策划书的内容，并保存为"活动策划书（录入）.docx。

最终文件见//计算机基础/模块 3 文件/编辑后文件/活动策划书（录入）.docx。

步骤1：录入文字的方法与技巧

新建 Word 文档，输入活动策划书内容，如图 3-7 所示。

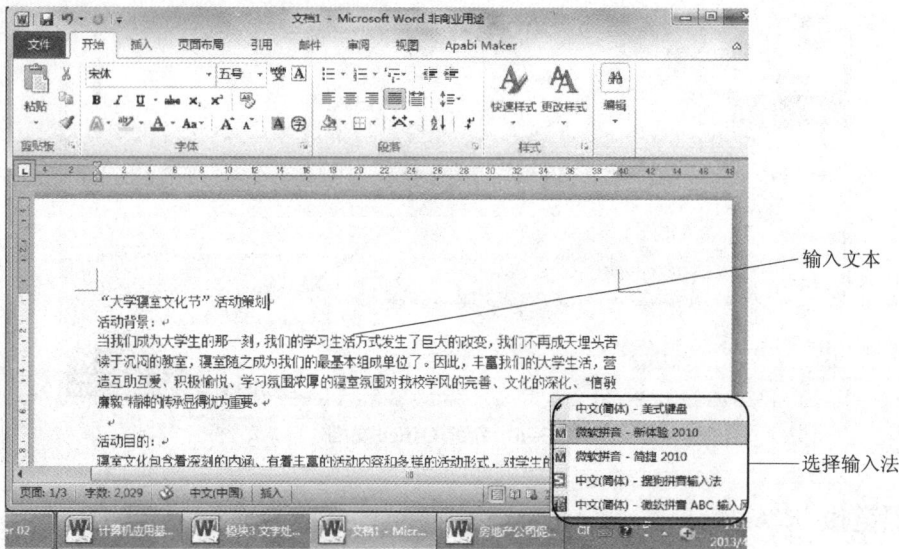

图 3-7 输入文本内容

在录入文本时，还需要注意以下几点：

（1）在 Word 中，可以通过按 Shift+ Ctrl 快捷键切换各种已经安装好的输入法；如果是从英文输入法切换到默认的中文输入法，那么需要按 Ctrl+ Space 快捷键。

（2）录入文本时，在同一段文本之间不需要手动分行，当输入内容超过一行时，Word会自动换行。

（3）当录入完一段文字后，按 Enter 键，文档会自动产生一个段落标记符，表示换行。

（4）如果需要强制换行，并且需要该行的内容与上一行的内容保持一个段落属性，可以按 Shift+ Enter 快捷键来完成。

（5）当文本出现错误或有多余的文字时，可以使用删除功能。按键盘上的 Backspace 键可以删除插入点左侧的文字；按 Delete 键可以删除插入点右侧的文字。

知识链接

在文档空白区域的任意位置处双击，可以启动 Word 的"即点即输"功能，此时插入点定位在该位置，此后输入的文本或插入的图标、表格或其他对象将出现在新的插入点处。

步骤2: 录入特殊符号

利用键盘可以轻松地输入常用的标点符号、字母、数字，如果需要插入键盘外的其他符号，则需要通过"插入符号"功能来完成。在该活动策划书中，就用到了序号❶❷❸…，录入方法如下。

（1）单击"插入"选项卡中"符号"工具组中的"符号"按钮，在弹出的下拉菜单中选择"其他符号"命令，如图3–8所示。

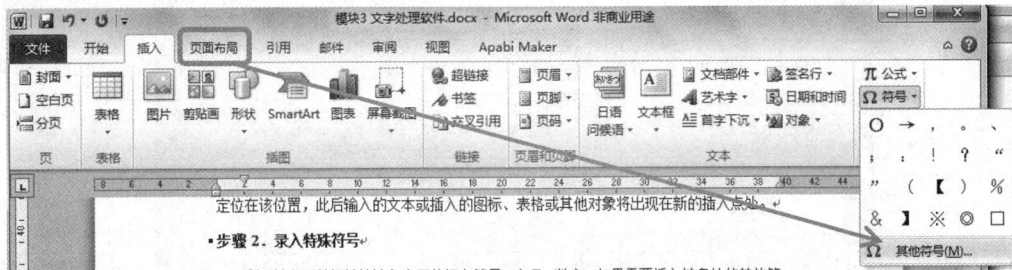

图3–8 执行"其他符号"命令

（2）弹出"符号"对话框，在"字体"列表中选择相应的字体，然后选择要插入的符号。单击"插入"按钮即可插入符号，如图3–9所示。

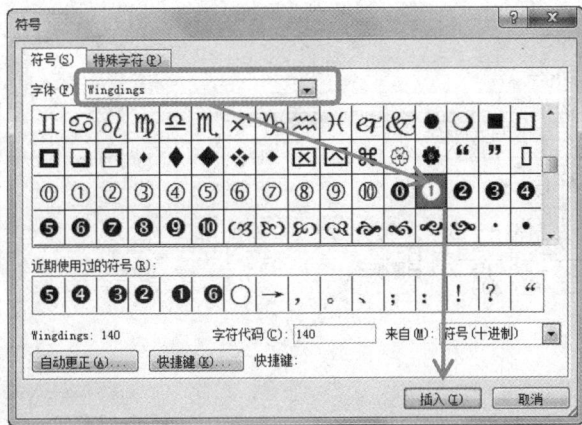

图3–9 "符号"对话框

知识链接

一些特殊时间，如"二〇一〇年三月"等特殊时间，以及"浗""漤"等生僻字，"±""¼""α""≥"等特殊符号，这些特殊的文本有些用键盘输入法是输入不了的，必须使用"插入"功能来解决这一问题。

步骤3: 插入日期和时间

在制作合同、信函、通知类的办公文档时，通常需要在文档的末尾输入当前的日期与时间。在Word中可以快速插入日期与时间，不用手动输入。在本任务中，最后就需要加入完成策划书的时间，具体操作方法如下。

（1）将插入点定位到文档最后，单击"插入"选项卡中"文本"工具组中的"日期和时间"按钮，如图 3–10 所示。

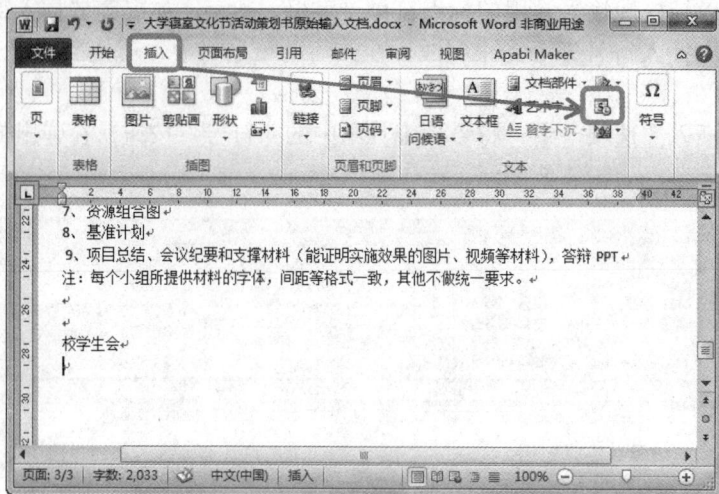

图 3–10 执行插入"日期和时间"命令

（2）弹出"日期和时间"对话框，在"可用格式"列表中选择日期格式，单击"确定"按钮，按选择的格式插入日期和时间，如图 3–11 所示。

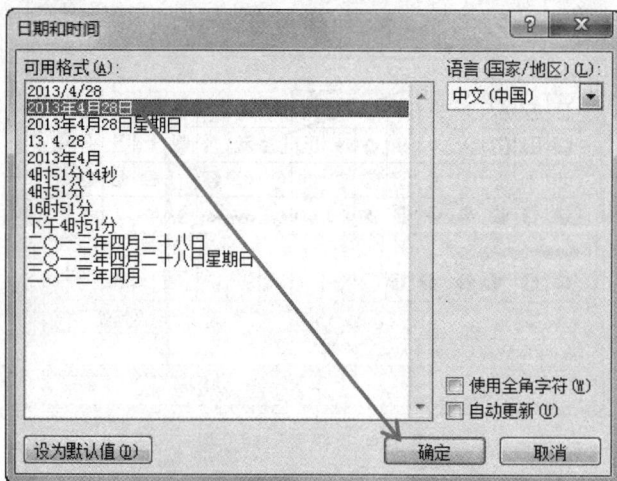

图 3–11 "日期和时间"对话框

至此，活动策划书内容录入完毕，具体内容见//模块 3 文件/原始文件/大学寝室文化节活动策划书原始输入文档.docx。

任务二 编辑文档内容——编辑活动策划书

任务描述

（1）将"活动时间"和"活动地点"两部分内容复制、粘贴至正文最后。
（2）将文中的"3 月"替换为"5 月"。

（3）删除原"活动时间"和"活动地点"两部分内容，仅保留粘贴后内容。

最终效果见//计算机基础/模块 3 文件/编辑后文件/活动策划书（编辑）.docx。

步骤 1：选择文档内容

对文档内容进行编辑之前，都需要先选中要编辑内容，也就是要指明对哪些内容进行编辑。文档中被选中的文本以蓝色背景显示。

（1）用鼠标选定文字，方法如表 3–1 所示。

表 3–1　用鼠标选定文本的各种操作方法

所选文本	鼠标的操作
任何数量的文字	从左或右拖过这些文字
一个单词	双击该单词
一个图形	单击该图形
一行文字	在左侧选择区单击
多行文字	在左侧选择区向上或向下拖动鼠标
一个句子	按住 Ctrl 键，然后在该句的任何位置单击
一个段落	在左侧选择区双击
多个段落	在左侧选择区向上或向下拖动鼠标
一大块文字	在开始处单击，滚动到所选内容结束的位置，按住 Shift 键并单击
整篇文档	在左侧选择区三击鼠标
垂直文字块	按住 Alt 键然后拖动鼠标

（2）用键盘选定文字，方法如表 3–2 所示。

表 3–2　用键盘选定文本的方法

所选文本	按　键
右侧一个字符	Shift＋右箭头
左侧一个字符	Shift＋左箭头
单词结尾	Ctrl＋Shift＋右箭头
单词开始	Ctrl＋Shift＋左箭头
行尾	Shift＋End
行首	Shift＋Home
下一行	Shift＋下箭头
上一行	Shift＋上箭头
段尾	Ctrl＋Shift＋下箭头

续表

所选文本	按　键
段首	Ctrl＋Shift＋左箭头
下一屏	Shift＋PgDn
上一屏	Shift＋PgUp
整篇文档	Ctrl＋A
文档中具体位置	F8，然后移动箭头；Esc 键可取消选定模式
纵向文本块	Ctrl＋Shift＋F8，然后移动箭头；Esc 键可取消选定模式

步骤 2：移动和复制内容

（1）选定"活动时间"和"活动地点"两部分内容，如图 3–12 所示。

（2）在选定内容上单击鼠标右键，在弹出的快捷菜单中选择"复制"命令，如图 3–13 所示。

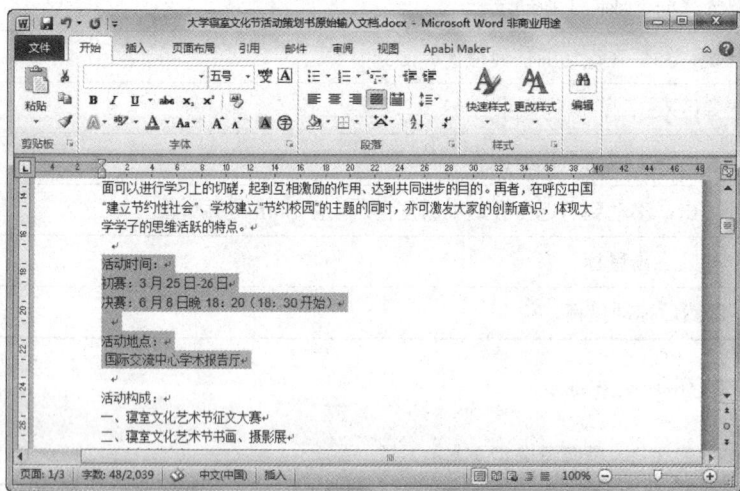

图 3–12　选定内容　　　　　　　图 3–13　执行"复制"命令

（3）将光标定位到内容正文最后，右击，执行快捷菜单中"粘贴选项"中的 ，即可将复制的文本按原格式粘贴到正文最后。

知识链接

复制文本常见操作方法如下：

（1）利用复制、粘贴按钮完成复制：选定要复制的内容，单击"开始"菜单中的 复制 按钮，这时，选定的内容就被复制到了剪贴板上。然后将光标移到目标位置，单击 按钮，则选定的内容就被复制到了目标位置。

（2）通过拖拉鼠标完成复制：首先选定内容，将鼠标指针移动到选定的文字上，这时鼠标指针变成箭头形状，然后按住 Ctrl 键，再按住鼠标左键并拖动鼠标，这时随着鼠标的移动，文档中会出现一条虚线，表明被选取的文字将要移到的位置，在目标位置释放鼠标，则选取的文字便复制到了新的位置。

（3）利用快捷键完成复制：选定要复制的内容，按下 Ctrl+C 键，然后将光标移到目标位置，再按下 Ctrl+V 键，则选定的内容就被复制到了目标位置。

移动文本常见操作方法如下：

（1）利用移动、粘贴按钮完成复制：选定要移动的内容，单击 剪切 按钮，这时，选定的内容就被移动到了剪贴板上。然后将光标移到目标位置，单击 按钮 按钮，则选定的内容就被移动到了目标位置。

（2）通过拖拉鼠标完成移动：首先选定内容，将鼠标指针移动到选定的文字上，这时鼠标指针变成箭头形状，按住鼠标左键并拖动鼠标，这时随着鼠标的移动，文档中会出现一条虚线，表明被选取的文字将要移到的位置，在目标位置释放鼠标，则选取的文字便移动到了新的位置。

（3）利用快捷键完成移动：选定要移动的内容，按下 Ctrl+X 键，然后将光标移到目标位置，再按下 Ctrl+V 键，则选定的内容就被移动到了目标位置。

步骤3：查找和替换内容

（1）将光标定位在文档中，单击"开始"面板的"编辑"组中的"替换"按钮，弹出"查找和替换"对话框并自动切换到"替换"选项卡，如图3-14所示。

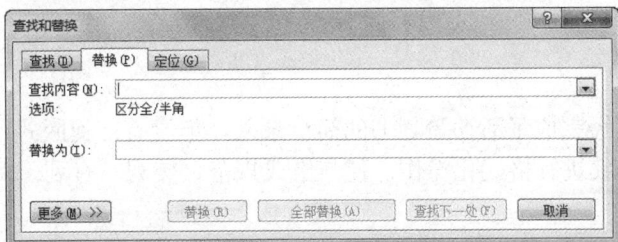

图3-14 "查找和替换"对话框

（2）在"查找内容"下拉列表中输入需要查找的内容"3 月"，在"替换为"下拉列表中输入替换后的文本"5 月"。单击"全部替换"按钮，将自动弹出一个提示对话框，提示 Word 已完成对文本的替换，单击"确定"按钮，关闭提示对话框。

知识链接

在 Word 2010 中，除可利用"查找和替换"对话框在文档中查找特定内容外，还可以利用"导航"面板中的搜索功能进行搜索，这是 Office 2010 的新增功能。使用 Ctrl+F 快捷键也将打开导航面板，而不是"查找和替换"对话框。

步骤4：删除文档内容

对文档中不需要的文本对象，应该将其删除，删除文本通常按以下方法操作：

（1）按下 BackSpace 键可以删除插入点之前的文本。

（2）按下 Delete 键可以删除插入点之后的文本。

（3）选中要删除的一段或多段文本，按键盘上的 BackSpace 或 Delete 键删除选中的文本。

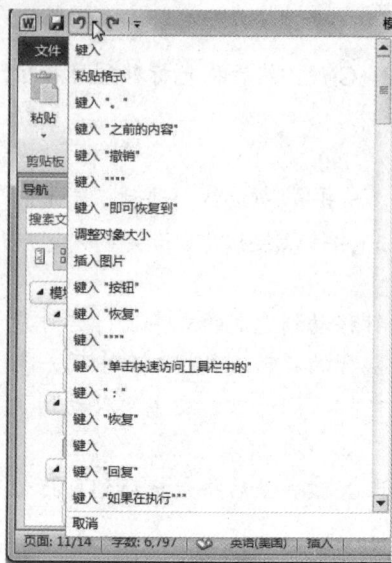

图 3-15　撤销操作

（4）选择文本，单击"开始"选项卡，在"剪贴板"工具组中单击"剪切"按钮可删除文本。

（5）选中文本后，直接输入替换的内容。

步骤 5：撤销和恢复操作

当用户在进行文档录入、编辑或者其他处理时，Word 会将用户所做的操作记录下来，如果用户出现错误的操作，则可以通过"撤销"功能将错误的操作取消，如果在"撤销"操作时也出现错误，则可以利用回复功能恢复到"撤销"之前的内容。

（1）撤销：单击"撤销"按钮右侧的下三角按钮，在弹出下拉列表中选择要进行的撤销的步骤的名称即可，如图 3-15 所示。

（2）恢复：单击快速访问工具栏中的"恢复"按钮 🔄，即可恢复到"撤销"之前的内容。

项目三　规范与美化文档

项目描述

在项目二中，已经完成了活动策划书的简单录入，但没有任何版式，可读性比较差。通过本项目的操作，对其进行格式化操作，使其格式规范、美观，有利于阅读。

项目目标

- 掌握字符设置的一般方法
- 掌握段落格式的设置方法
- 掌握页面设置的方法
- 掌握文档打印方法

任务一　设置文档的字符格式——设置活动策划书的文字格式

任务描述

（1）将标题设置为"'大学寝室文化节'活动策划"，字体设置为宋体，字号三号，加粗。

（2）"活动背景""活动目的""活动构成""活动内容""活动流程""报名方式""要求""活动时间""活动地点"几个小标题设置为宋体，四号字，并加粗。

（3）设置标题的字符间距为 3 磅。

最终文件见//计算机基础/模块 3 文件/编辑后文件/项目三/活动策划书（设置字符格式）。

步骤 1：设置字符的基本格式

在"开始"面板中的"字体"工具组中，提供了文字的基本格式设置按钮，可以单击这些相应的按钮对文字进行格式化设置。

（1）设置标题文字格式：选中标题"'大学寝室文化节'活动策划"，单击相应的字符格式按钮设置格式，如图3-16所示。

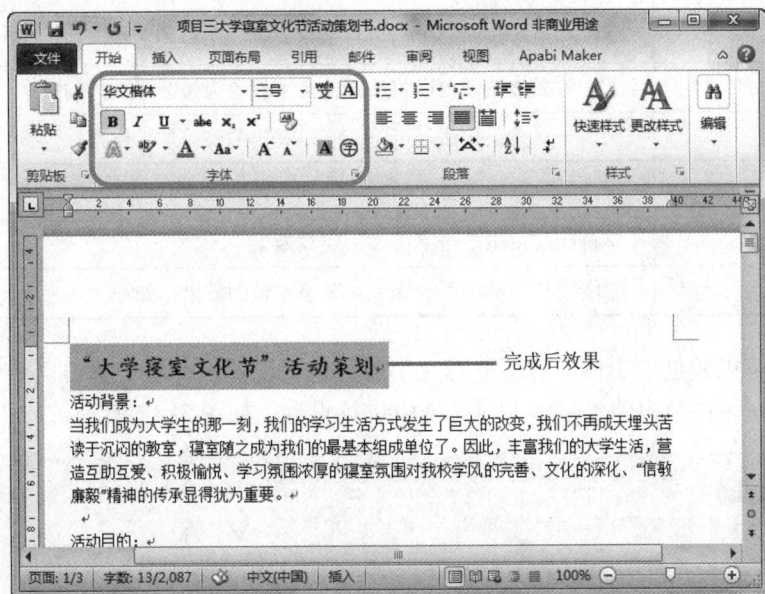

图 3-16　设置文字的基本格式

知识链接

在"字体"工具组中，含有多种基本格式设置按钮，其功能及含义如表3-3所示。

表 3-3　"字体"工具组各按钮功能

命令按钮	功　能
华文楷体	字体列表，用于设置文本字体，如黑体、楷体、隶书，等等
三号	字号按钮，设置字符大小，如五号、三号等
A⁺ A⁻	增大、减小字号按钮，可快速增大或减小字号
Aa	更改大小写按钮，单击可对文档中的英文进行大小写之间的互换
A⑧	清除格式按钮，单击可将文字格式还原到Word默认状态
文	拼音指南按钮，单击可给文字注音，且可编辑文字注音的格式，如 huó dòng cè huà 活动策划
A	字符边框，可以给文字添加一个线条边框，如 活动策划
B	加粗按钮，将字符的线型加粗，如大学寝室**文化节**
I	倾斜按钮，将字符进行倾斜，如*活动策划*
U	下划线按钮，可为字符添加单下划线、双下划线、波浪线等下划线，如 "大学寝室文化节"活动策划

续表

命令按钮	功　　能
a̶b̶c̶	删除线按钮，可以给选中的字符添加删除线效果，如 活̶动̶策̶划̶
x₂　x²	下标和上标按钮，单击可将字符设置为下标和上标，如 H_2, X^a
A˅	文本效果按钮，可以将选择的文字设置为带艺术效果的文字
ᵃᵇ˅	突出显示效果按钮，可将文字以突出的底纹显示出来
A˅	字体颜色按钮，给文档字符设置各种颜色
A	字符底纹按钮，给字符添加底纹效果
ⓐ	带圈字符，单击可给选中文字添加带圈效果，如㊿

　　另外，还可以通过"字体"对话框对文字效果进行设置，方法是单击"字体"功能组右下方的扩展按钮，在弹出的"字体"对话框中进行设置，如图 3-17 所示。

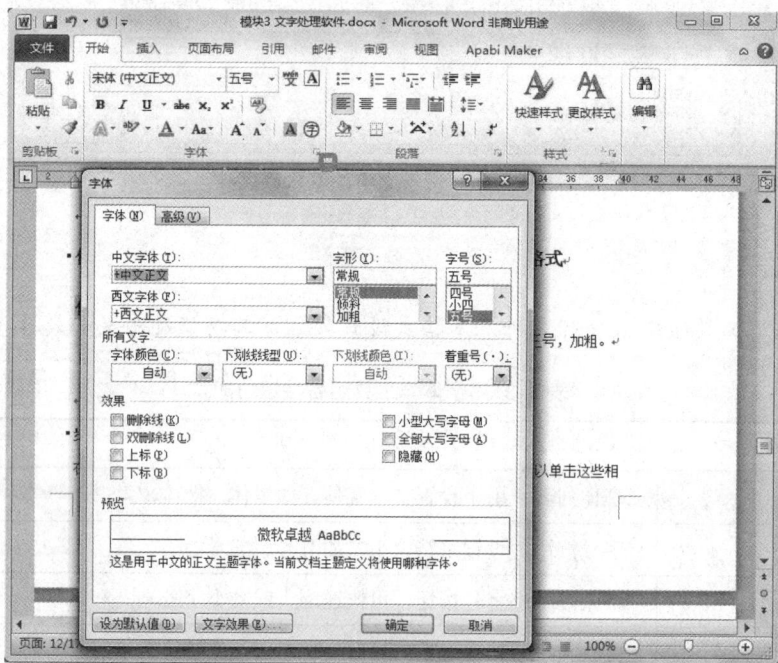

图 3-17　通过"字体"对话框设置文字效果

　　（2）设置小标题文字格式：首先选中"活动背景"四个字，将其设置为宋体、四号、加粗，然后双击格式刷按钮 ᔕ格式刷 复制格式，再在"活动目的""活动构成""活动内容""活动流程""报名方式""要求""活动时间""活动地点"几个标题上刷动，即可将几个标题都设置为宋体、四号、加粗。

　　步骤 2：设置文字的字符间距

　　选中标题文字，打开"字体"对话框，切换到"高级"选项卡，设置字符间距为 3 磅，如图 3-18 所示。

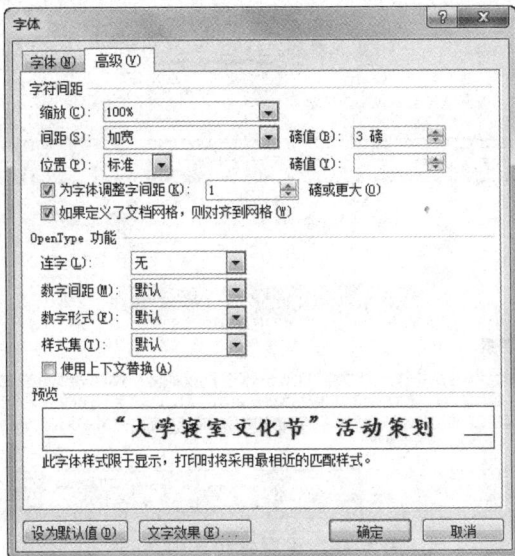

图 3-18 设置字符间距

知识链接

文字的字符间距指的是文档中字与字之间的距离。如果在"间距"列表中选择"紧缩"命令，则可以通过设置磅值将字间距调整为紧密；如果在"紧缩"列表中选择其他比例，那么可以将字符放大或缩小；如果选中"位置"列表中的"提升"或"降低"，再设置磅值，则可以设置文字在同一行中上升或下降的位置。

任务二 设置文档的段落格式——设置活动策划书的段落格式

任务描述

（1）将标题设置为居中对齐方式，正文设置为两端对齐，最后的落款右对齐。
（2）正文段落首行缩进 2 个字符。
（3）正文段间距设置为段前和段后均为 0.4 行，行间距设置为"固定值""18 磅"。
（4）"要求"中的几个要求前加项目符号。
（5）"活动构成"的三个内容前加编号。
（6）为"活动背景"和"活动目的"加边框和底纹。
最终文件见//计算机基础/模块 3 文件/编辑后文件/项目三/活动策划书（设置段落格式）。

步骤 1：设置段落对齐方式

（1）选定标题文字，在"开始"面板的"段落"选项组中，有 5 种对齐方式，分别是左对齐、居中对齐、右对齐、两端对齐和分散对齐，这里选择居中对齐，如图 3-19 所示。
（2）由于默认情况下，Word 采用的是两端对齐，因此不用再对正文进行设置即可。
（3）选定落款文字，单击右对齐按钮即可。

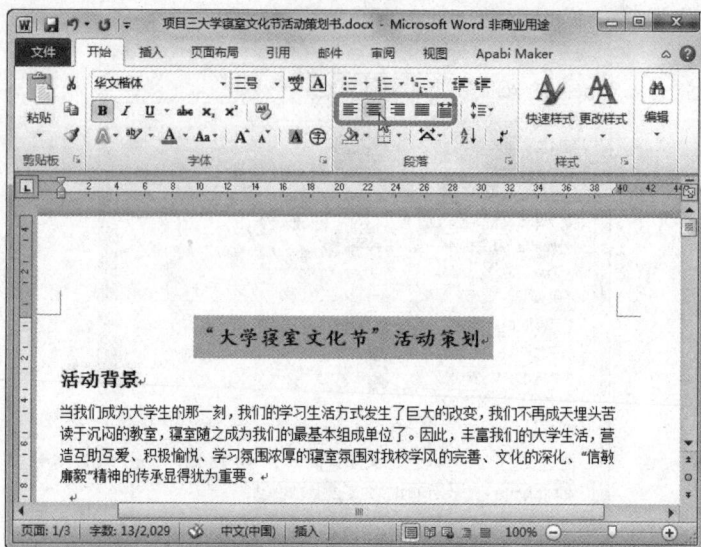

图 3-19　设置标题居中对齐

知识链接

段落格式是以"段"为单位的。因此，要设置某一个段落的格式时，可以直接将光标定位在该段落中，执行相关命令即可。要同时设置多个段落的格式时，就需要先选中这些段落，再进行格式设置。

步骤 2：设置段落缩进方式

选中全部正文文档，单击"段落"工具组右下角的扩展按钮，弹出"段落"对话框，选择"特殊格式"列表中的"首行缩进"选项，磅值处选择"2 字符"，单击"确定"按钮即可，如图 3-20 所示。

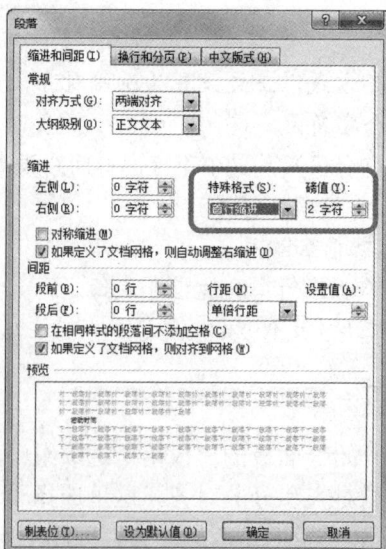

图 3-20　设置正文首行缩进

段落的缩进方式有四种，其功能作用如表 3–4 所示。

表 3–4　段落缩进方式

缩进方式	功　能　作　用
左（右）缩进	整个段落中所有行的左（右）边界向右（左）缩进
首行缩进	从一个段落首行第一个字符开始向右缩进，使其区别于前面的段落
悬挂缩进	将整个段落中除了首行外的所有行左边界向右缩进

步骤 3：设置段间距与行间距

（1）段间距：段间距是指文档中段落之间的距离，设置方法是选中正文段落，打开"段落"对话框，设置"段前"和"段后"为 0.4 行，如图 3–21 所示。

（2）行间距：行间距是指段落中行与行之间的距离，设置方法是选中正文段落，打开"段落"对话框，将文档中的行间距设置为"固定值""18 磅"，如图 3–21 所示。

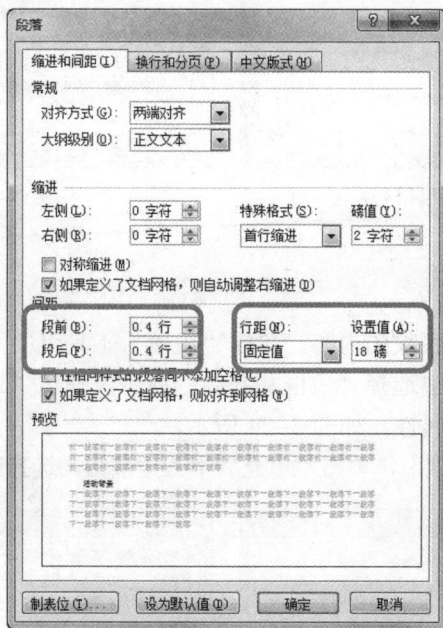

图 3–21　设置段间距和行间距

步骤 4：设置项目符号与编号

（1）项目符号：选中"要求"中的几个要求条件，单击"段落"工具组中"项目符号"按钮右侧的下三角按钮，打开"项目符号库"，单击选择所需要的项目符号即可，如图 3–22 所示。

知识链接

如果打开的项目符号列表中没有需要的符号类型，可以单击项目符号库下方的"定义新项目符号"命令，在弹出的"定义新项目符号"对话框中重新选择图片或符号作为新的项目符号。

（2）编号：选中要添加编号的内容，单击"段落"工具组中"编号"按钮右侧的下三角按钮，打开"编号库"，选择需要的编号即可，如图3-23所示。

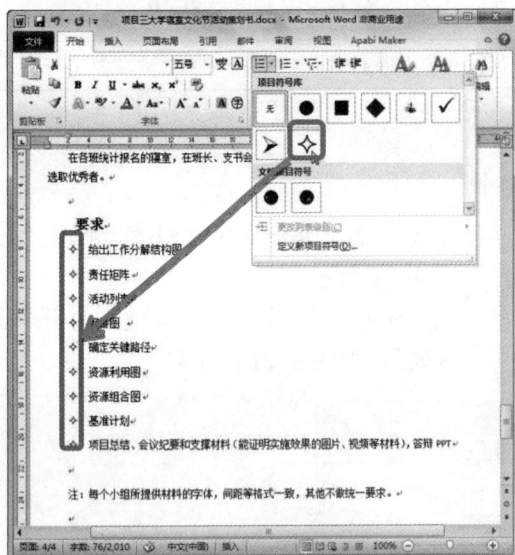

图3-22 设置项目符号

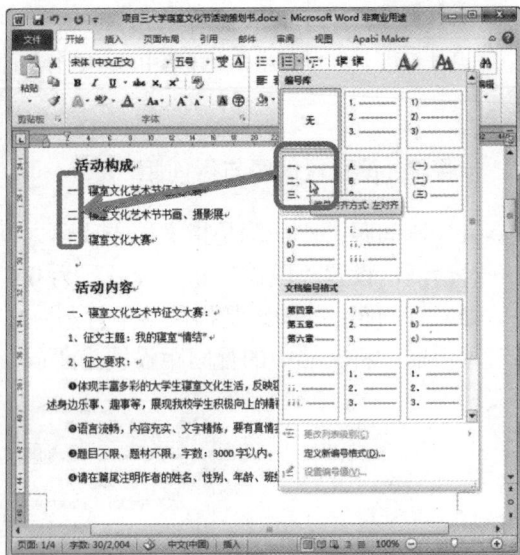

图3-23 设置编号

步骤5：添加边框和底纹

（1）选中要添加边框和底纹的内容，单击"段落"工具组中"下框线"按钮 右侧的下拉按钮，在弹出的子菜单中选择"边框和底纹"命令，弹出"边框和底纹"对话框。设置边框的样式、颜色、宽度等属性，如图3-24所示。

（2）切换到"底纹"选项卡，单击"填充"下三角按钮，选择底纹颜色，如图3-25所示。

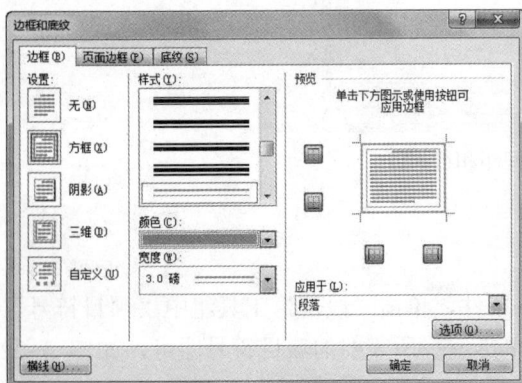

图3-24 设置边框

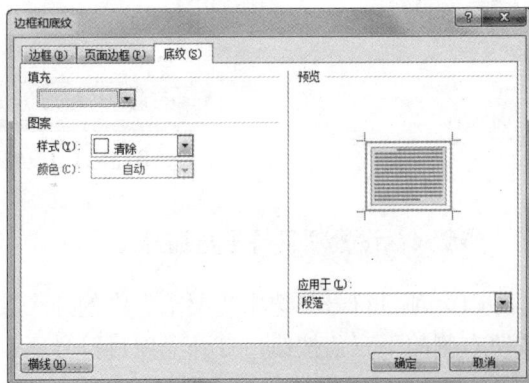

图3-25 设置底纹

步骤6：设置段落首字下沉

选择文档中要设置首字下沉文字所在段落，单击"插入"面板中"文本"工具组中的"首字下沉"按钮，在列表选择"首字下沉选项"命令，在弹出的"首字下沉"对话框中设置首字下沉的相关文字选项即可，如图3-26所示。

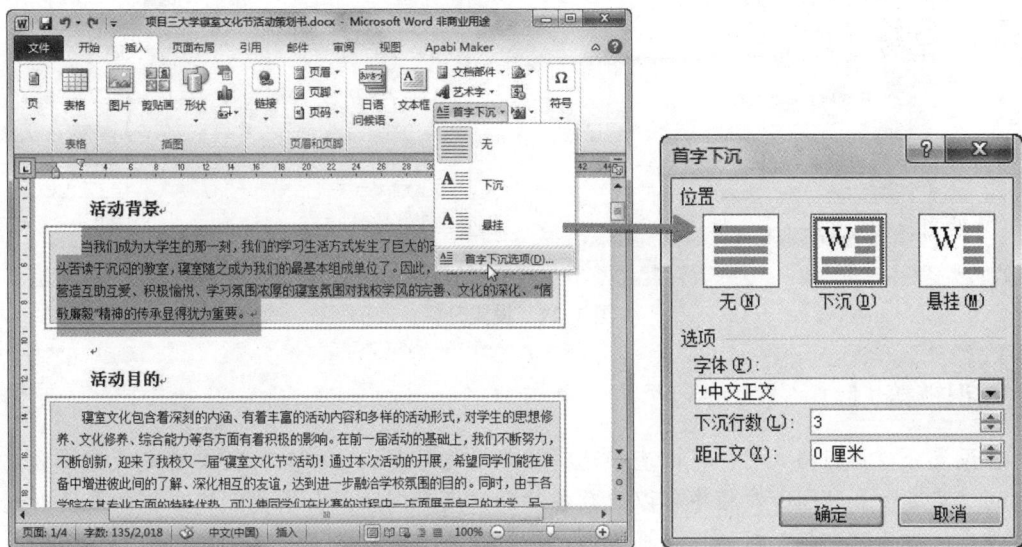

图 3-26　设置首字下沉

任务三　设置文档的页面格式——设置活动策划书的页面格式

任务描述

（1）将"要求"中的内容进行分栏排版，分为两栏并加分隔线。
（2）为整个页面添加艺术型边框。
（3）为文档添加页面背景。
（4）为文档添加水印。
（5）添加页眉、页脚。

最终文件见//计算机基础/模块3文件/编辑后文件/项目三/活动策划书（设置页面格式）。

步骤1：分栏排版

单击"页面布局"面板中"页面设置"工具组中的"分栏"按钮，选择"更多分栏"命令，打开"分栏"对话框。选择要分栏的栏数，并选中"分隔线"复选框，单击"确定"按钮即可，如图3-27所示。

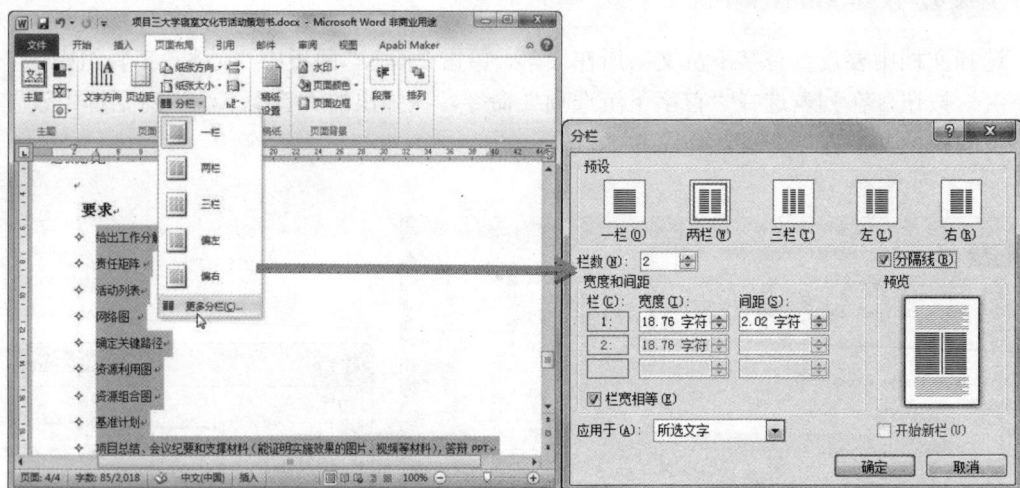

图 3-27　设置分栏

知识链接

在设置分栏排版格式时，可以直接选择栏数，也可以在"栏数"框中自定义分栏数。在下方的"宽度"和"间距"框中可以更改各栏的宽度和间距。如果要删除分栏效果，则选择分栏段后，打开"分栏"对话框，再单击"一栏"选项即可。

步骤2：添加页面边框

在"页面布局"面板中单击"页面边框"按钮 📄 页面边框，弹出"边框和底纹"对话框，在"样式"下拉列表框中选择需要的边框样式，单击"确定"按钮即可，如图 3-28 所示。

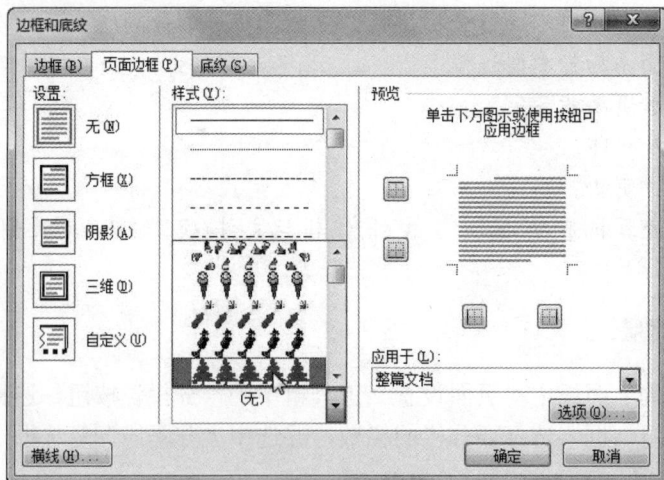

图 3-28　设置页面边框

步骤3：添加页面背景

单击"页面布局"面板中"页面背景"工具组中的"页面颜色"按钮，在弹出的下拉列表中单击"填充效果"命令，弹出"填充效果"对话框。切换到"图片"选项卡，如图3-29所示。

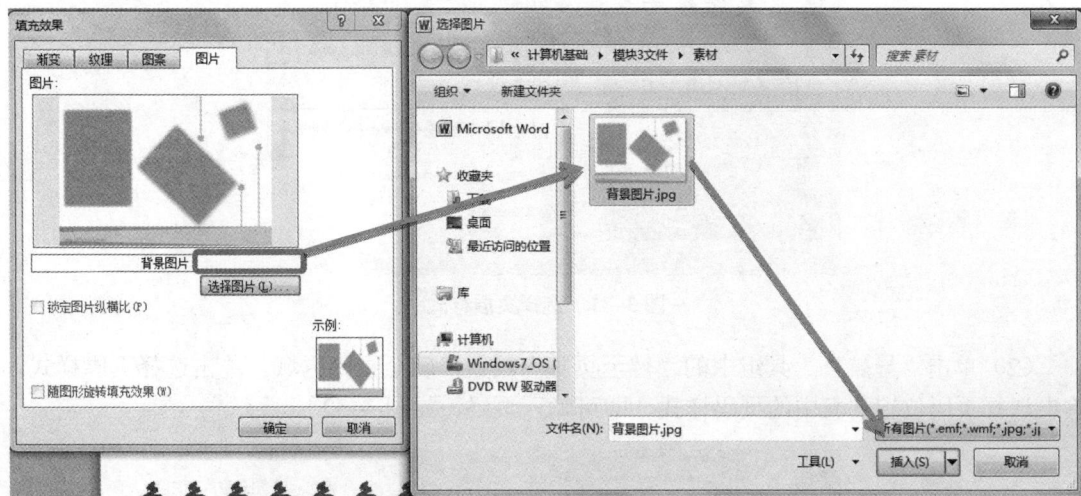

图3-29　选择背景图案

步骤4：添加文档水印

单击"页面背景"工具组中的"水印"按钮，在弹出的快捷菜单中选择"自定义水印"命令，弹出"水印"对话框。设置水印文字的相关选项，重新设置文字、字体、字号、颜色等，如图3-30所示。单击"确定"按钮，完成设置后关闭对话框。

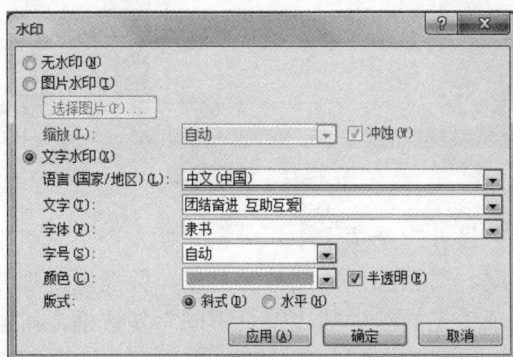

图3-30　设置水印文字

步骤5：添加页眉和页脚

（1）单击"插入"面板的"页眉和页脚"工具组中的"页眉"选项，选择列表中的页眉样式（这里选择"空白"），如图3-31所示。然后在页眉中输入相关内容即可（这里输入文档标题"'大学寝室文化节'活动策划"。

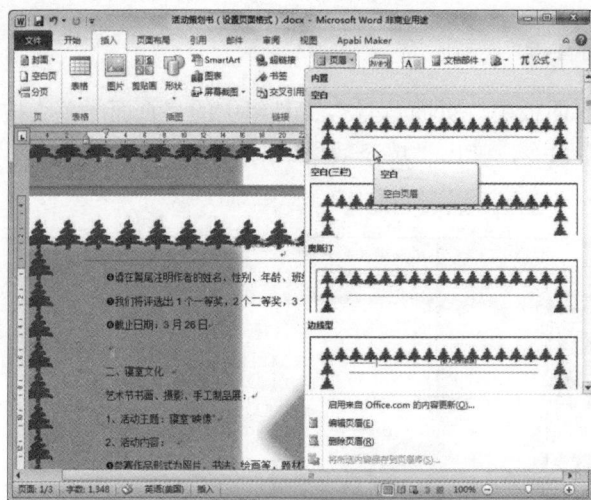

图3-31　选择页眉样式

（2）单击"导航"工具组中的"转至页脚"按钮，转至页脚区域。单击选择页脚样式，单击选择页码位置列表中的页码样式，即可输入页码，如图3-32所示。

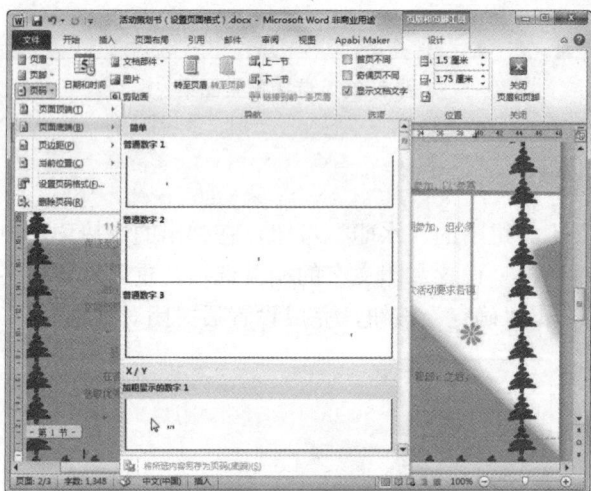

图3-32　设置页脚

在"页眉和页脚"的"设计"选项卡中，单击"插入"工具组中的相关按钮，可以在页眉和页脚处插入日期和时间、文档部件、图片等对象，并能像处理普通文档中的内容一样处理插入的对象。选中"选项"工具组中的"首页不同"复选框，可以根据输入提示创建首页不同的页眉和页脚；选择"奇偶页不同"复选框，可以创建奇偶页不同的页眉和页脚。

知识链接

设置页码的起始页：在文档中插入页码时，默认都是从"1"开始，但是一些稿件的起始内容可能紧接其他文档，所以其起始页码并不是"1"，遇到这种情况，就需要更改编号起始值。操作方法如下。

单击"页眉和页脚"工具组的"页码"按钮，单击"设置页码格式"命令，弹出"页码格式"对话框，输入页码的起始值，单击"确定"按钮即可，如图3-33所示。

图3-33 设置起始页码

任务四 设置文档页面格式——设置打印格式

任务描述

（1）要使用宽度25厘米、高度35厘米的打印纸打印活动策划书，设置纸张大小。

（2）页边距设置为上下左右均为2厘米。

（3）打印时，纵向打印。

最终文件见//计算机基础/模块3文件/编辑后文件/项目三/活动策划书（设置打印格式）。

步骤1：设置纸张大小

要对文档进行打印，首先要确定打印纸张的大小，常用的纸张大小有A3、A4、B5、16开、32开等。如果需要默认的纸张大小可以直接在纸张大小的列表中选择。由于默认列表中没有需要的纸张大小，此时需要自定义纸张的大小，具体操作方法是单击"页面设置"工具组中的"纸张大小"按钮，单击选择列表中的"其他页面大小"命令，在弹出的"页面设置"对话框中自定义纸张的宽度和高度，如图3-34所示。

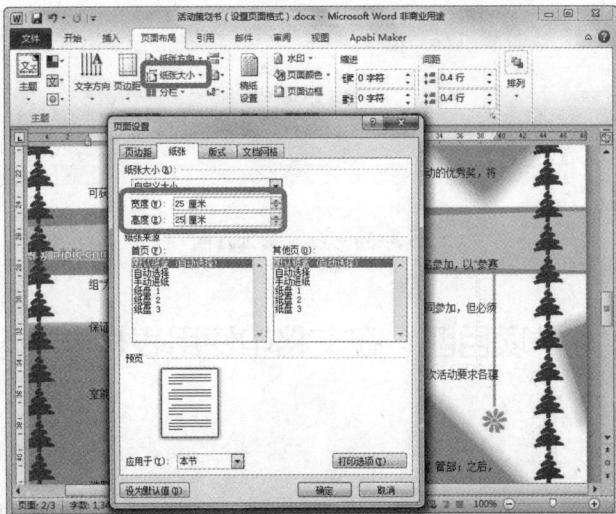

图3-34 设置纸张大小

步骤2：设置页边距

页边距是文本区到页边界的距离，设置方法是单击"页面设置"工具组右下角的对话框启动器，弹出"页面设置"对话框。设置上下左右的页边距均为2厘米，单击"确定"按钮完成操作，如图3-35所示。

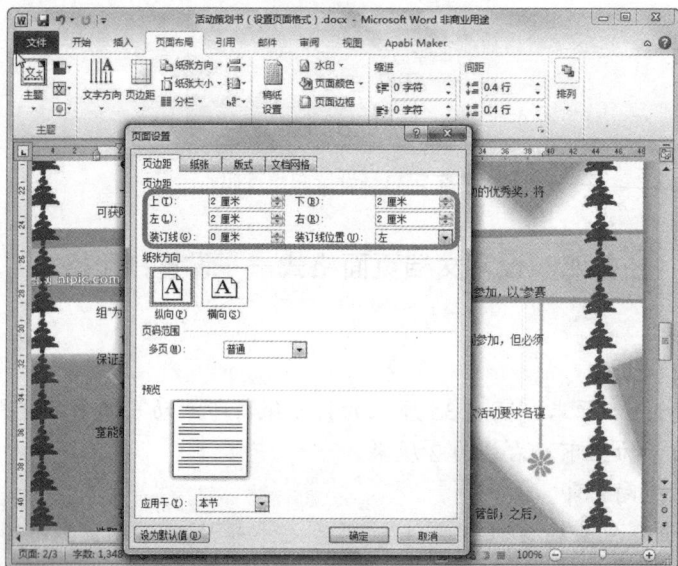

图3-35 设置纸张大小

步骤3：设置纸张方向

在Word中，纸张有两个使用方向，一个是纵向，一个是横向，默认为纵向使用。设置纸张方向的方法是单击"页面设置"工具组中的"纸张方向"按钮，单击列表中的方向选项即可，如图3-36所示。也可在图3-35所示的"页面设置"对话框中选择纸张方向。

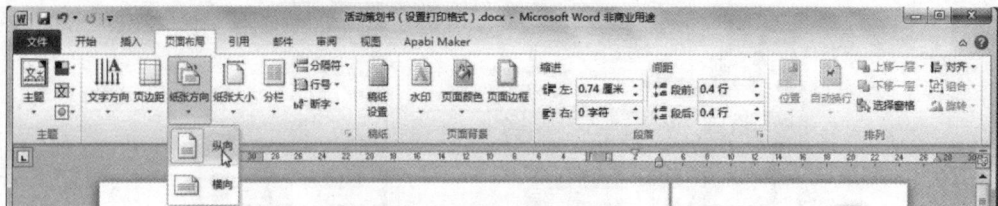

图3-36 设置纸张方向

项目四 在文档中使用表格

项目描述

王同学在某公司实习，为规范采购流程，根据领导指示使用Word 2010编制了一个公司采购单，供同事申请采购物品时使用，效果如图3-37所示。

公司采购单

申请日期		申请部门		
申请人		到货日期		
序号	物品名称（摘要）	数量	单位	备注
预算金额		供货商电话		
申请原因				
主管签字				
经理签字				
总经理签字				

图 3-37　所要创建的公司采购表

项目目标

- 掌握在文档中创建表格的方法；
- 会合并、拆分表格中的单元格；
- 掌握设置表格大小的方法；
- 掌握设置表格格式的方法。

任务一　在文档中创建表格——创建公司采购表

任务描述

在 Word 中首先绘制初始表格。

最终文件见//计算机基础/模块 3 文件/编辑后文件/项目四/公司采购表（绘制表格）.docx。

步骤 1：自动创建表格

方法 1：拖动行列数创建表格。由于创建的表格行列数较少且是规则的表格，因此可以在"表格"列表中的"预设方格"上拖动鼠标，快速创建出规则型的方格，如图 3-38 所示（这样可创建最大 10 列×8 行的表格）。

方法 2：通过对话框创建表格。单击"表格"工具组中的"表格"按钮，在弹出的列表中选择"插入表格"命令，弹出"插入表格"对话框。设置表格行数和列数，这里根据需要选择 4 列、13 行，如图 3-39 所示。单击"确定"按钮即可在文档中插入一个 4 列×13 行的表格。

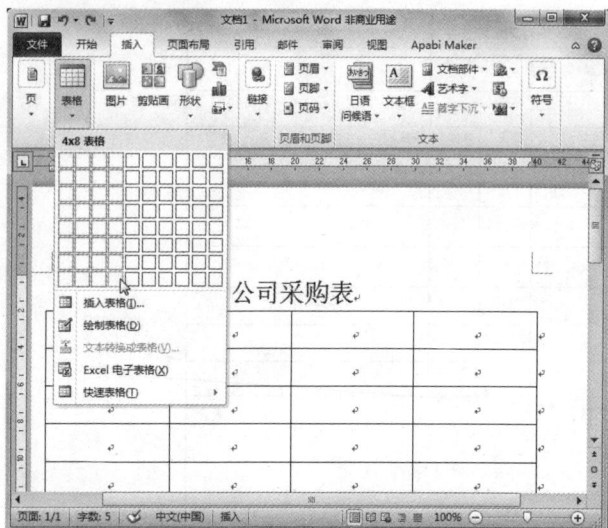

图 3-38 快速创建表格

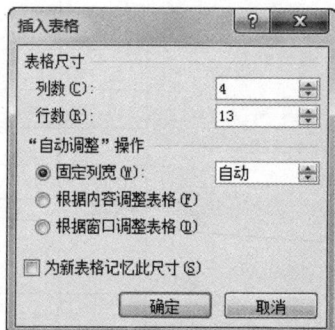

图 3-39 "插入表格"对话框

步骤2：绘制表格

第3列的第3～8行为不规则单元格，需要手动绘制，具体方法是：单击"表格"工具组中的"表格"按钮，单击列表中的"绘制表格"命令，切换到绘制表格状态，拖动鼠标从上到下绘制表格的列线，如图 3-40 所示。

图 3-40 手动绘制表格

任务二 编辑表格——编辑公司采购表

🔳 任务描述

（1）按图 3-37 所示输入文字内容。

（2）添加表格对象。

（3）合并和拆分单元格。

（4）调整表格大小，使其更美观。

最终文件见//计算机基础/模块 3 文件/编辑后文件/项目四/公司采购表（编辑表格）.docx。

步骤 1：在表格中输入内容

根据图 3-37 所示在表格中输入内容。可以使用键盘上的方向键将插入点快速移动到其他单元格；按 Tab 键可以将插入点由左向右依次切换到下一个单元格；按 Shift+Tab 快捷键可以将插入点由右向左切换到前一个单元格。

在表格中编辑的文字内容和在表格之外编辑的内容一样，可以进行复制、移动、查找、替换、删除及格式设置等操作。

步骤 2：选择表格对象

在学习表格的编辑操作之前，首先要学会表格对象的选择方法，如单元格的选择、列与行的选择以及表格的选择等。

（1）选择表格中的行：将鼠标指针指向需要选择的行的最左端，当鼠标指针变成↗形状时单击鼠标左键即可选择表格的一行。此时，如果按下鼠标左键不放，向上或向下拖动时，可以连续选择表格中的多行。

（2）选择表格中的列：将鼠标指针指向需要选择的列的顶部，当鼠标指针变成↓形状时单击鼠标左键，即可选择表格的一列。此时，如果按下鼠标左键不放，向右或向左拖动时，可以选择表格中连续的多列。

（3）选择单元格：由行线和列线交叉构成的格式称为单元格，一个表格由多个单元格构成。在选择一个单元格时，需要将鼠标指针指向单元格的左下角，当指针变成↗样式时，再单击鼠标左键选择相应的单元格。如果按住鼠标左键不放进行拖动，则可以选择表格中的多个连续单元格。

（4）选择整个表格：将鼠标指针指向表格范围时，在表格的左上角会出现选择表格标记⊞，单击该标记即可选取整个表格。

另外，同选取文本对象一样，在选择表格对象时，按住 Shift 或 Ctrl 键后再进行选择可以选择多个相邻的对象或不相邻的对象。

步骤 3：添加和删除表格对象

在创建表格时，并不能将行和列以及单元格一次创建到位，所以当表格中需要添加数据，而行、列或单元格不够时，就需要进行添加；当有多余的行、列或单元格时，则需要将其删除。例如，在表格"总经理签字"下方添加两行，方法为将插入点定位到表格中插入新行的位置，单击"行和列"工具组中的"在下方插入"按钮，如图 3-41 所示，每单击一次插入一行。

添加列与添加行的方法类似，只需要定位到要添加新列的列，单击"在左（右）侧"插入即可。

删除表格对象与添加表格对象类似，选中要删除的对象，单击"行和列"工具组中的"删除"按钮，在弹出的列表中选择相应命令即可。

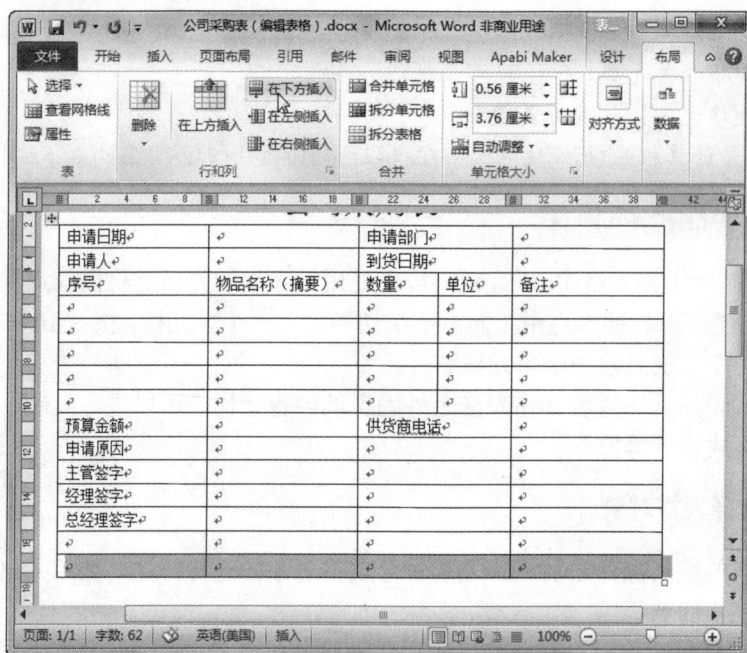

图 3-41 添加行

步骤 4：合并和拆分单元格

由图 3-37 可知，最后三行只有两列，而目前有四列，在不改变表格大小的情况下就需要将多个连续的单元格合并为一个单元格。操作方法如下：选择表格中要进行合并的多个单元格，单击"合并"工具组中的"合并单元格"按钮即可，如图 3-42 所示。

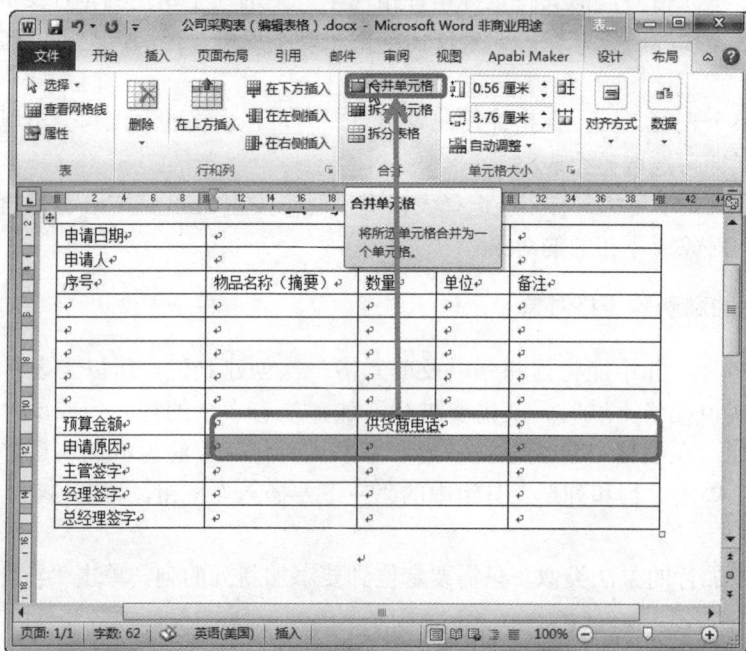

图 3-42 合并单元格

拆分单元格方法类似，首先选中要进行拆分的单元格，单击"拆分单元格"按钮，然后在弹出的"拆分单元格"对话框中设置要拆分成几行几列即可。

步骤5：设置表格大小

此时表内容已经完成，但是表格列的宽度和行的高度并不合适，需要调整行高、列宽、单元格大小和表格的整体大小。

（1）调整表格大小。将鼠标指针指向表格右下角的缩放标记"□"上，当鼠标指针变为"⤢"时，按住鼠标左键并拖动，在拖动的过程中鼠标会变成十字形状，并且有一个虚框表示当前缩放的大小，当虚框符合需要的尺寸时松开鼠标左键即可，如图3-43所示。

（2）调整表格行高。将鼠标指针指向表格中要调整行高的行线上，鼠标指针变成"÷"时，按住鼠标左键不放，上下拖动鼠标即可调整表格的行高，如图3-44所示。

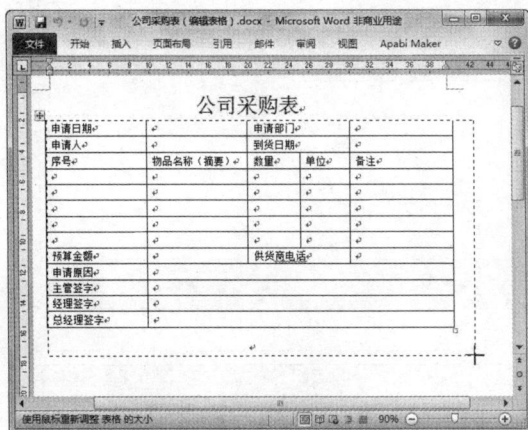

图3-43　调整表格整体大小

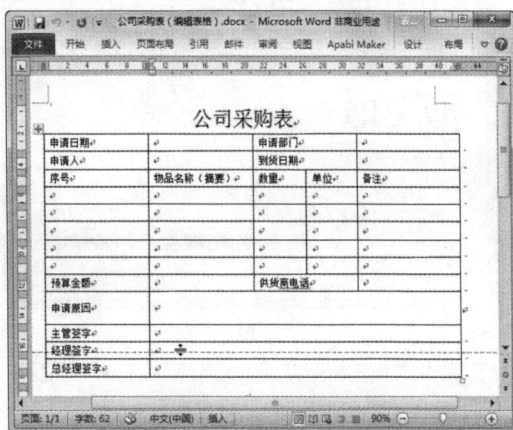

图3-44　调整行高

（3）调整表格列宽。将鼠标指针指向表格要调整列宽的列线上，鼠标指针变为"╫"时，按住鼠标左键不放左右拖动鼠标即可调整表格的列宽，如图3-45所示。

（4）调整单元格大小。选中单元格后，将鼠标指针指向单元格列线上，鼠标指针变为"╫"是左右拖动鼠标即可调整单元格的大小，如图3-46所示。

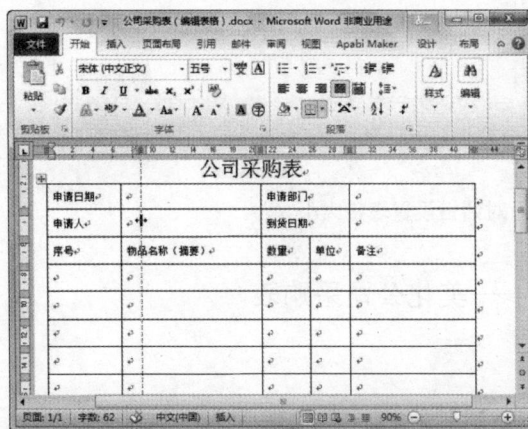

图3-45　调整表格列宽

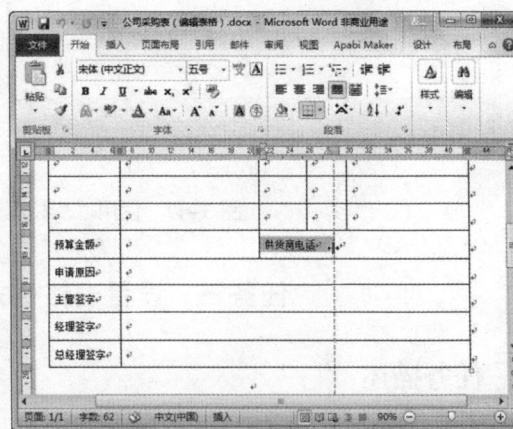

图3-46　调整单元格大小

知识链接

使用鼠标拖动进行调整能够大致设置表格的大小，如果要精确设置表格的行高和列宽或单元格的大小，可以使用指定表格大小的方法，具体操作方法是：选择表格或将插入点定位到表格中，单击"单元格大小"工具组右下角的表格属性对话框启动器（或选中表格后在表格上右击，在弹出的快捷菜单中选择"表格属性"命令），弹出"表格属性"对话框。在其中可以设置表格整体大小、行宽、列高以及单元格大小，如图3-47所示。

（a）

（b）

（c）

（d）

图3-47　使用"表格属性"对话框设置表格大小

任务三　设置表格格式——美化公司采购表

任务描述

（1）对公司采购表应用一种表格样式，使其更加美观。

（2）将表格中的标签文字设置为加粗、小四号字。

（3）将表格中的文字设置为水平居中效果。

（4）设置表格中的文字的方向为竖排文字。

（5）为表格添加边框和底纹。

（6）进行跨页设置，使分页后表格从第二页起可以看到标题行。

最终文件见//计算机基础/模块 3 文件/编辑后文件/项目四/公司采购表（美化表格）.docx。

步骤 1：快速应用表格样式

Word 2010 提供了丰富的表格样式库，可以将样式库中的样式快速应用到表格中，如果样式库不能满足要求，还可以自定义表格样式。设置方法是选择要设置样式的表格，单击"表格样式"工具组中的"其他"按钮，如图 3-48 所示。选择列表中要应用的表格样式即可，如图 3-49 所示。

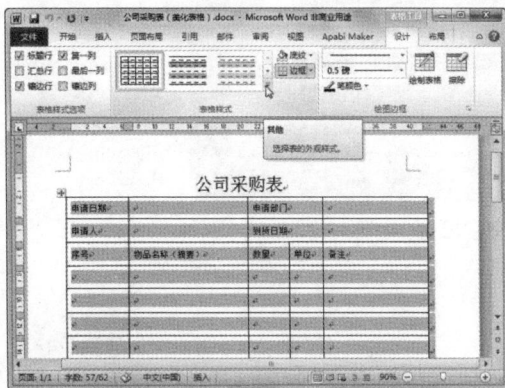

图 3-48　选中表格并单击"其他"按钮　　　　图 3-49　选择样式

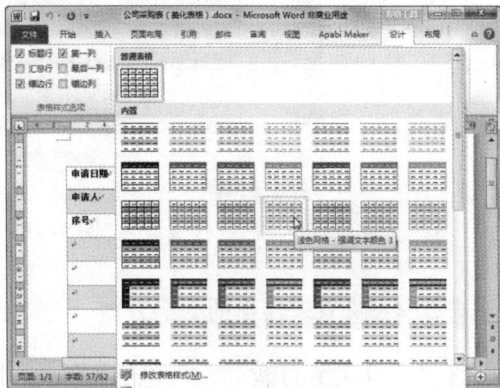

如果在表格样式库中没有合适的样式，可以单击样式列表中的"修改表格样式"命令，弹出"修改样式"对话框，调整该对话框中的参数可以制作出更多精美的表格。

步骤 2：设置表格中的文字格式

选择表格中要设置文字格式的文字，利用"字体"工具组中的相关按钮设置相关的文字格式，如图 3-50 所示。

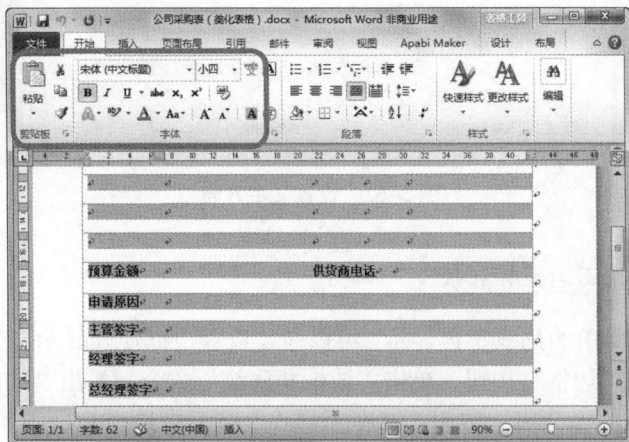

图 3-50　设置表格中的文字格式

步骤 3：设置表格中文字的对齐方式

选择整张表格，单击"对齐方式"工具组中的"水平居中"按钮即可，如图 3–51 所示。

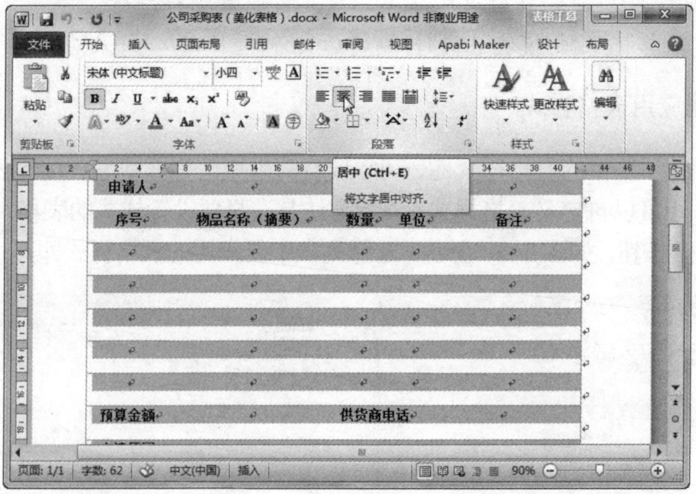

图 3–51 设置文字居中

步骤 4：设置表格中的文字方向

选择横排文字的单元格，单击"文字方向"按钮，可将单元格中的文字竖排显示，再次单击该按钮，可将竖排文字进行横排显示，如图 3–52 所示。

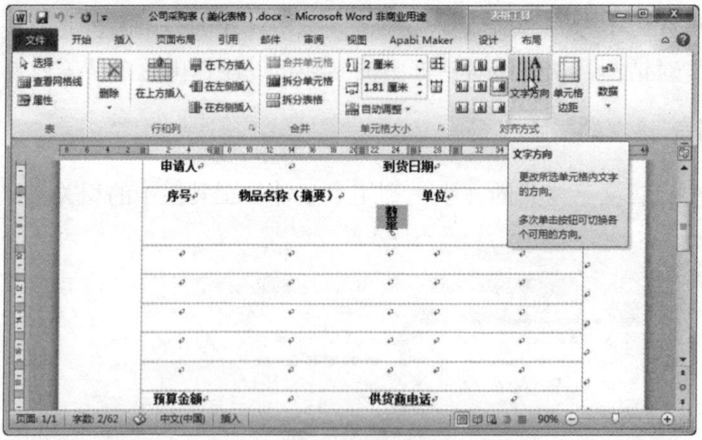

图 3–52 设置文字方向

步骤 5：设置表格的边框和底纹

使用样式后，表格中的列线不再显示，可以通过设置边框使其显示出来。方法是选择"表格样式"工具组中的"边框"按钮，单击"边框和底纹"命令，弹出"边框和底纹"对话框，单击"设置"列表中的"全部"按钮，并在"样式"列表中选择边框线型的样式、颜色和宽度，如图 3-53 所示。单击"确定"按钮即可。

图 3-53　设置边框

　　默认情况下，Word 表格中的单元格是无底纹颜色的，用户可以给单元格添加底纹效果以突出显示表格。本例中，将具体采购物品部分单元格设置为灰色底纹的效果，方法是选择要添加底纹的单元格，单击"表格样式"工具组中的"底纹"按钮，单击列表中的底纹颜色即可，如图 3-54 所示。

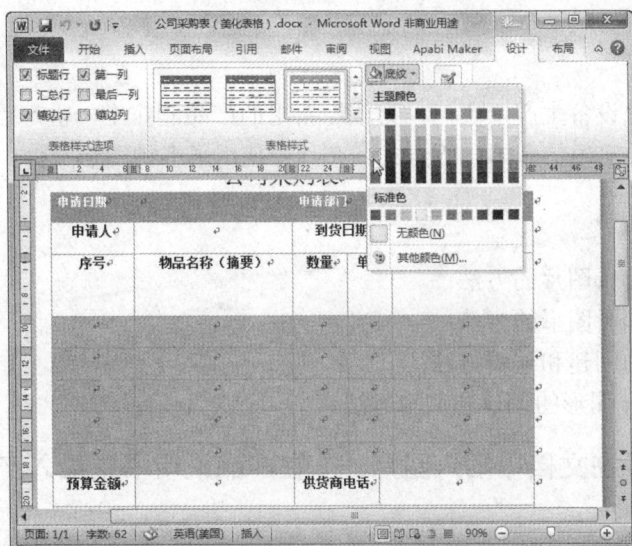

图 3-54　设置底纹颜色

知识链接

　　表格的跨页设置：
　　当用户在 Word 中处理大型表格或多页表格时，表格会在分页处自动分割，分页后的表格从第二页起就没有标题行了，这对于查看和打印都不方便。要使分页后的每页表格都具有相同的表格标题，可以使用表格中的"重复标题行"功能，方法是选中表格中需要重复的标题行，单击"数据"工具组中的"重复标题行"按钮，即可为每页添加标题行，如图 3-55所示。

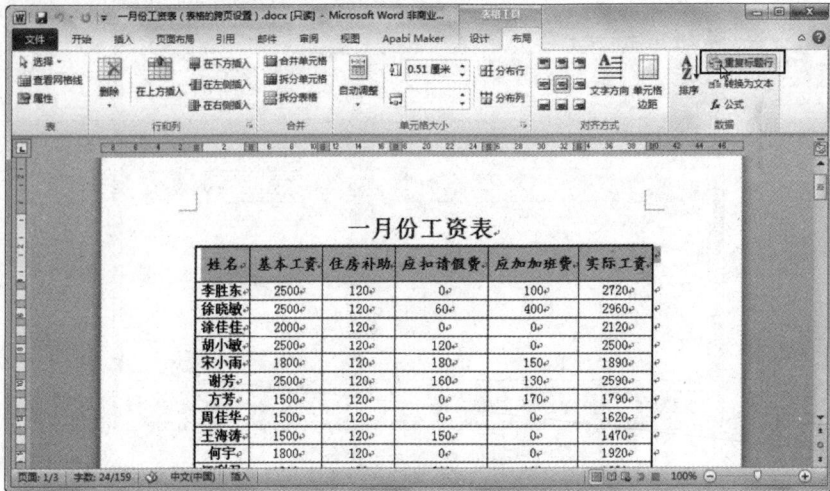

图 3-55 设置跨页标题栏

项目五 创建图文并茂的办公文档

项目描述

王某在某自动化设备生产厂实习，为该厂新出的产品制作了一份产品说明书。为了使文档更加美观大方，并实现特殊的排版方式，在其中使用了多种图形文件。

项目目标

- 掌握插入和编辑图片的方法；
- 掌握绘制和编辑图形的方法；
- 掌握艺术字的创建和编辑方法；
- 掌握 SmartArt 图形的创建和编辑方法。

任务一 在文档中插入图片——在产品说明书中插入产品图片

任务描述

（1）在"设备简介"后面插入剪贴画。

（2）插入一张设备图片。

最终文件见//计算机基础/模块 3 文件/编辑后文件/项目五/产品说明书（插入图片）.docx。

步骤 1：插入剪贴画

剪贴画是微软公司为 Office 系列软件专门提供的内部图片，一部分是软件自带的，一部分则需要通过网络下载。剪贴画一般都是矢量图形，采用 WMF 格式，包括人物、科技、商业、动植物等类型。插入剪贴画的操作方式如下：

将光标定位到要插入图片的位置，单击"插入"工具组中的"剪贴画"按钮，在弹出的

"剪贴画"面板中单击"搜索"按钮，在下面的"剪贴画"列表中选择需要的图片即可，如图 3-56 所示。

图 3-56 插入剪贴画

步骤 2：插入电脑中的其他图片

在 Word 2010 中，外部图片一般来自于本机上的文件夹、扫描仪或数码相机等。插入图片的方法是：单击"插入"工具组中的"图片"按钮，弹出"插入图片"对话框，单击要插入的图片，然后单击"插入"按钮即可，如图 3-57 所示。

图 3-57 插入图片

任务二　编辑图片对象——编辑产品说明书中的图片

任务描述

（1）调整图片大小。

（2）裁剪图片，使其重点突出。

（3）排列图片。

（4）设置图片样式。

最终文件见//计算机基础/模块3文件/编辑后文件/项目五/产品说明书（编辑图片）.docx。

步骤1：设置图片大小

方法1：拖动鼠标调整大小。单击图片，图片周围出现8个白色控制点，当鼠标移动到控制点上方时，鼠标指针变为双箭头形状，此时按住鼠标左键，当鼠标指针变为十字形时拖动即可调整图片的大小，如图3-58所示。

图3-58　手动调整图片大小

方法2：精确设置图片大小。拖动鼠标调整图片大小，用户只能凭感觉来调整，因此不易确定图片的具体大小，如果需要精确设置图片大小，可以使用下面的方法。

（1）通过"大小"工具组进行设置：单击要调整大小的图片，单击"大小"工具组中的高度和宽度的调整按钮，或直接输入高度和宽度的值进行调整，如图3-59所示。

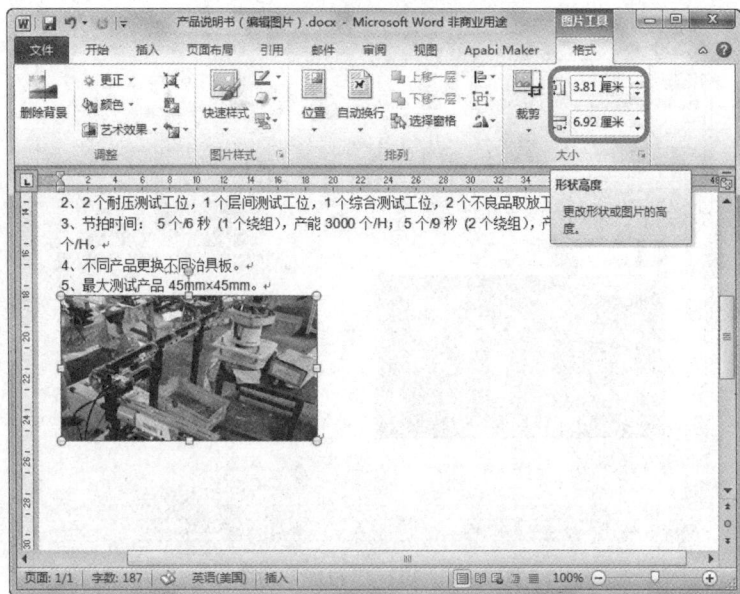

图 3-59 使用"大小"工具组精确调整图片大小

（2）通过"布局"对话框进行设置：单击要调整大小的图片，单击"大小"工具组对话框启动器，在弹出的"布局"对话框中设置图片的宽度和高度即可，如图 3-60 所示。

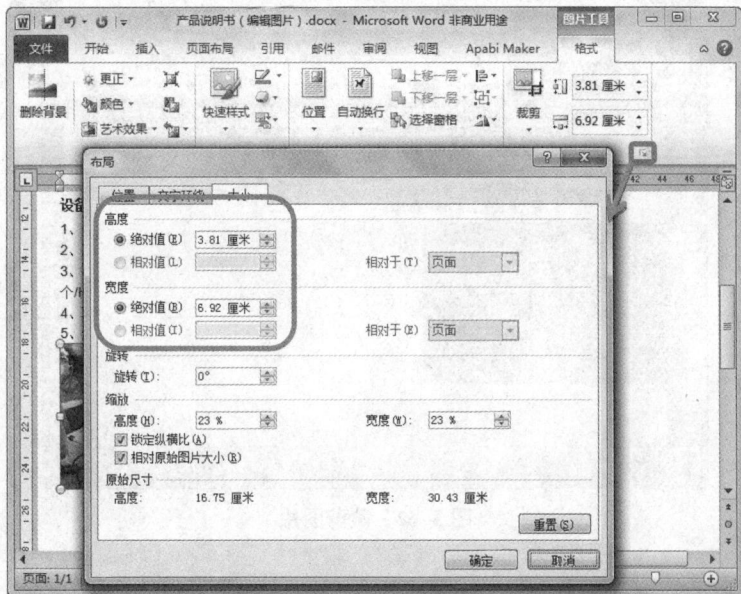

图 3-60 通过"布局"对话框设置图片大小

步骤 2：裁剪图片

裁剪功能是 Word 2010 新增功能，利用此功能可以将插入到文档中的图片的多余部分去掉。方法是单击"格式"选项卡中的"裁剪"按钮，单击列表中"裁剪"命令，进入裁剪状态，如图 3-61 所示。

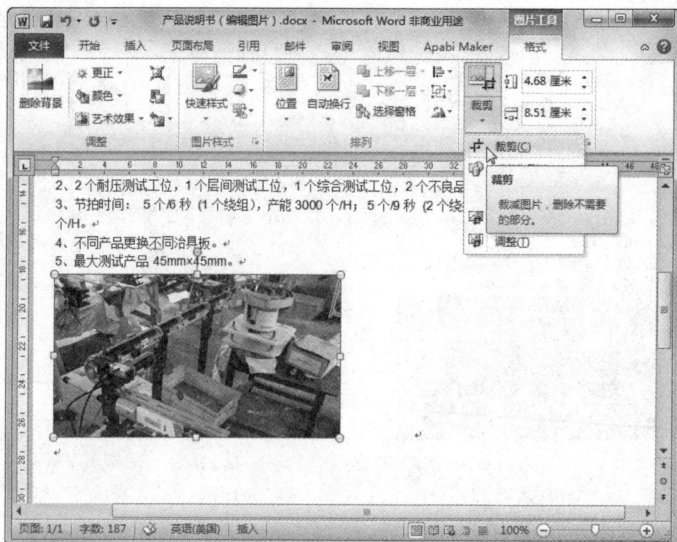

图 3–61　执行"裁剪"命令

　　指向图片中的裁剪标记，按住鼠标左键拖动，显示裁剪区域。松开鼠标，在空白处单击，即可完成裁剪，如图 3–62 所示。

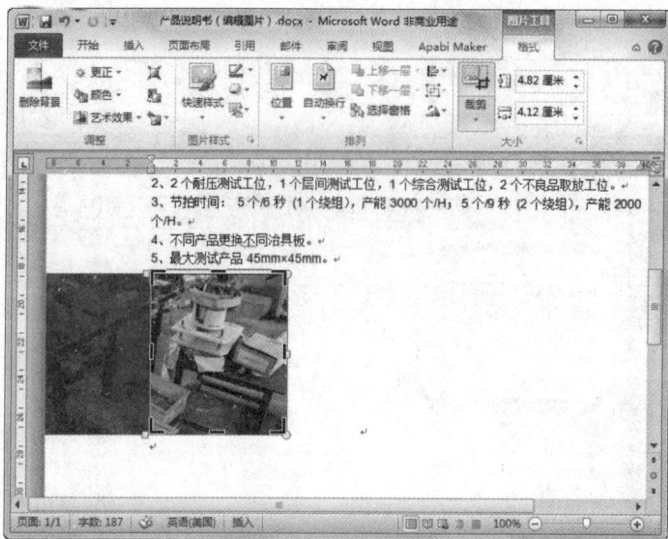

图 3–62　裁剪图片

步骤 3：设置图片的排列效果

　　在文档中插入了图片后，就需要对文档中的图片进行合理放置，否则会影响文档的整体效果。图片的排列包括图片与文字的环绕方式、旋转效果及图片在文档中的位置。

　　（1）设置图片的环绕方式。默认情况下，插入的图片是"嵌入式"，这种类型的图片相当于一个字符，对其进行的很多操作都受限制。只有将图片设置为其他环绕方式，才能对图片进行随意设置。操作方法是：单击"排列"工具组中的"自动换行"按钮，在弹出的列表中选择环绕方式。这里选择"紧密型环绕"，如图 3–63 所示。

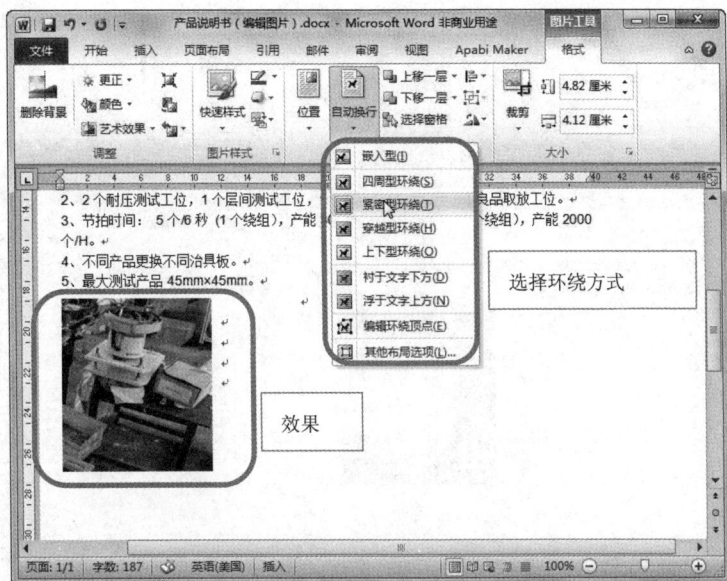

图 3-63 设置图片排列方式

知识链接

图文混排常见的环绕方式及功能如表 3-5 所示。

表 3-5 图文混排常见环绕方式及功能

环绕方式	功　能
四周型环绕	文字在对象周围环绕，形成一个矩形区域
紧密型环绕	文字在对象四周环绕，以图片的边框形状形成环绕区域
嵌入型	文字围绕在图片的上下方，图片只能在文字范围内移动
衬于文字下方	图形作为文字的背景图形
衬于文字上方	图形在文字的上方，挡住图形部分的文字
上下型环绕	文字环绕在图形的上部和下部
穿越型环绕	适合空心的图形

（2）设置图片在文档中的位置。用户在插入图片后，可以设置图片在文档中的位置，使用此功能可以使版面更整齐。操作方法是：单击"排列"工具组中的"位置"按钮，在弹出的列表中选则文字环绕方式，如"中间居中"。如图 3-64 所示。

（3）旋转图片。使用旋转图片功能可以调整图片在文档中的方向。操作方法是单击"排列"工具组中的"旋转"按钮，在弹出的列表中选择"水平翻转"，如图 3-65 所示（操作复制图片作为参考）。

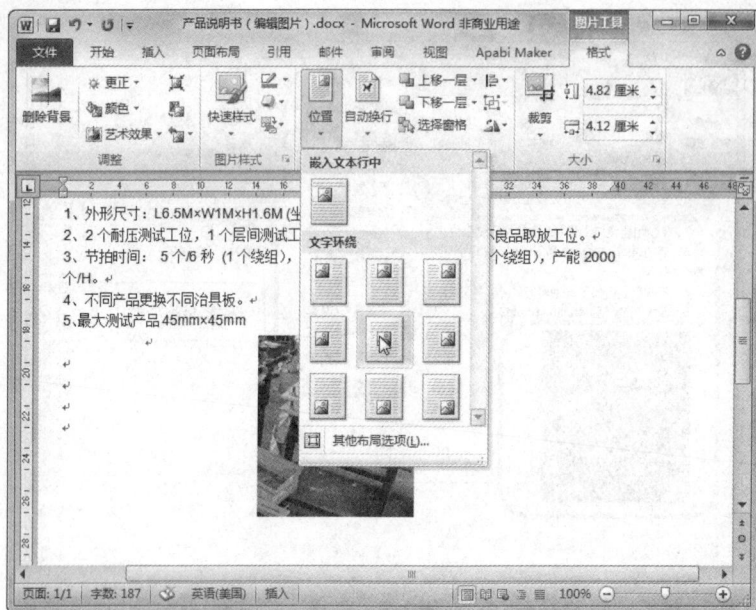

图 3-64 设置图片在文档中的位置

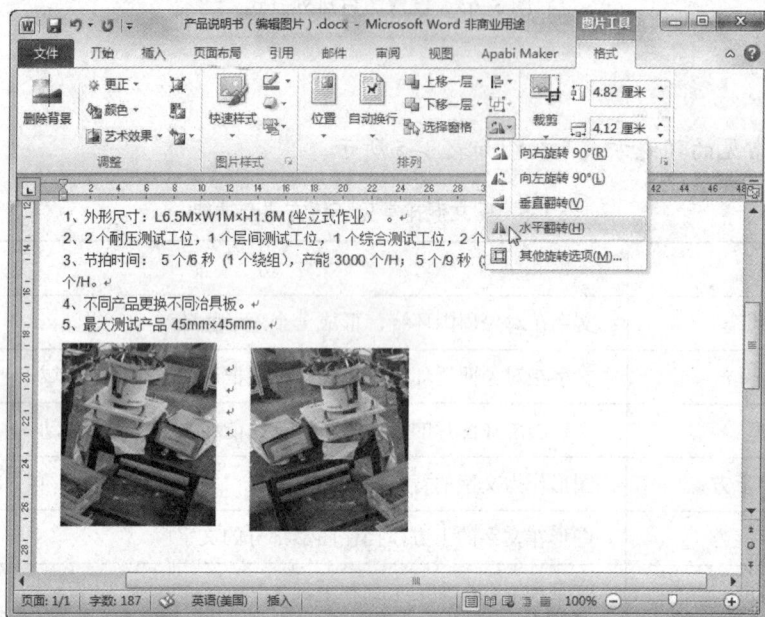

图 3-65 旋转图片

步骤 4：设置图片样式

当插入图片对象后，还可以根据需要为图片设置外观样式，包括添加图片的边框、设置图片效果以及设置图片版式等。

（1）使用预设的图片样式。在 Word 2010 的"图片样式"工具组中预设了一组十分美观的图片样式，可以快速更改图片的外观效果，操作方法是：单击要更改的图片，然后单击"图片样式"工具组样式框中的预设样式，如图 3-66 所示。

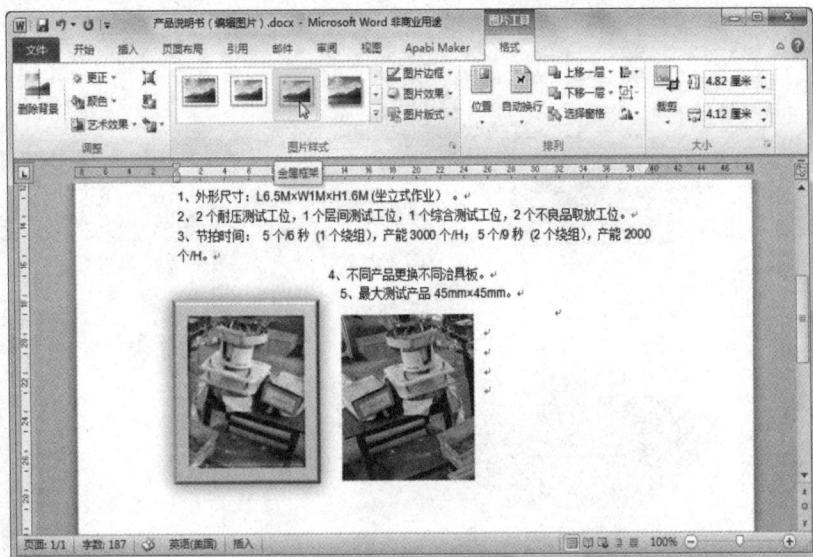

图 3-66　使用预设图片样式

（2）自定义图片的样式。在 Word 2010 中，还可以自定义图片边框颜色和边框样式、设置图片效果、将图片设置为带 SmartArt 效果的图片，并可以为图片添加说明文字。

① 设置图片边框样式：单击"图片样式"工具组中的"图片边框"按钮，在列表中选择边框的颜色、线条的粗细、虚实等，如图 3-67 所示。

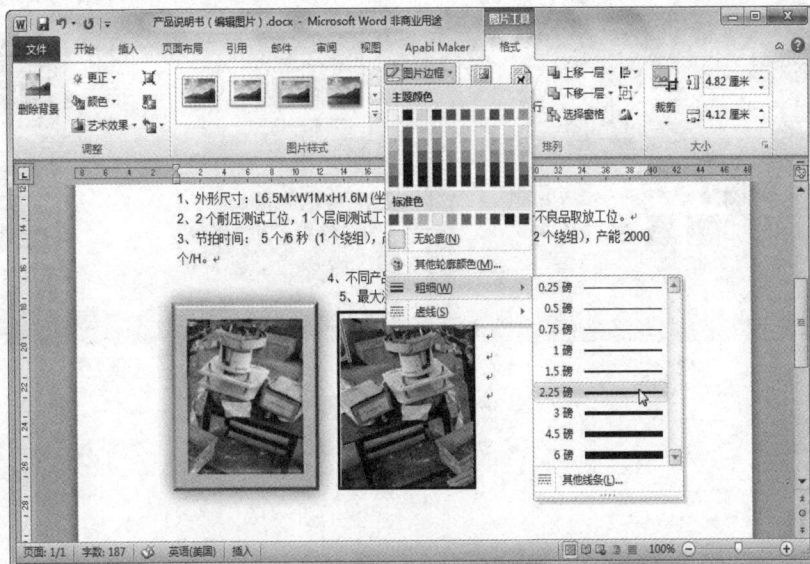

图 3-67　设置图片边框

②设置图片效果，如阴影、发光、映像、棱台等：单击"图片样式"工具组中的"图片效果"按钮，选择"预设"子菜单下的预设效果即可，如图 3-68 所示。

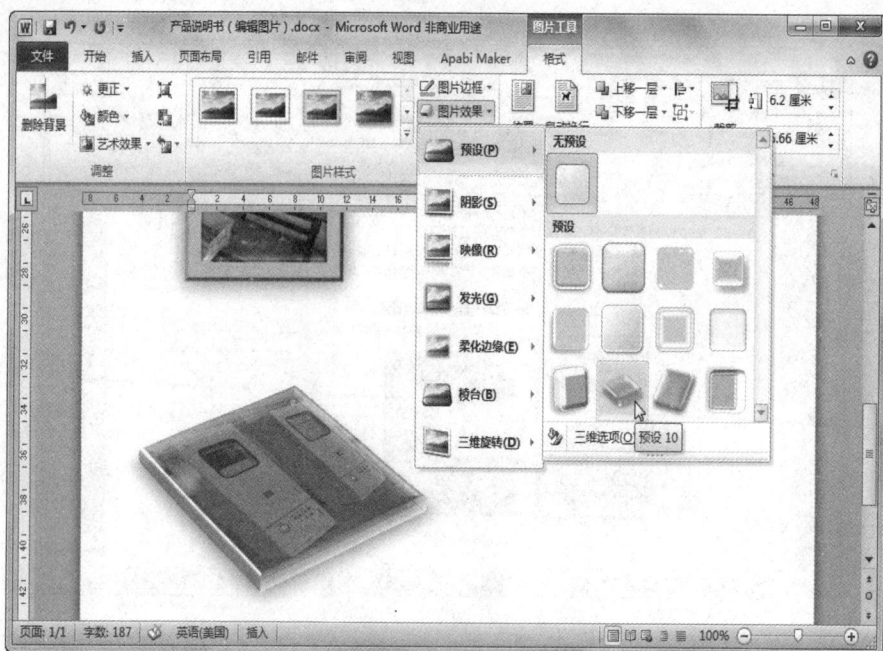

图 3-68 设置图片效果

③ 设置图片版式：可以将图片设置成一种版式，使图片成为带 SmartArt 效果的图片，这样可以方便为图片添加说明文字，如图 3-69 所示。

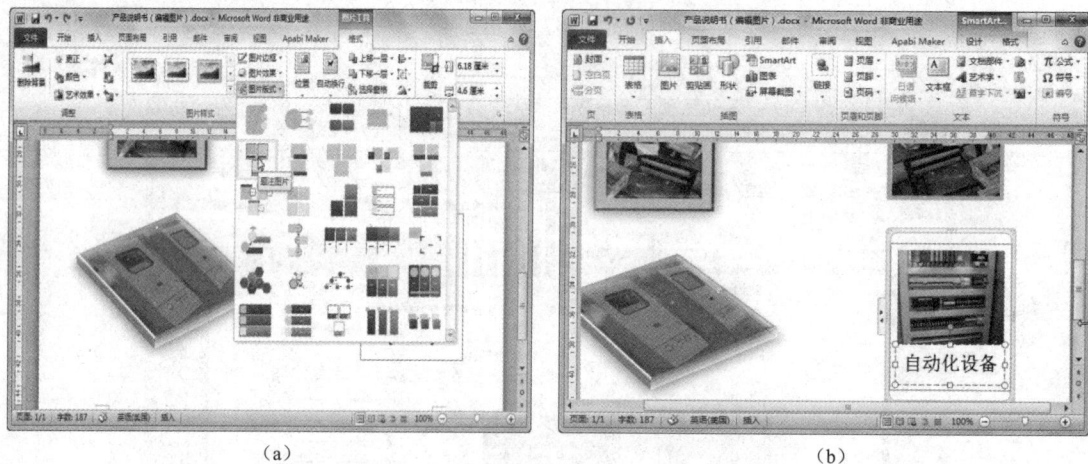

（a）

（b）

图 3-69 设置图片版式

（a）执行命令；（b）效果图

▤ 知识链接

（1）压缩图片：如果一个文档中插入的外部图片太多，就会使文档很大，这时可以使用"压缩图片"功能来压缩文档中的图片以减小文档的大小。具体操作是：选中文档中的图片，单击"调整"工具组中的"压缩图片"按钮，如图 3-70 所示，弹出"压缩图片"对话框，如图 3-71 所示。

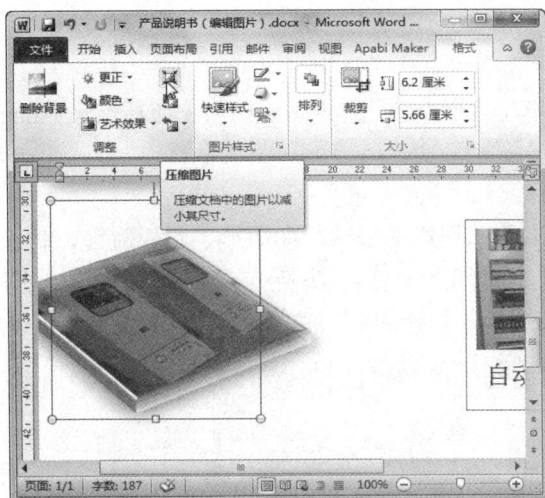

图 3-70　执行"压缩图片"命令

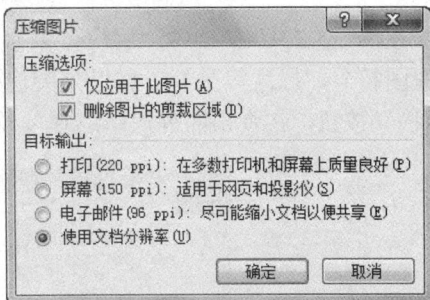

图 3-71　"压缩图片"对话框

　　如果在"压缩图片"对话框中选中"仅应用于此图片",那么该压缩命令仅对当前选中的图片有效,如果取消选中该复选框,则压缩命令对当前文档中所有图片有效。

　　(2)设置图片的艺术效果:设置图片的艺术效果是 Word 2010 新增的功能,此功能可以使图片具有特殊的艺术效果,使用户不使用专业图形图像处理软件也能制作出艺术图片。选中图片后,单击"调整"工具组中的"艺术效果"按钮,在弹出列表中即可选择艺术效果的样式,如图 3-72 所示。

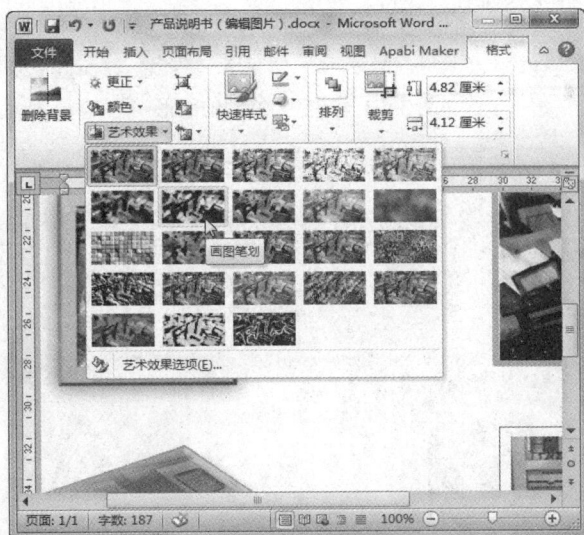

图 3-72　设置图片艺术效果

任务三　在文档中插入形状——在产品说明书中制作产品图示

任务描述

　　(1)在文档中间插入"爆炸形"形状。

（2）对插入的图形进行格式设置。

（3）在所插入图形上输入文字。

最终文件见//计算机基础/模块3文件/编辑后文件/项目五/产品说明书（插入形状）.docx。

步骤1：插入形状

在 Word 2010 文档中，用户可以根据需要插入现成的形状，如矩形、圆、箭头、线条、流程图符号、标注等类型。这里为突出强调，选择多角形，方法是单击"插入"工具组中的"形状"按钮，在弹出的列表中选择要绘制的图形，切换为绘制状态，如图 3-74 所示。

图 3-73 选择要绘制的图形

拖动鼠标在文档中绘制形状大小即可，如图 3-74 所示。

图 3-74 绘制图形

在绘制图形时，按住 Shift 键拖动"椭圆""矩形"以及"直线"绘图工具，可以分别画出正圆形、正方形以及水平或垂直直线。按住 Ctrl 键时，则可以以鼠标为中心开始绘制图形。

使用上面介绍的方法，能够在文档中绘制具有固定外形的形状。如果在"形状"列表中单击"线条"列表中的"自由曲线"按钮，鼠标会变为铅笔形状，拖动鼠标即可在文档中绘制自由形状；单击"任意多边形"按钮，可以绘制任意的封闭多边形形状；单击"曲线"按钮，可以绘制弧形曲线。

步骤 2：编辑形状

和创建图片对象相同，当用户绘制完图形后，即可以对创建的自选图形进行编辑。编辑自选图形的方法和编辑图片对象有很多相似的地方，如编辑图形的大小、图形的排列方式等。

（1）设置图形样式：Word 2010 为自选图形预设了一组十分美观漂亮的形状样式，可以快速更改自选图形的外观效果，如图 3–75 所示。

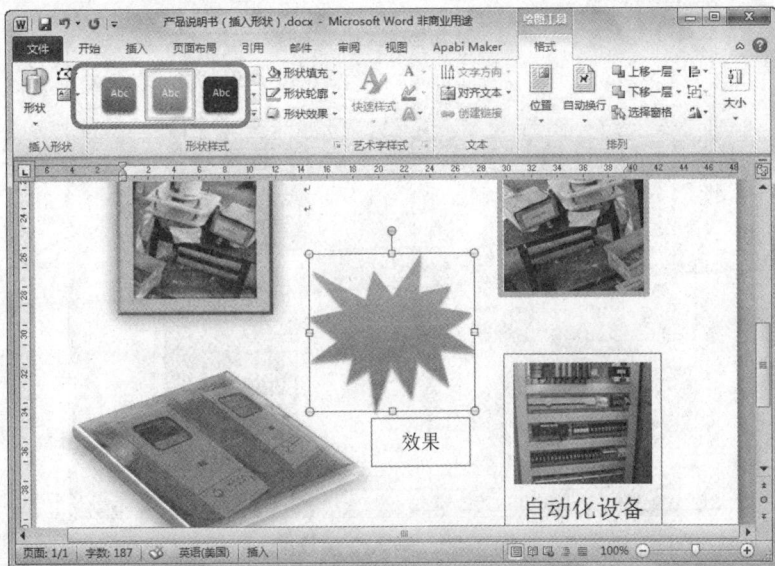

图 3–75 使用内置的形状样式

除此之外，用户可通过"形状填充""形状轮廓""形状效果"的设定，自定义形状样式。

（2）在图形中添加文字：大多数自选图形允许用户在其内部添加文字，方法是右击图形，在弹出的快捷菜单中选择"添加文字"命令，输入文字即可，如图 3–76 所示。

在图形中添加了文字后，可以利用"开始"选项卡"字体"工具组中的按钮来设置图形中文字的格式，最终效果如图 3–77 所示。

（3）对齐形状：在绘制了多个形状后，如果需要按照某种标准将形状对齐，则可以通过"对齐"的方式实现，方法是选中要对齐的图形，单击"排列"工具组中的"对齐"按钮，在列表中选择对齐方式即可，如图 3–78 所示。

图 3-76　执行"添加文字"命令

图 3-77　插入文字效果

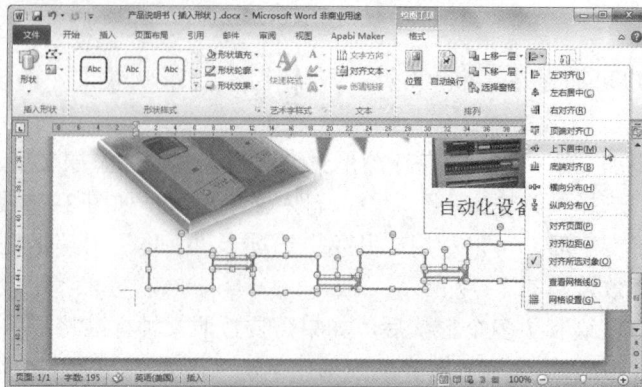

图 3-78　选择对齐方式

（4）组合形状：使用组合功能可以将多张图片组合成一个对象，以便作为单个对象进行处理，操作方法是选中要进行组合图形，单击"排列"工具组中的"组合"按钮，在弹出的列表中单击"组合"即可，如图 3-79 所示。

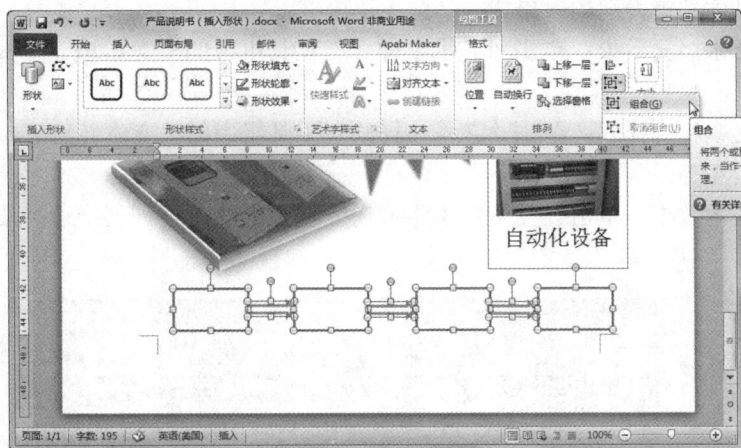

图 3-79　执行"组合"命令

任务四　插入艺术字——在产品说明书中插入艺术字标题

任务描述

（1）以艺术字形式为文档插入标题。

（2）编辑标题，使其更美观大方。

最终文件见//计算机基础/模块 3 文件/编辑后文件/项目五/产品说明书插入艺术字）.docx。

步骤 1：插入艺术字

为了美化文档，常常需要在文档中插入一些艺术字，创建的艺术字实际上就是图片中的一种。在 Word 文档中选中标题文本，在"插入"选项卡中单击"艺术字"按钮，在弹出的下拉列表中提供了多种艺术字样式，从中选择一种样式，然后输入文字即可，如图 3-80 所示。

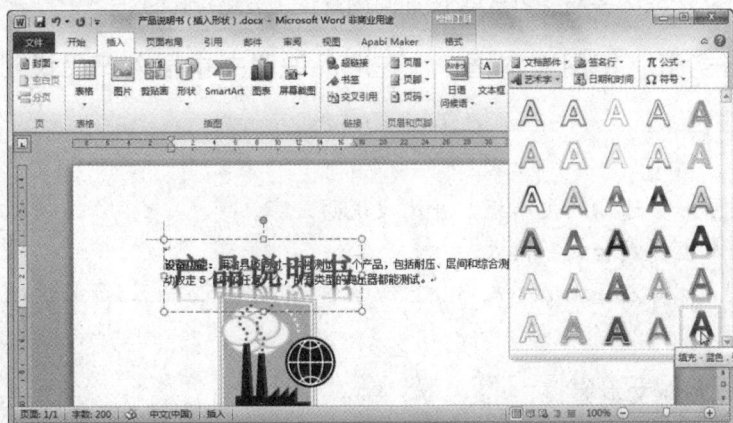

图 3-80　插入艺术字

步骤2：编辑艺术字

输入艺术字后，也可以利用"格式"选项卡中的"艺术字样式"工具组中的工具对艺术字进行编辑，以达到更美观的效果。

（1）设置文本填充效果：单击"艺术字样式"工具组中的"文本填充"按钮，设置填充颜色、填充效果。

（2）设置文本轮廓样式：单击"艺术字样式"工具组中的"文本轮廓"按钮，设置轮廓颜色、粗细、虚实等。

（3）更改文本效果：单击"文本效果"按钮，在弹出的下拉列表中选择要改变的样式，如图3-81所示。

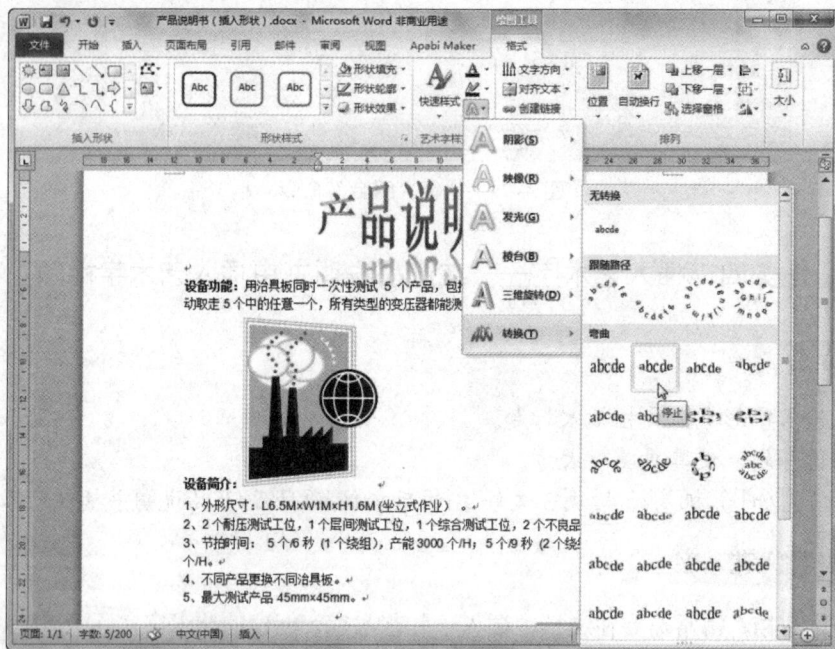

图3-81 设置艺术字文本效果

其他如图片位置、文字环绕方式等设置同图片的方法相同。

任务五 使用文本框——在产品说明书中插入产品说明

任务描述

（1）在文档图形旁边插入文本框，并输入说明文字。

（2）调整文本框样式和文字格式。

最终文件见//计算机基础/模块 3 文件/编辑后文件/项目五/产品说明书（使用文本框）.docx。

步骤1：手动绘制文本框

如果内置样式的文本框不能满足排版需要，可以手动绘制空白的文本框，具体操作方法是单击"文本框"按钮，在弹出的列表中选择"绘制文本框"命令，如图 3-82 所示，按住鼠标左键拖动即可绘制文本框。

图 3-82　执行"绘制文本框命令"

步骤 2：编辑文本框

创建文本框后需要对其进行编辑操作，以满足图文混排的需要。

（1）设置文本框中的文字方向：Word 2010 为用户提供了 5 种文字方向，设置方法是单击"文本"工具组中的"文本方向"按钮，在列表中选择相应的文字方向即可，如图 3-83 所示。

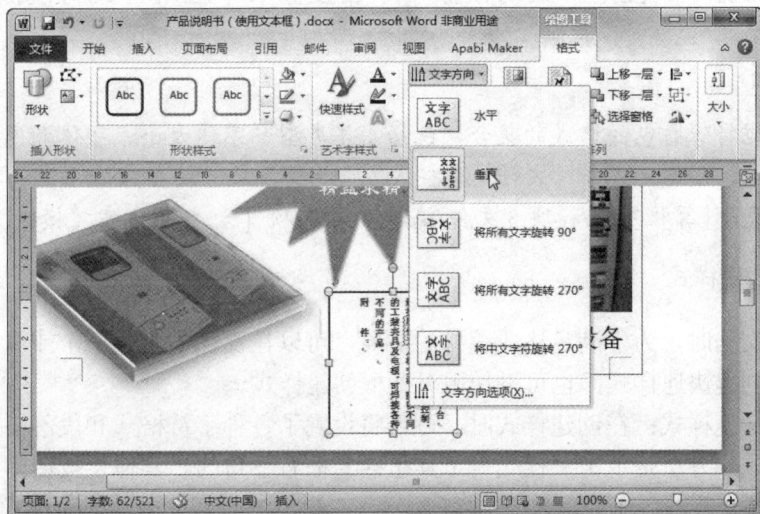

图 3-83　设置文本框内文字方向

（2）设置文本对齐方式：单击"形状样式"工具组中的"对齐文本"按钮，在弹出的列表中选择对齐方式即可。

（3）设置文本框形状：默认状态下，插入的文本框为横排或竖排的矩形，如果要更改其形状，只需要单击"插入形状"工具组中的"编辑形状"按钮，在列表中选择要改变的形状即可，如图 3-84 所示。

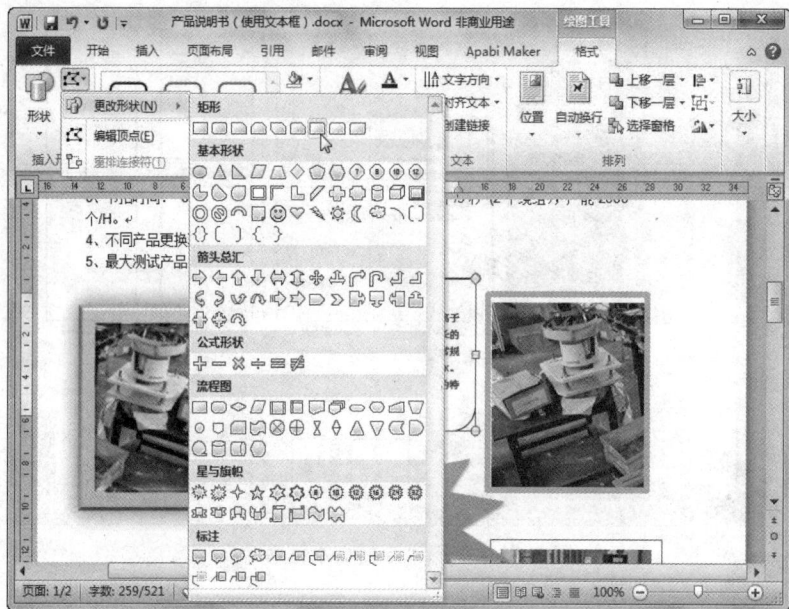

图 3-84　更改文本框形状

项目六　文档的高级设置与应用

任务一　使用样式与模板——在投标书中应用样式与模板

任务描述

样式是经过特殊打包的格式的集合，包括字体类型、字体大小、字体颜色、对齐方式、制表位和边距等。创建样式并对文档使用样式。

最终文件见//计算机基础/模块3文件/编辑后文件/项目六/招标方案（模板）.docx。

步骤 1：创建样式

在编辑长文档时，为了满足格式编排的需要，可以在文档中创建一个或多个样式。创建样式时，可以创建快速样式，也可以使用对话框创建样式。

（1）创建快速样式：在创建样式时，可以将设置了各种字符格式和段落格式的文本保存为新的快速样式，方法是单击"样式"工具组样式框右下角的"其他"按钮，单击"将所选内容保存为新快速样式"命令，如图 3-85 所示。在弹出的对话框中输入新样式的名称，单击"确定"按钮即可，如图 3-86 所示。

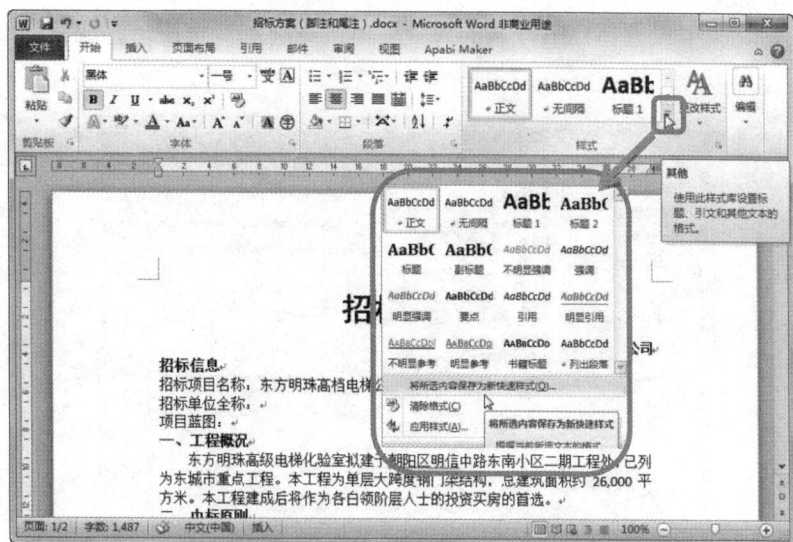

图 3-85　执行创建样式命令

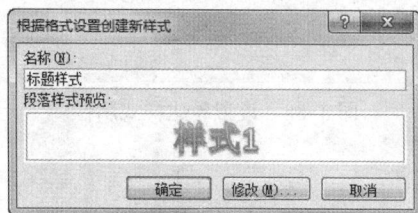

图 3-86　设置新样式名称

经过上述操作后，即可在"样式"框中查看新创建的样式。

（2）使用对话框创建样式：使用对话框创建样式可更换后续段落的样式、定义该样式的快捷键、把新样式复制到文档的模板。操作方法是单击"样式"工具组右下角的样式对话框启动器，在弹出"样式"面板中单击"新建样式"按钮，如图 3-87 所示。

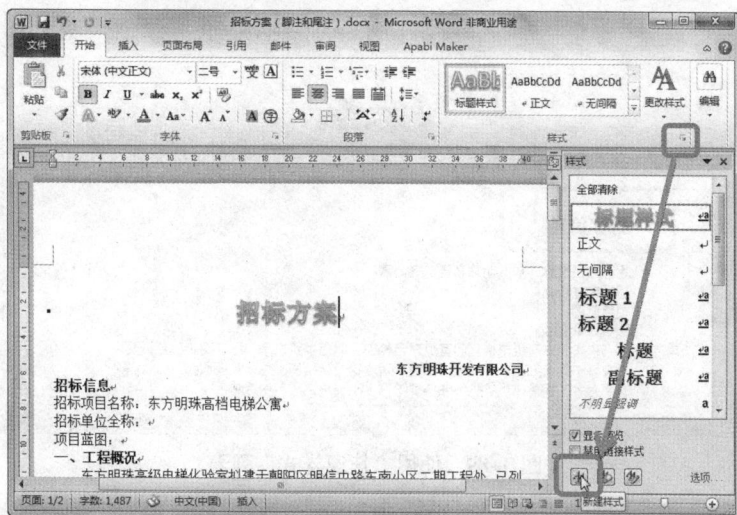

图 3-87　执行"新建样式"命令

在弹出的对话框中设置新建书样式的属性后单击"确定"按钮，完成新样式的创建，如图 3-88 所示。

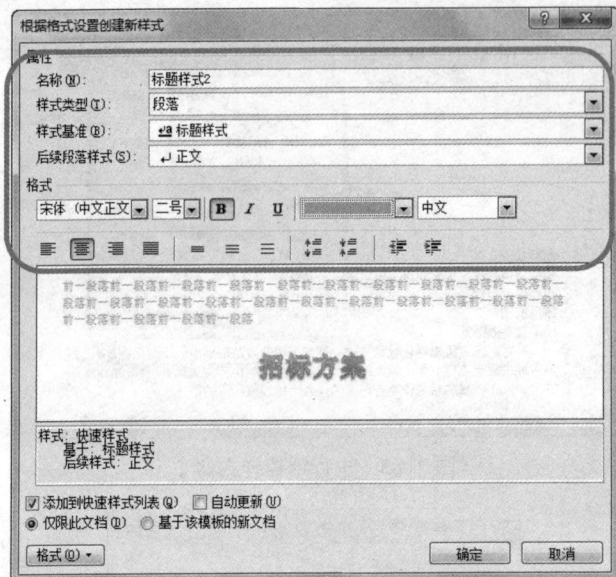

图 3-88 设置新建样式属性

步骤 2：使用样式

（1）使用"快速样式"列表：选择文档中要应用样式的内容，单击样式列表中需要应用的样式即可，如图 3-89 所示。

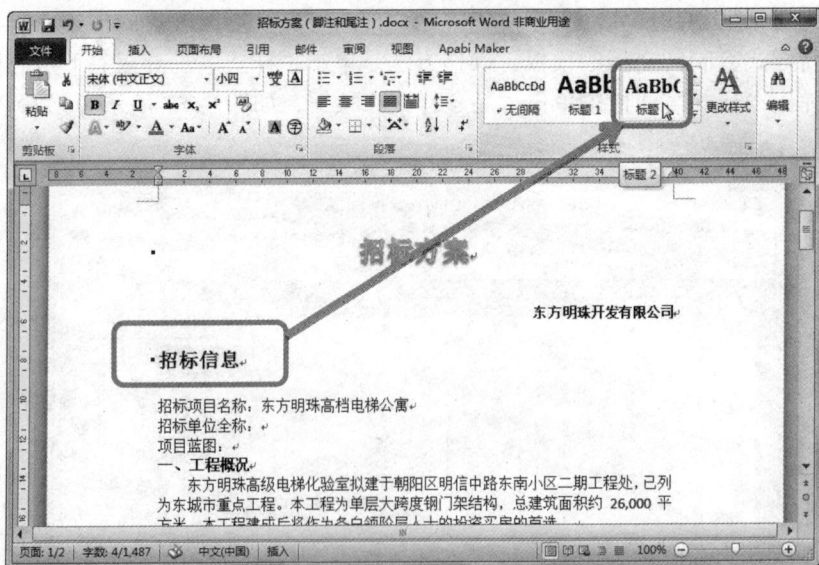

图 3-89 使用"快速样式"列表

（2）使用"样式"面板：单击"样式"工具组右下角的对话框启动器，在弹出的"样式"面板中选择要应用的样式即可。

（3）使用"样式集"：单击"样式"工具组中的"更改样式"按钮，在弹出的列表中选择"样式"中所列样式即可，如图 3-90 所示。

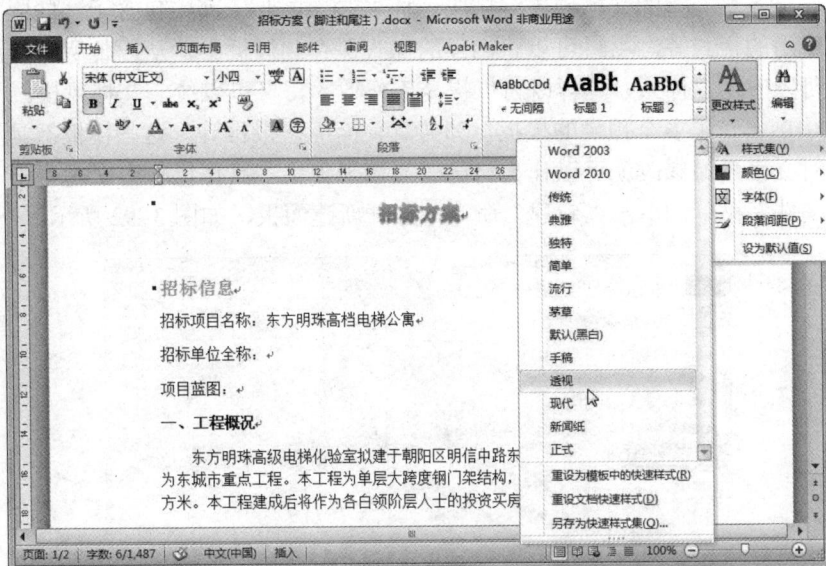

图 3-90　使用"样式集"

步骤 3：删除样式

当不需要某个样式时，可以在"样式"任务窗格中删除样式，文档中被删除的样式都将变为正文样式。用户只能删除用户设置的样式，不能删除 Word 自带的样式。删除样式的具体方法为右击要删除的样式名称，在弹出的快捷菜单中选择"从快速样式库中删除"命令即可，如图 3-91 所示。

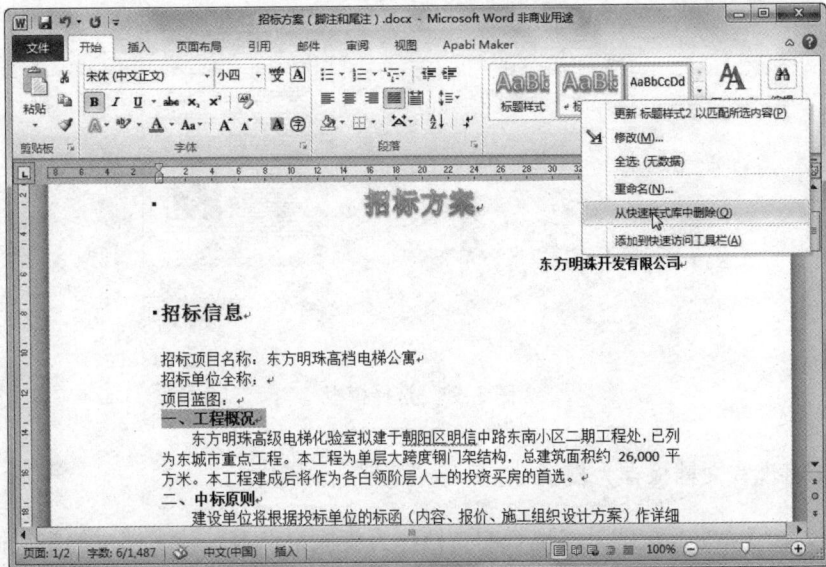

图 3-91　删除样式

步骤 4：模板的应用

模板就是将各种类型的文档预先编排成一种"文档框架"，其中包含了一些固定的文字内容以及所要使用的样式等。用户可以将创建的样式保存到模板中，从而使所有使用该模板创建的文档都可以应用该样式，这样既可以提高工作效率，又可以统一文档风格。

Word 2010 自带了多个预设的模板，如传真、简历、报告等，这些模板都具有特定的格式，创建后对文字稍加修改就可以作为自己的文档来使用。具体操作方法是单击"文件"按钮，打开"文件"菜单，单击"新建"命令，打开新建面板，如图 3-92 所示。

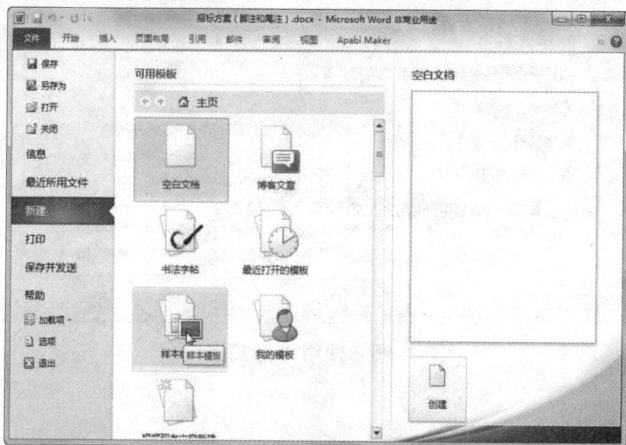

图 3-92　新建文档

单击列表中的模板类型，单击"创建"按钮，完成模板的创建，如图 3-93 所示。

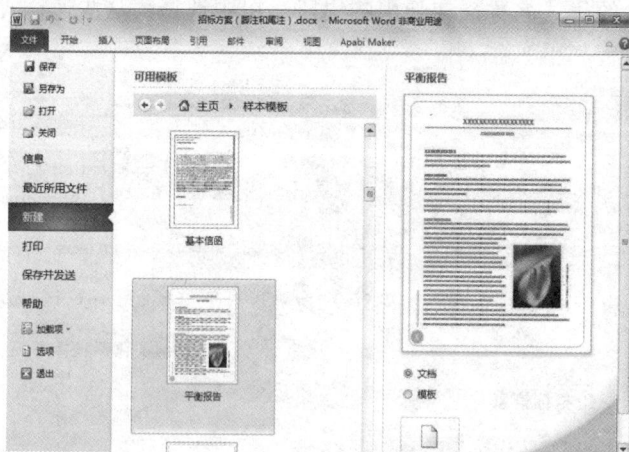

图 3-93　选择模板

步骤 5：将现有文档保存为模板

创建模板最简单的方法就是将现有的文档作为模板来保存，该文档中的字符样式、段落样式、表格、图形、页面边框等元素都会同时保存在该模板中。将现有文档保存为模板的操作方法为单击"文件"按钮，打开"文件"菜单，单击"另存为"命令，在弹出的"另存为"

对话框中输入要保存的模板名称，并将"保存类型"设置为"Word 模板"类型，然后单击"保存"即可，如图 3-94 所示。

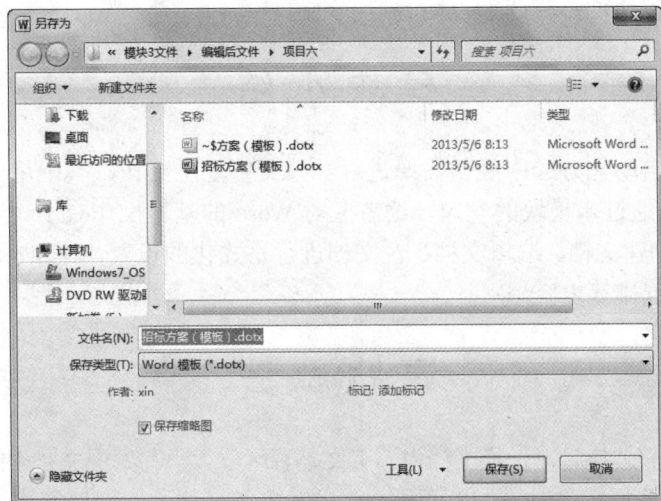

图 3-94 将现有文档保存为模板

任务二 使用脚注与尾注——在投标书中应用脚注与尾注

脚注和尾注是文档的一部分，用于对文档进行补充说明，起注释作用。一般来说，脚注放在本页底部，用于解释本页的内容，尾注放在文档末尾，用于说明所引用的文献来源。

最终文件见//计算机基础/模块 3 文件/编辑后文件/项目六/招标方案（脚注和尾注）.docx。

步骤 1：插入脚注

脚注和尾注都由两部分组成：一部分是文档中的注释引用标记，另一部分是注释的具体内容。插入脚注的方法是：单击要插入脚注的位置，定位插入点，然后单击"脚注"工具组中的"插入脚注"按钮，如图 3-95 所示，在页面底端输入脚注文字即可。

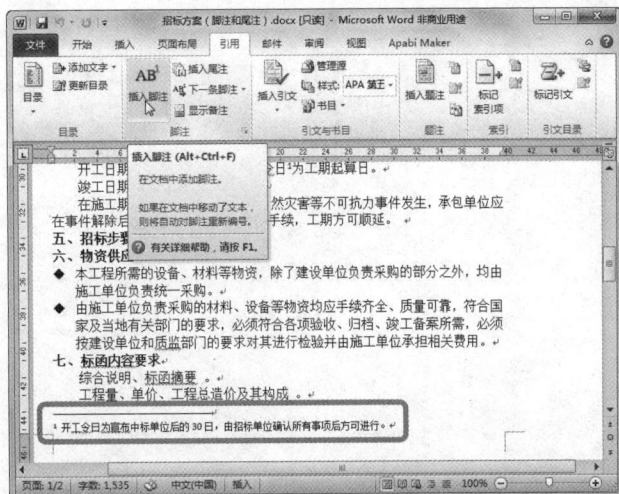

图 3-95 插入脚注

步骤 2：插入尾注

插入尾注的方法与插入脚注的方法类似，不再详述。

模 块 小 结

在日常生活和自动化办公中经常需要进行一些文字处理工作，其中用得较多的软件是文字处理软件 Word。通过本模块的学习，读者应对 Word 的基本操作有了一定的了解。本模块介绍了使用 Word 创建文档、编辑文档、对文档进行格式化的设置，在 Word 中创建表格并对其进行处理，图文混排等内容。

课 后 思 考

1. 在进行查找和替换时，替换文档内容英文是否区分大小写？中文是否区分全角和半角？
2. 对文本进行分栏操作时，如果两栏文本的长度不一样，该如何操作才能将两栏的长度调整为一样？
3. 在 Word 中要精确旋转图片，该如何操作？

模块 4 表格处理软件——Excel 2010

项目一 Excel 的基本操作

任务一 在单元格中输入数据——制作超市销售表

■ 任务描述

（1）新建一个工作表，表名为"西西超市销售统计表"。

（2）在表中输入文本和数据。

（3）增加标题栏"上半年销售统计"，并设置为居中对齐。

最终文件见//计算机基础/模块 4 文件/编辑后文件/项目一/西西超市销售统计表.xlsx。

步骤 1：管理工作簿中的工作表

工作簿由工作表组成，一个工作簿可以由多张工作表组成，默认情况下为 3 个，最多可达 255 个。当用户新建工作簿后，可以根据需要对工作表进行操作，如新建和删除、重命名、移动和复制、隐藏和显示等。

1. 插入和删除工作表

启动 Excel 2010 后，默认的工作表有 3 张，用户可以根据需要手动添加或删除工作表，也可以事先预设新工作簿中的工作表数。

（1）在工作簿中插入新的工作表：单击工作表标签右侧的"插入工作表"按钮可实现快速插入，如图 4-1 所示。

图 4-1 插入新的工作表

另一种插入工作表的方法是在工作表标签上右击，在弹出的快捷菜单中单击"插入"命令，如图 4-2 所示，在弹出的对话框中选择"工作表"后单击"确定"按钮，即可插入新的工作表。

（2）删除工作表：删除工作表时该工作表中的内容也会被同时删除。删除工作表的具体操作是右击要删除的工作表标签，单击快捷菜单中的"删除"命令即可，如图 4-2 所示。

图 4-2　对工作表的操作

在此，删除 Sheet3，只保留 Sheet1 和 Sheet2。

2. 为工作表命名

Excel 2010 在建立一个新的工作簿时，工作表名以 Sheet1、Sheet2、Sheet3…的方法命名，当一个工作簿包含多个工作表时，为了便于区分工作表的内容，可以对每个工作表进行重命名，具体操作方法是：右击要重新命名的工作表，在弹出的快捷菜单中单击"重命名"命令如图 4-2 所示。

在此，将 Sheet1 工作表名改为"西西超市销售统计"。

3. 移动和复制工作表

右击要进行移动或复制的工作表，在弹出的快捷菜单中选择"移动或复制工作表"对话框。在弹出的对话框中选择工作表要移动或复制到的位置，单击"确定"按钮即可，如图 4-3 所示。

如果在对话框中选中"建立副本"复选框，执行的是复制工作表的操作；不选中该复选框，执行的是移动工作表的操作。在"工作簿"列表中选择其他工作表名称，可以将选中的工作表移动或复制到其他的工作簿。

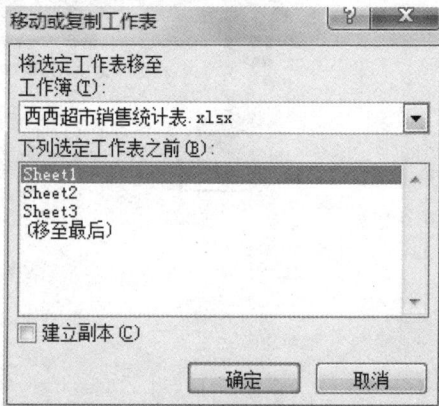

图 4-3　"移动或复制工作表"对话框

知识链接

工作表由单元格组成，一个工作表最多可以由 265×65 536 个单元格组成。

对于工作簿和工作表的关系，可以把工作簿比作活页夹，把每一个工作表视作活页纸。

步骤2：输入数据

（1）选择单元格：Excel 2010 的活动单元格只有一个，要在单元格中录入数据，首先应该使其成为活动单元格。单击要选择的单元格或按住鼠标左键拖动可以选择单个单元格或单元格数据。

知识链接

在工作表中，行与列相交形成单元格。它是组成电子表格的基本元素，每个单元格最多可以输入 32000 个字符。

每个单元格在电子表格中有确定的位置，称为地址，该地址是由列标和行标组成，其表示方法是：列标+行号。例如："B4"表示此单元格位于第 B 列第 4 行。

（2）录入文本：Excel 2010 中的文本包括字母、符号、汉字和其他的一些字符。录入文本可先切换到合适的输入法，然后选择要输入文本的单元格，输入完文本后按 Enter 键确认并定位到下一个待输入内容的单元格。

首先录入标题行："类别""月份""销售区间""销售额"，然后录入"针纺品类""一月""服装区"，如图4-4所示。

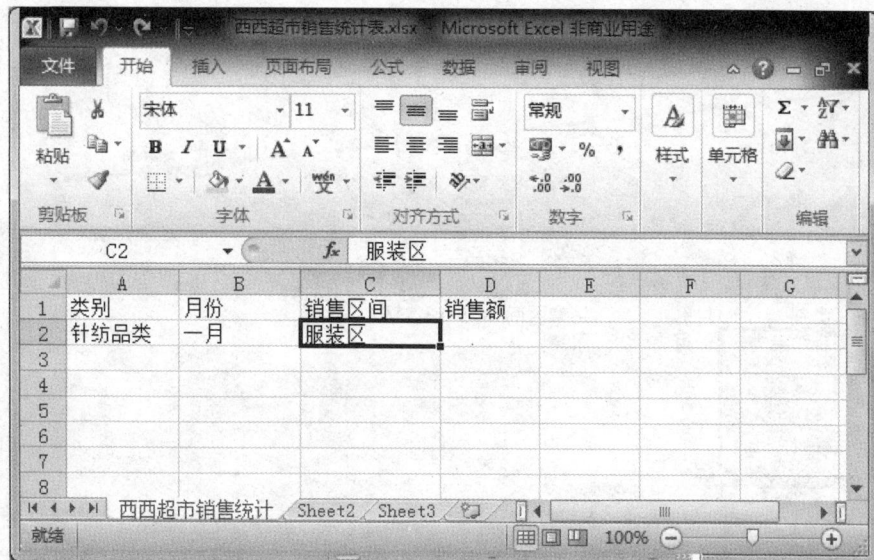

图4-4 录入数据

知识链接

默认情况下，当在单元格中输入大段文字时，输入的文字是以程序的窗口宽度进行显示的，也就是说文字不会自动换行，只有文字达到右侧窗口才会换到下一行，这样的单元格看起来非常不美观。为了使表格看起来美观并符合要求，可以将单元格设置为"自动换行"的格式。单击放置大段文本的单元格，单击"对齐方式"工具组中的"自动换行"按钮即可。

（3）录入数据：此处指的是录入由0~9组成的数值，这里需要录入的是统计表中的销售额。录入方法是选择要录入文本的单元格，通过数字小键盘或主键盘区上的数字键输入数值。输入完后按Enter键确认并定位到下一个待输入内容的单元格。

知识链接

在Excel 2010中录入全部由数值组成的文本型数据时，不能按照常规的方法录入，而是应该先输入一个英文状态下的单引号，再输入数值。如身份证号码、电话号码，都是文本型数值数据。输入数据后，在单元格的左上角会显示绿色标记。

文本型数值数据和数值型的数据在单元格中的水平对齐方式有明显区别，默认情况下，文本型的数据在单元格中左对齐，而数值型的为右对齐，如果数据过大，会自动以科学计数法进行显示。

步骤3：快速填充数据

（1）复制填充数据：如果要在连续的单元格区域内输入相同的内容，可以使用鼠标拖动自动填充柄来填充数据。"自动填充柄"是Excel中快速输入和复制数据的重要工具，当鼠标指针位于单元格右下角时，鼠标指针会呈"+"，此时上下左右拖动鼠标都可以快速填充数据。

这里首先填充"针纺织品类"，如图4-5所示。

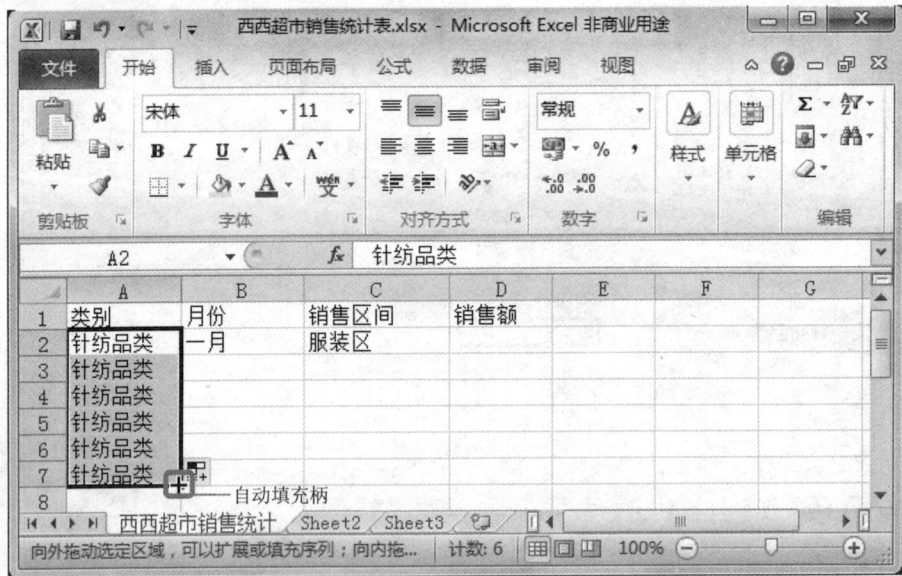

图4-5　复制填充数据

用同样的方法填充"服装区"。

（2）使用填充柄填充"序列"：在Excel中，"序列"是指一些有规律的数字，如文本中的日期系列，数字系列中的数值系列。同复制填充数据相同，都是通过拖动填充柄实现。

这里填充销售的月份，使其自然增加，如图4-6所示。

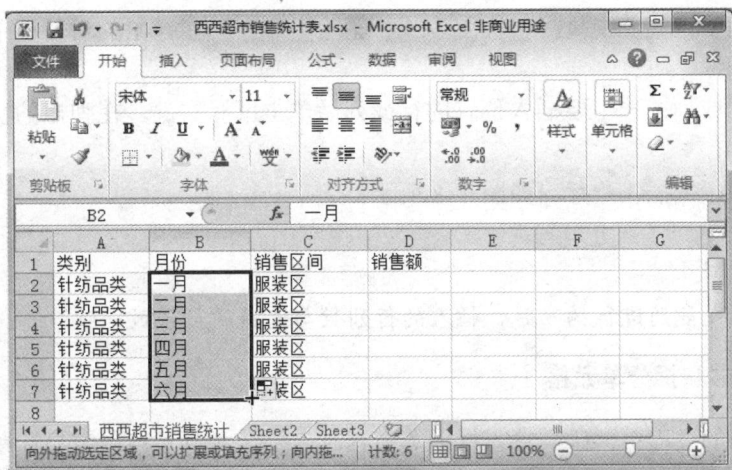

图4-6　填充序列

步骤4：复制、移动、删除数据

拖动鼠标选择要进行复制的单元格区域，然后按Ctrl+C快捷键（或单击"剪贴板"工具组中的"复制"按钮），再单击存放数据的目标位置，按Ctrl+ V快捷键即可实现复制。

本例中，用填充方式输入体育器材类，然后复制粘贴月份，如图4-7所示。

图4-7　复制粘贴数据

移动数据的操作方式与复制数据的方式类似，只不过移动数据使用的是"剪切"命令。

删除单元格数据只需要先选择要删除数据的单元格，然后按Delete键即可。

步骤5：查找和替换数据

Excel 2010具有与Word 2010同样的查找与替换数据的功能，此功能可以对表格中的数据进行统一的修改，起到节约时间和避免遗漏数据的作用。

步骤6：编辑单元格

（1）插入和删除单元格：如果需要插入或删除单元格，首先将该单元格选中，然后右击鼠标，在弹出的下拉菜单中执行"插入"或"删除"命令，在弹出的对话框中进行相应的设置即可。

（2）插入行或列：选中要插入位置的行或列后单击鼠标右键，在弹出的快捷菜单中选中"插入"命令即可。

这里在标题行上插入一行，如图 4-8 所示。

■ 知识链接

当选择多行或多列进行插入时，插入的行列数与选择的行列数一致。

步骤7：合并和拆分单元格

在输入数据的过程中，碰到输入标题等内容时需要合并单元格以突显标题的重要性，在"开始"选项卡中单击"合并后居中"旁的下三角，在其下拉列表中包括 4 种合并或拆分单元格的选项，即合并后居中、跨越居中、合并单元格和取消合并单元格。这里为了突显标题，选中 A1：A5 单元格，然后选择"合并后居中"，输入标题后效果如图 4-9 所示。

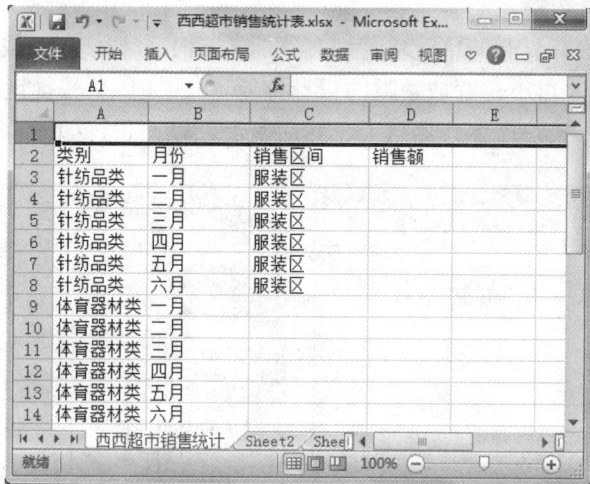

图 4-8　插入行

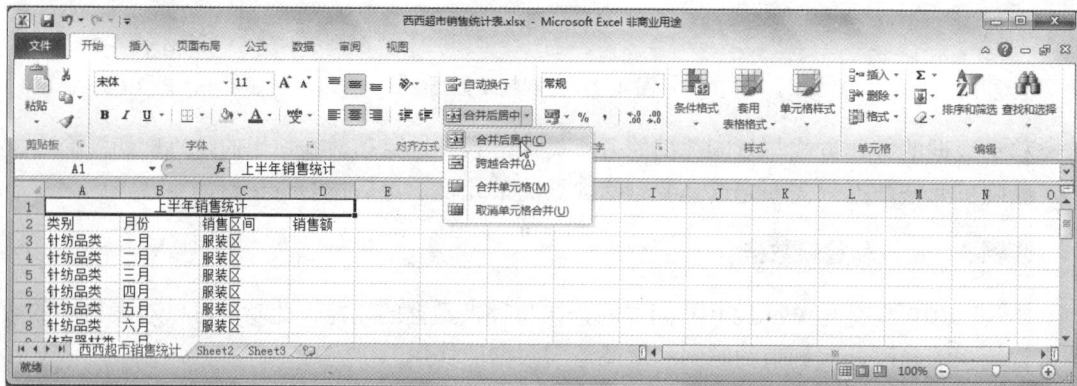

图 4-9　合并单元格

如果想要拆分单元格，必须在合并单元格之后才能对其进行该操作。

步骤 8：页面设置

在打印之前最好先进行页面设置和打印预览，在预览过程中，还可以对打印的范围、纸张的大小、表格的大小等进行调整。

通过"页面设置"对话框可以设置打印的范围，打印纸张的大小，版面的布局以及是否要设置页眉页脚等。

1. 设置打印区域与参数

在"文件"的"页面设置"命令，将打开"页面设置"对话框，再打开"工作表"选项卡，如图 4-10 所示。

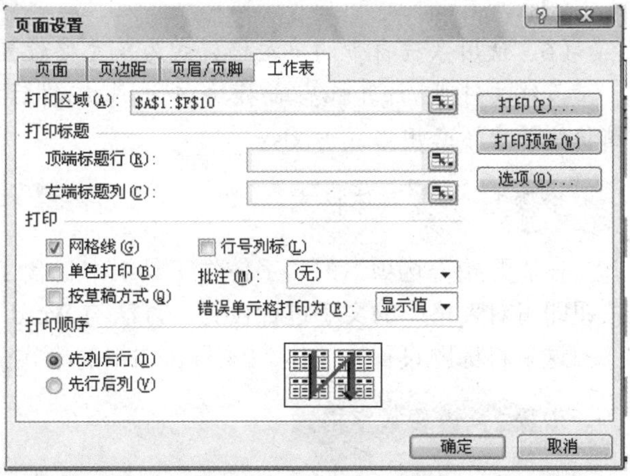

其中：

"打印区域"用来设置需要打印的工作表某部分区域。

"打印标题"用来设置每页都要打印的表头。分别在"顶端标题行"和"左端标题行"栏输入相应的单元格地址即可，也可以直接到工作表中选择。

"打印"用来设置打印时是否打印网格线、行号列标，是不是单色打印等，从"批注"列表框中可设置是否打印批注。

图 4-10　选择打印区域

"打印顺序"用来设置打印多页时的顺序。

2. 设置打印格式

切换到"页面设置"对话框的"页面"选项卡，其中："方向"用来设置纸张的方向；"缩放"用于设置打印时工作表的大小；"纸张大小"用来设置纸张的规格，默认为 A4 张；"打印质量"中的数字越大，打印质量越高，打印的速度也越慢；"起始页码"用于确定打印的首页。

3. 设置页边距

单击"页面设置"对话框的"页边距"选项卡。输入适当的值，可以调整上、下、左、右边距值以及页眉和页脚的位置。"水平""垂直"复选框用来设置打印区域在纸张中的位置，如果不选，则按"靠左上角对齐"的方式打印。

4. 设置页眉/页脚

在"页面设置"对话框的"页眉/页脚"选项卡，可以设置页眉和页脚的属性。

步骤 9：打印工作表

选择"文件"的"打印"命令即可打开"打印"页面。

设置好了所有的参数以后单击"预览"按钮，可以再预览一下效果。然后单击"确定"按钮开始打印。

任务二　设置工作表样式——美化超市销售表

任务描述

（1）设置标题栏文字字体为黑体、24 号、加粗的格式。

（2）设置"销售额"列中的数据格式为"会计数字格式"。

（3）使表头文字居中对齐。

（4）设置表格数据部分行高为24。

（5）为表格数据部分添加边框，内线为细线，外边框为粗线，并为表头设置灰色底纹。

最终文件见//计算机基础/模块 4 文件/编辑后文件/项目一/西西超市销售统计表（设置格式）.xlsx。

（6）使用系统自带的单元格样式为单元格设置填充色、边框色和字体格式等。

最终文件见//计算机基础/模块 4 文件/编辑后文件/项目一/西西超市销售统计表西西超市销售统计表（套用格式）.xlsx

步骤1：设置字体格式

在"开始"选项卡的"字体"工具组中包含了字体格式设置的基本按钮，使用这些工具按钮即可对表格中的文字进行设置，方法与 Word 中字体的设置方法一致。

这里将标题设置为黑体、24 号、加粗的格式。

步骤2：设置数字格式

在日常工作中，尤其是在处理财务数据方面，常常需要用到精确度高的数值或会计专用形式等类型的数据，如添加货币符号、设置千位分隔符、百分比符号等。

这里将销售额设置为中文会计数字格式，具体操作方法是首先选中要设置格式的单元格，单击"数字"工具组中"会计数字格式"按钮，单击选择列表中的"中文（中国）"选项，最终效果如图 4-11 所示。

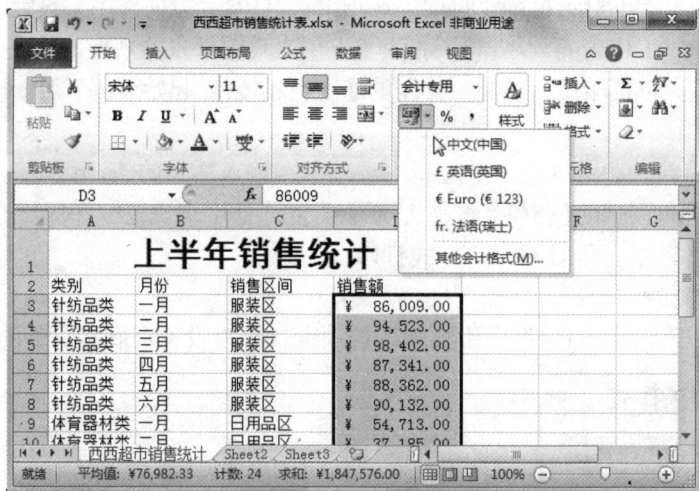

图 4-11　设置数字格式

选择单元格后，单击"数字"工具组右下角的扩展按钮，在弹出的"设置单元格格式"对话框中切换到"数字"选项卡，可以设置更多的数字格式，如图 4-12 所示。

步骤3：设置对齐方式

在"对齐方式"工具组中包含了一些常用的对齐方式按钮，利用这些按钮可以直接为工

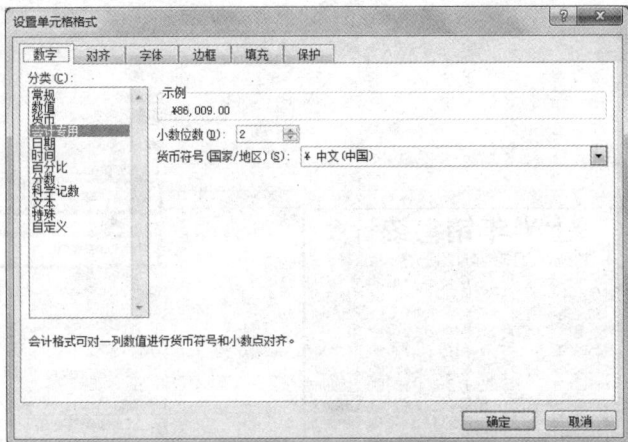

图 4-12　利用"设置单元格格式"对话框设置数字格式

作表的单元格设置对齐方式。以设置标题行居中为例，首先选中标题行，然后单击"对齐方式"工具组中的"居中对齐"按钮，可使标题文字在单元格中居中对齐，如图 4-13 所示。

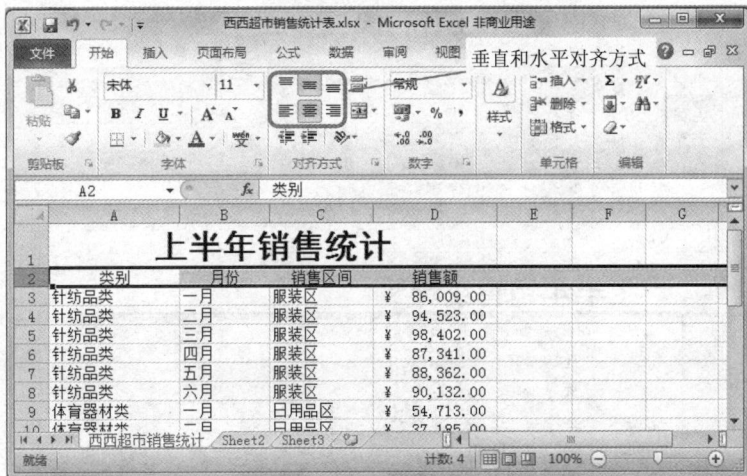

图 4-13　设置对齐方式

步骤 4：设置行高和列宽

（1）拖动鼠标调整：将鼠标指针指向要改变的行高（列宽）之间的分割线上，此时鼠标指针变成"↕"（或"↔"）形状的双向箭头，按住鼠标左键不放上下（或左右）拖动，达到适合的位置后释放鼠标即可。

（2）自动调整：利用自动调整功能可以将行高或列宽设置为与单元格内容相适应的大小，操作方法是单击"单元格"工具组中的"格式"按钮，单击列表中的"自动调整行高"或"自动调整列宽"按钮即可。

自动调整表中列的列宽，如图 4-14 所示。

（3）精确调整：选中需要精确调整的行或列，右击，在弹出的快捷菜单中选择"行高"或"列宽"，在弹出的对话框中设置具体值即可。

精确调整表中行的行高，使其行高均为 24，如图 4-15 所示。

图 4-14　自动调整列宽

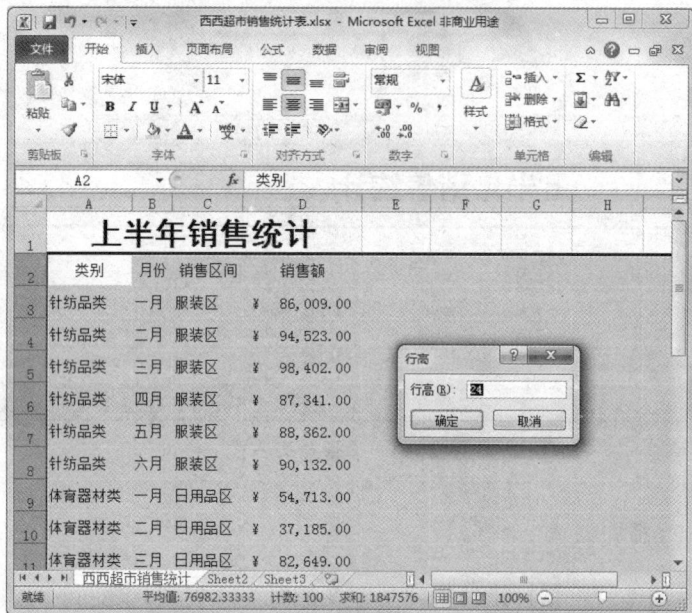

图 4-15　精确调整行高

步骤 5：添加边框和底纹

在 Excel 中，虽然能够看到表格框线，但这些框线是虚拟的，打印时并不会打印出来，如果要将表格的边框和数据一起打印出来，就需要为表格区域设置边框和底纹，这样既可以美化工作表，又能方便数据显示。

（1）添加边框：为表格数据部分添加粗外线边框、细内线边框，方法是选择要添加边框的表格范围后，打开"设置单元格格式"对话框，单击"边框"选项卡，单击线条样式列表中的粗线样式，再单击"预设"列表中的"外边框"按钮，单击线条样式列表中的细线样式，再单击"预设"列表中的"内部"按钮，如图 4-16 所示。单击"确定"按钮即可为单元格设置边框。

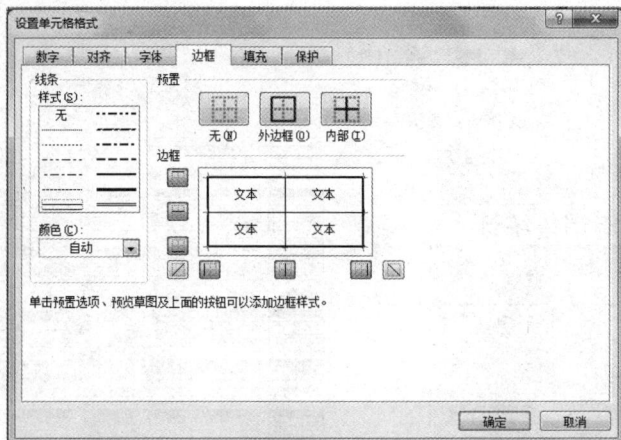

图 4-16　设置边框

（2）添加底纹：如要为标题栏添加灰色底纹，首先选中标题栏，然后单击"字体"工具组中的"填充颜色"按钮，在弹出的列表中选择需要的颜色即可，如图 4-17 所示。

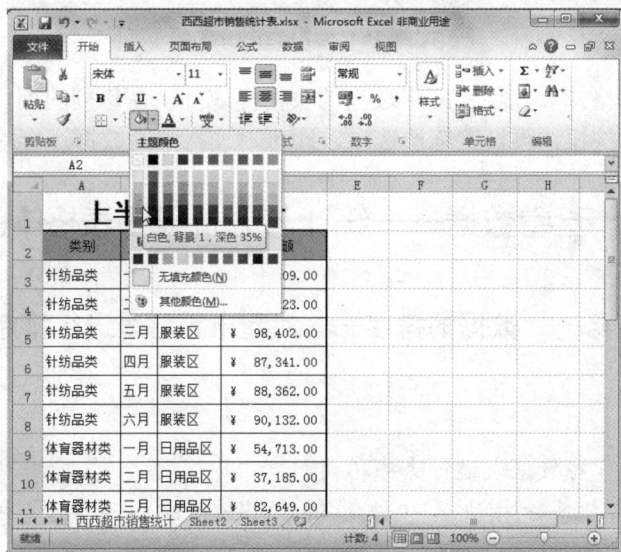

图 4-17　添加底纹

也可使用"设置单元格格式"对话框中的"填充"选项卡为表格区域设置底纹。

步骤 6：套用表格样式

使用套用表格格式的方法是：可以为数据区域套用表格格式，设置的格式包括边框和底纹、文字格式、文字的对齐方式等。套用表格格式后列标题将自动出现筛选标记，方便对数据区域的数据进行筛选。还可以利用"表工具"下的"设计"选项卡对表格格式进行重新设计。套用表格格式的操作方法如下：

单击"样式"工具组中的"套用表格样式"按钮，单击样式列表中需要的表格格式，如

图 4-18 所示。此时会弹出一个"表数据的来源"确认对话框，同时在表中用虚线框起要套用格式的单元格。单击"确定"按钮即可实现表格格式套用。

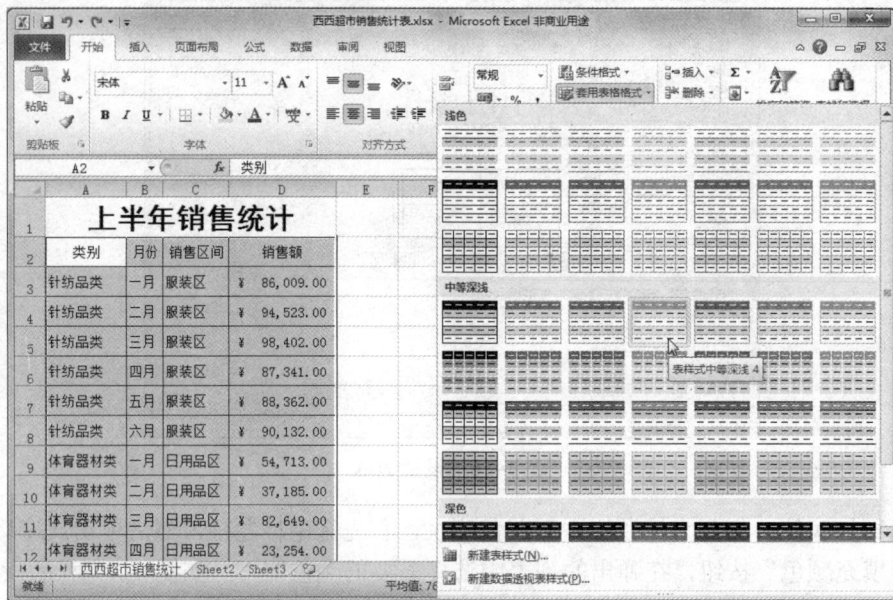

图 4-18　套用表格格式

为表格套用表格格式后，除了应用选择的表格样式外，在每列的列标题右侧会添加筛选按钮，通过单击筛选按钮，再设置筛选选项，即可对表格中的数据进行筛选查看。

项目二　查看数据——统计与分析电子表格中的数据

任务一　数据的排序——对超市销售表进行排序

■ 任务描述

（1）按"销售额"对数据表进行降序排列。

最终文件见//计算机基础/模块 4 文件/编辑后文件/项目二/西西超市销售统计表（降序排序）.xlsx。

（2）增加一列"退货额"，按"销售额"降序和"退货额"升序对数据表进行排列。

最终文件见//计算机基础/模块 4 文件/编辑后文件/项目二/西西超市销售统计表（多条件排序）.xlsx。

步骤 1：快速排序

快速排序就是将表格按照某一个关键字进行升序或降序排列。快速排序使用的是"数据"功能选项卡下的"排序和筛选"功能组中的"升序"按钮和"降序"按钮。

将数据表依据销售额降序排列，操作方法是单击销售额列中的任意单元格，单击"数据"功能选项卡下的"排序和筛选"功能组中的"降序"按钮即可。如图 4-19 所示。

图 4-19 按"降序"快速排列

知识链接

通过排序按钮进行快速排序时，只能选择排序的关键字段一列中的任意一个单元格，而不能选择一列或者一个区域，否则会弹出对话框，询问用户是否扩展排序区域，如果不扩展排序区域，排序后的表格记录顺序就会混乱。

步骤 2：按多条件排序

在 Excel 2010 中，可以同时按多个关键字进行排序。多个关键字的排序是指先按某一个关键字进行排序，然后将此关键字记录下来，再按第二个关键字进行排序，以此类推。

为销售数据表增加一列"退货额"，然后单击"销售额"中任意一个单元格，单击"排序和筛选"工具组中的"排序"按钮，弹出"排序"对话框。设置主关键字的列、排序依据、次序选项，然后单击"添加条件"按钮，用同样的方法设置次要关键字，如图 4-20 所示。单击"确定"按钮即可实现按多条件排序。

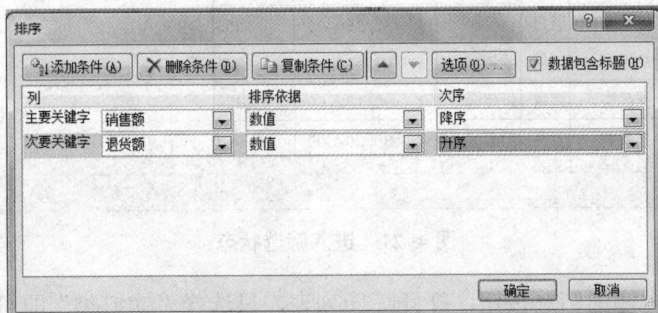

图 4-20 按多条件排序

知识链接

在 Excel 2010 中，用户最多可以设置 64 个排序关键字。在"排序"对话框中，单击"删除条件"按钮可以将添加的排序条件删除；单击"复制条件"按钮可以复制一个与已有排序条件相同的条件。

任务二　数据的筛选——在超市销售表中进行数据筛选

任务描述

（1）按"销售额"对数据表进行降序排列。

（2）增加一列"退货额"，按"销售额"降序和"退货额"升序对数据表进行排列。

最终文件见//计算机基础/模块 4 文件/编辑后文件/项目二/西西超市销售统计表（数据筛选）.xlsx。

步骤 1：自动筛选

在工作表中查看"饮料类"的相关数据，具体操作方法是单击排序列中的任意一个单元格，单击"排序和筛选"工具组中的"筛选"按钮，进入自动筛选状态，如图 4-21 所示。

图 4-21　进入筛选状态

单击"类别"右侧的筛选按钮，打开筛选列表，只选择"饮料类"即可只查看"饮料类"的数据，如图 4-22 所示。

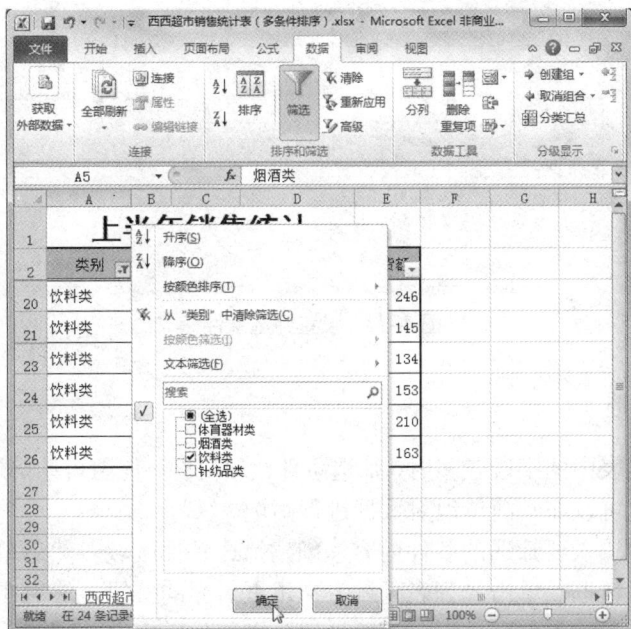

图 4-22　筛选结果

步骤 2：自定义筛选

　　自定义筛选指用户自己定义要筛选的条件，在筛选数据时具有较大的灵活性，可以进行比较复杂的筛选。

　　筛选表格中销售额在 15 000～20 000 的数据，具体操作方法是单击"销售额"右侧的筛选按钮，单击筛选列表中的"数字筛选"子菜单中的"自定义筛选"命令，如图 4-23 所示。在弹出的对话框中设置筛选条件，然后单击"确定"按钮即可，如图 4-24 所示。

图 4-23　执行"自定义筛选"命令

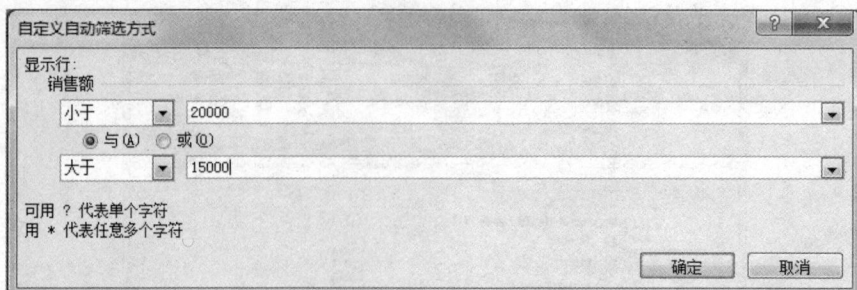

图 4-24 设置筛选条件

步骤 3：高级筛选

当筛选的数据列表中的字段较多时，筛选条件比较复杂，使用自动筛选就显得比较麻烦，此时使用高级筛选就可以非常简单地对数据进行筛选。

首先在工作表中输入要筛选的条件内容，创建筛选条件区域。然后单击"高级"按钮，弹出"高级筛选"对话框，单击"列表区域"文本框后面的按钮，然后在工作表中框选要筛选的列表区域，再单击"条件区域"后面的按钮，在工作表中框选刚输入的筛选条件，如图 4-25 所示，单击确定按钮即可完成筛选。

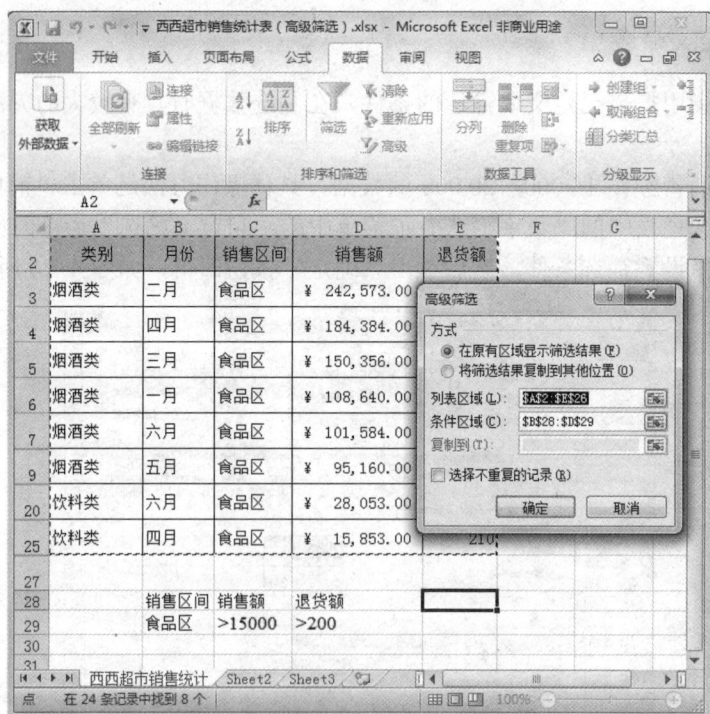

图 4-25 打开"高级筛选"对话框

知识链接

使用高级筛选必须先建立一个区域，书写筛选条件时上方是条件字段名，下方是筛选条件。

在 Excel 中建立高级筛选的条件区域时要注意以下几点：

（1）最好将条件区域建立在原始数据的上方或下方，且与原始数据之间至少留一个空白行。

（2）条件区域必须具有列标签，条件建立在列标签的正下方。

（3）如果条件之间是"与"的关系，应让条件处于同一行；如果条件之间是"或"的关系，则应让条件处于不同行。

任务三　数据的分类汇总——在超市销售表中进行分类汇总

任务描述

将工作表中的数据以"销售区间"为分类字段，对销售额进行分类汇总。

最终文件见//计算机基础/模块 4 文件/编辑后文件/项目二/西西超市销售统计表（分类汇总）.xlsx。

步骤 1：创建分类汇总

对数据进行分类汇总之前必须先对数据进行排序，其作用是将具有相同关键字的记录表集中在一起，以便进行分类汇总。另外，数据区域的第一行中必须为数据的标题行。

首先对"销售区间"按降序进行排序，然后单击"分类汇总"按钮，弹出"分类汇总"对话框，选择"汇总方式"列表中的"求和"选项，然后选择要进行求和汇总的选项"销售额"，如图 4-26 所示。

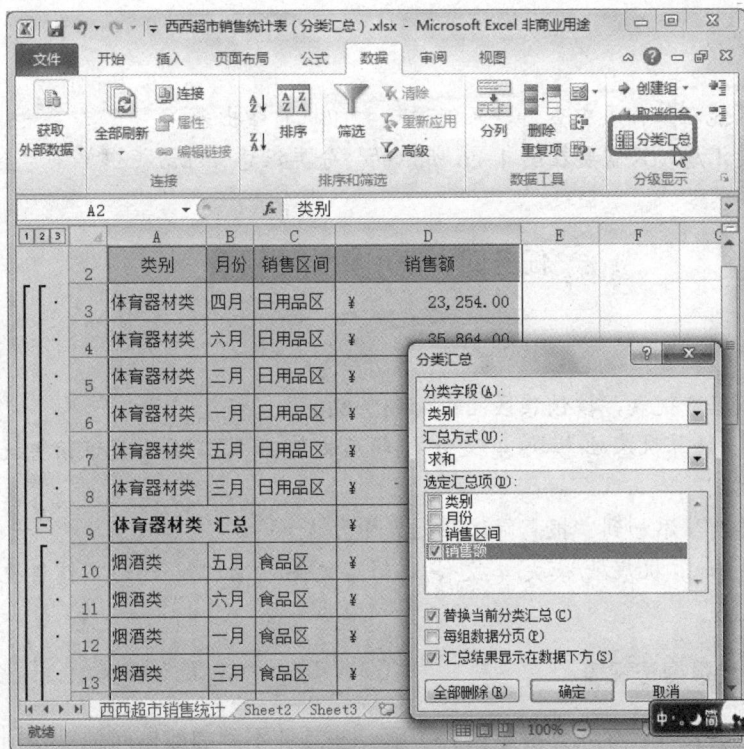

图 4-26　分类汇总

步骤2：查看分类汇总

在对数据进行分类汇总后，在工作表的左侧有 3 个显示不同级别的分类汇总按钮，单击这 3 个按钮可以显示/隐藏分类汇总或仅显示总计项，如图 4-27 所示。

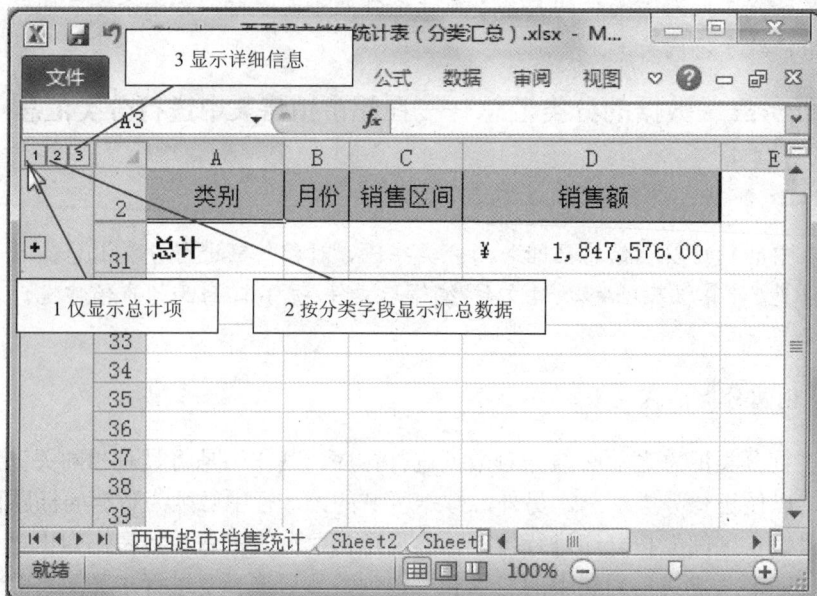

图4-27 查看分类汇总

知识链接

分类汇总只能在工作表中查看，不能通过打印机打印出来。

要删除分类汇总，只需要在图 4-26 所示的"分类汇总"对话框中单击"全部删除"命令即可。

任务四 使用数据透视表

任务描述

（1）创建数据透视表，按销售区间查看销售额。

最终文件见//计算机基础/模块 4 文件/编辑后文件/项目二/西西超市销售统计表（数据透视表）.xlsx。

（2）将"类别"添加到"报表筛选"列表中。

最终文件见//计算机基础/模块 4 文件/编辑后文件/项目二/西西超市销售统计表（数据透视表平均值）.xlsx。

步骤1：创建数据透视表

通过数据透视表可以深入分析数据并了解一些预计不到的数据问题，使用数据透视表之前首先要创建数据透视表，再对其进行设置。要创建数据透视表，需要链接到一个数据源，并输入报表位置，创建方法如下。

（1）单击"表格"工具组中的"数据透视表"按钮，单击"数据透视表"命令，如图 4-28 所示，弹出"创建数据透视表"对话框。

图 4-28 执行"数据透视表"命令

（2）选中"选择一个表或区域"单选按钮，单击"表/区域"文本框后的按钮，在表中选择要分析的数据。单击选中"新工作表"单选按钮，使用新建工作表放置数据透视表，单击"确定"按钮，如图 4-29 所示。

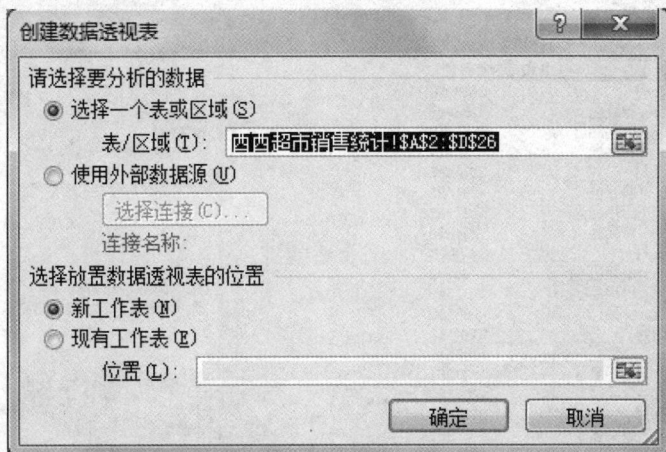

图 4-29 设置要分析的数据区域及放置数据透视表的位置

（3）此时创建了空的数据透视表，右侧显示字段列表，如图 4-30 所示。

图 4-30　空的"数据透视表"

（4）选择要添加到报表的字段，创建的数据透视表的效果如图 4-31 所示。

图 4-31　创建的数据透视表效果

知识链接

"数据透视表字段列表"任务窗格中包含了数据透视表的字段列表、报表筛选、列标签、行标签以及数据等选项，含义如下：

（1）行标签：行标签是数据透视表中指定为行方向的数据清单或表单中的字段。

（2）列标签：列字段是数据透视表中指定为列方向的数据清单或表单中的字段。

（3）报表筛选：报表筛选是数据透视表中指定为页方向的源数据清单或表单中的字段，它允许用户筛选整个数据透视表，以显示单个项或者所有项的数据。

（4）数值：数值字段提供要汇总的数据值。通常，数值字段包含数字，可用 SUM 汇总函数合并这些数值，但数值字段也可以包含文本，此时数据透视表使用 COUNT 汇总函数。如果报表有多个数值字段，则报表中出现名为"数值"的字段按钮，以用来访问所有数值字段。

步骤 2：编辑数据透视表

（1）更改数据透视表布局：数据透视表最大的特点是可以旋转其行和列，或通过设置表中的筛选选项以查看数据源的不同汇总，更改数据表布局就是将"数据透视表字段列表"任务窗格中的字段添加到数据透视表相应的区域中或是在不同区域之间移动字段。

将"类别"加入到"报表筛选"列表中的方法是右击要移动的字段名称，在弹出快捷菜单中选择"添加到报表筛选"命令即可，如图 4-32 所示。

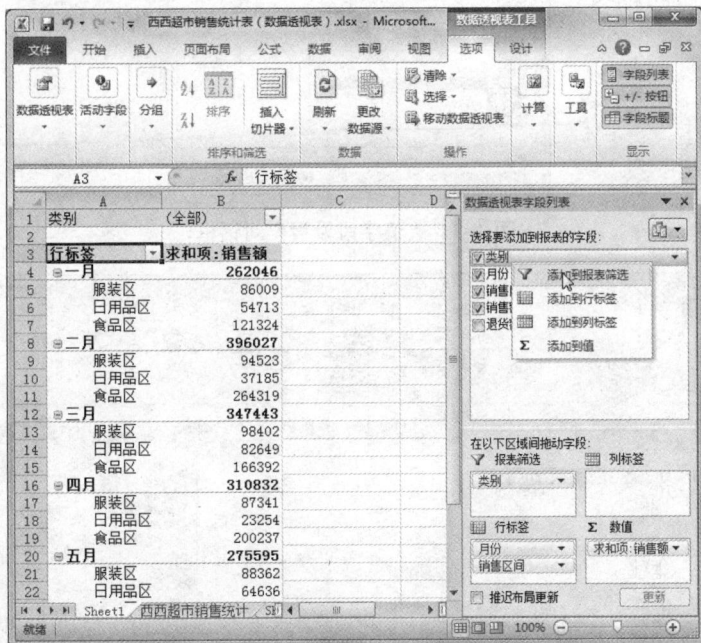

图 4-32　更改数据透视表

（2）设置数据透视表中的汇总字段：在数据透视表的"数值"区域中默认显示的是求和汇总方式，用户可以根据需要设置其他汇总方式，如平均值、最大值、最小值、计数、偏差等。这里以销售额的平均值进行汇总，首先在数据透视表中选择要更改汇总方式的字段名称，单击"字段设置"按钮，如图4-33所示，弹出"值字段设置"对话框，单击其中的计算类型"平均值"，单击"确定"按钮即可，如图4-34所示，结果如图4-35所示。

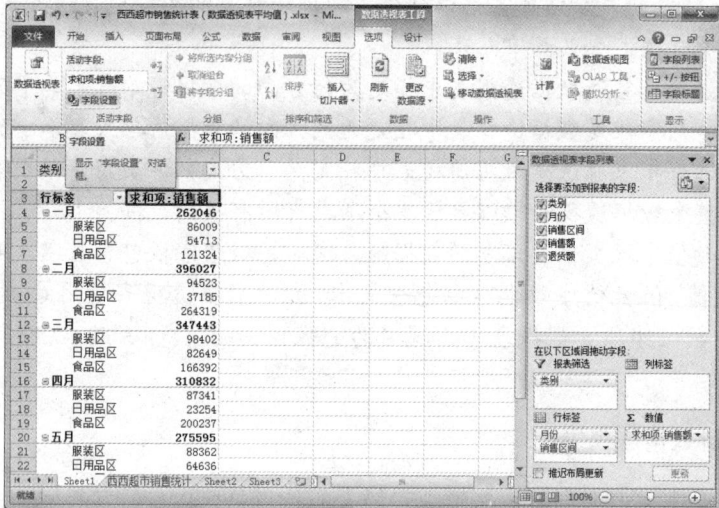

图4-33 执行"字段设置"命令

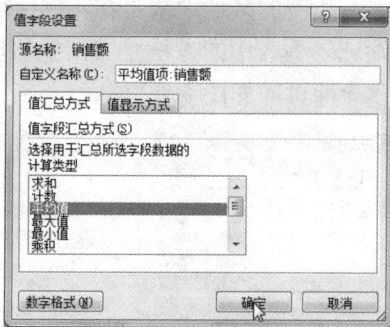

图4-34 "值字段设置"对话框

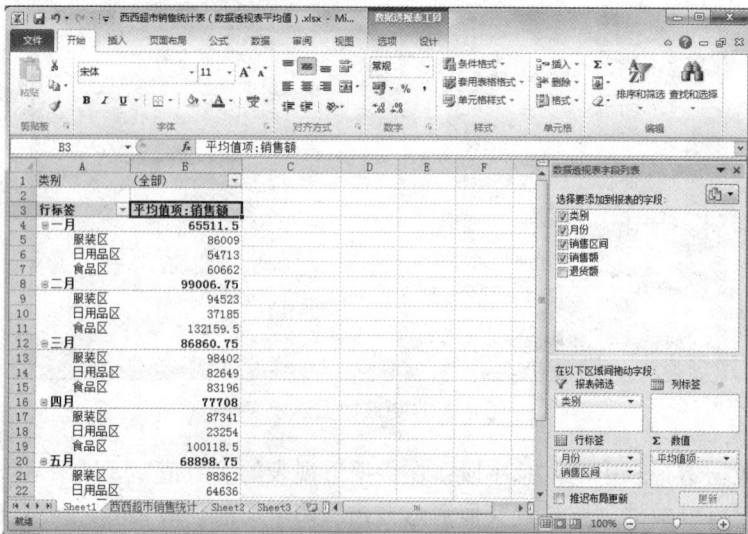

图4-35 结果

项目三　公式的应用——对超市销售表中的销售数据用公式进行计算

任务一　使用公式计算数据

任务描述

计算实际销售额，即销售额减去退货额。

最终文件见//计算机基础/模块 4 文件/编辑后文件/项目三/西西超市销售统计表（公式）.xlsx。

步骤 1：认识公式

公式以等号"="开头，例如，公式"=2+3*5"，表示 3 乘以 5 再加 2。

公式有表 4–1 所示的几种组成方式：

表 4–1　公式组成方式

公式组成示例	含　义
=10+20	公式由常数组成
=A1+B1	公式由单元格引用表达式组成
=A1+50	公式由常数和单元格组成
=SUM（100，200）	公式由函数及函数表达式组成

1. 运算符

运算符分为四种不同类型，分别为算数运算符、比较运算符、文本连接运算符和引用运算符。算数运算符可以完成基本的算数运算（如加法、减法或乘除法）、合并数字以及生成数值结果；比较运算符可以比较两个值的大小，结果为逻辑值 TRUE 或 FALSE；文本连接运算符使用"与"号（&）连接一个或多个文本字符串，以生成一段文本；引用运算符可以对单元格区域进行合并计算。

Excel 2010 中的算术运算符如表 4–2 所示。

表 4–2　算数运算符

运算符	功能	示例	运算符	功能	示例
+	加法	10+20	/	除法	10*4
−	减法或作为负号	20–10	^	乘方	10^2
*	乘法	35/5	%	百分号	20%

Excel 2010 中的比较运算符如表 4–3 所示。

表 4-3　比较运算符

运算符	功能	示例	运算符	功能	示例
=	等于	A1=B2	<=	小于等于	A1<=B2
<	小于	A1<B2	>=	大于等于	A1>=B2
>	大于	A1>B2	<>	不等于	A1<>B2

Excel 2010 中的文本连接运算符如表 4-4 所示。

表 4-4

运算符	功　能	示　例
&	将两个文本值连接或串起来形成一个连续的文本值	"中华" & "人民共和国"

Excel 2010 中的引用运算符如表 4-5 所示。

表 4-5

运算符	功　能	示　例
:	区域运算符，引用指定两个单元格之间的所有单元格	A1：A4，表示引用 A1～A4 共 4 个单元格
,	联合运算符，引用所指定的多个单元格	SUM（A1，A5），表示对 A1 和 A5 两个单元格求和
（空格）	交叉运算符，引用同时属于两个引用的区域	A1：D5 C2：D8 表示引用 A1～D5 和 C2～D8 这两个区域公共的区域 C2：D5

2. 单元格地址引用

（1）相对引用：相对引用基于包含公式的单元格与被引用单元格之间的相对位置，如果公式所在的单元格位置改变，引用也随之改变。默认情况下，Excel 使用的是相对引用。相对引用的格式为列号加行号，如 A1、B4 等。采用相对引用，公式被复制或填充时，引用的单元格会随公式的位置变化而相对变化，如果公式只是移动，引用的单元格是不会变化的。

（2）绝对引用：与相对应用对应，表示引用的单元格地址在工作表中是固定不变的，结果与包含公式的单元格地址无关。在相对应用的单元格的列标和行号前加上冻结符号 "$"，表示冻结单元格地址，便可以成为绝对引用。采用绝对应用后，复制公式后单元格地址和结果都不会发生变化。

（3）混合引用：混合引用具有相对列和绝对行或绝对列和相对行的特征，可以在公式只对行进行绝对引用，也可以只对列进行绝对引用，产生混合效果。

知识链接

（1）引用同一张工作表中的单元格，直接在等号后输入单元格地址即可，如 A1、B2。

也可以输入等号后单击所要引用的单元格，则自动引用此单元格。

（2）引用同一工作簿中其他工作表中的单元格，可以直接在等号后输入工作表名成和"！"再加单元格地址，如在 Sheet1 的 A1 单元格中引用 Sheet2 中的 B1 单元格，则可在 A1 单元格中输入表达式"=Sheet2！B1"。也可以输入等号后单击要引用的工作表标签，切换到要引用单元格所在工作表，然后单击要引用的单元格。

（3）引用其他工作簿中的单元格，首先在第一个工作簿的单元格中输入等号，然后单击第二个工作簿中要引用的单元格即可。也可以通过在单元格引用的前面加上方括号"[]"括起来的工作簿名称、工作表名称和"！"来引用其他工作簿上的单元格，如在工作簿 Book1 的 Sheet1 工作表的 A1 单元格中引用工作簿 Book2 的 Sheet2 工作表中 B2 单元格，可在 A1 单元格中输入表达式"=[Book2]Sheet1！B2"。

步骤 2：使用自定义公式进行计算

（1）首先输入等号"="，表示用户输入的内容是公式而不是数据。

（2）输入参与运算的单元格 D3（或在 D3 上单击引用此单元格），再输入运算符减号"−"，再输入减数所在单元格 E3，如图 4−36 所示，按下 Enter 键即可计算出结果，如图 4−37 所示。

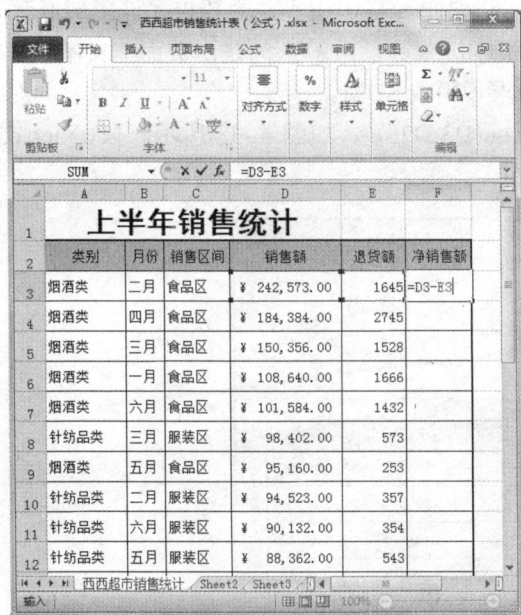

图 4−36　输入公式　　　　　　　　　图 4−37　计算结果

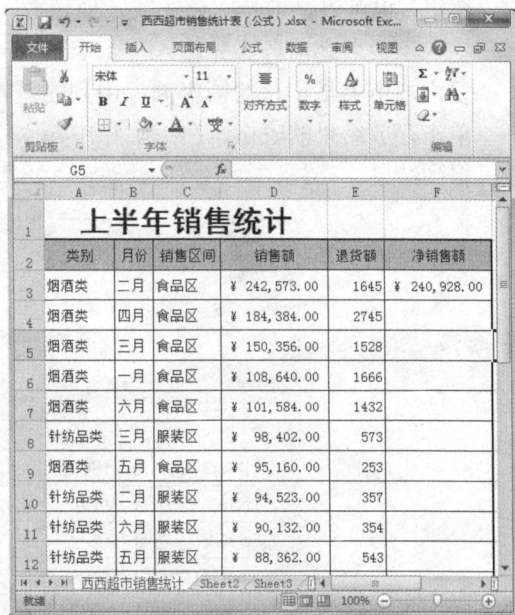

　　按住 F3 单元格右下角的自动填充柄向下拖动，可以将公式快速填充到整列。可以看到，复制公式后，其引用的单元格会随之变化，从而得到正确的计算结果。

知识链接

　　输入公式时可以在单元格中直接输入，也可以在编辑栏中输入，而且 Excel 2010 的编辑栏是可以调整大小的，所以在实际操作中，输入公式最好在编辑栏中进行，这样可以不受其他单元格数据的影响，而且可以非常方便地通过方向键来改变光标的位置。

任务二 利用函数对数据进行计算

任务描述

（1）利用自动求和函数 SUM 求超市上半年总的销售额。

（2）利用平均值函数 AVERAGE 求超市上半年的平均退货额。

（3）求所有销售品类中上半年最大销售额的记录和最小退货额的记录。

（4）对所有销售额进行排名。

（5）对所有销售品类上半年的销售情况进行销售评比，净销售额大于 20 000 的为优秀，销售额小于等于 20 000 的为合格。

（6）对退货额进行排名，额度小于 500 的为优秀，小于 1 000 的为合格，其他为一般。

步骤1：自动求和函数 SUM

输入的函数格式为：函数名（参数1，参数2，参数3，……）。

函数名就是所要引用的函数类型；参数可以是数字、文本、如 TRUE 或 FALSE 的逻辑值、数组，也可以是常量、公式或其他函数，还可以是单元格引用等，函数也允许多层嵌套。

输入函数名之前务必先输入一个等号"="，通知 Excel 随后输入的是函数而非文本。

要求超市上半年总的销售额，用到的是自动求和函数 SUM。

单击存放结果的表格，在编辑栏中输入"=sum(D3:D26)"，如图 4–38 所示，按 Enter 键即可得到结果。

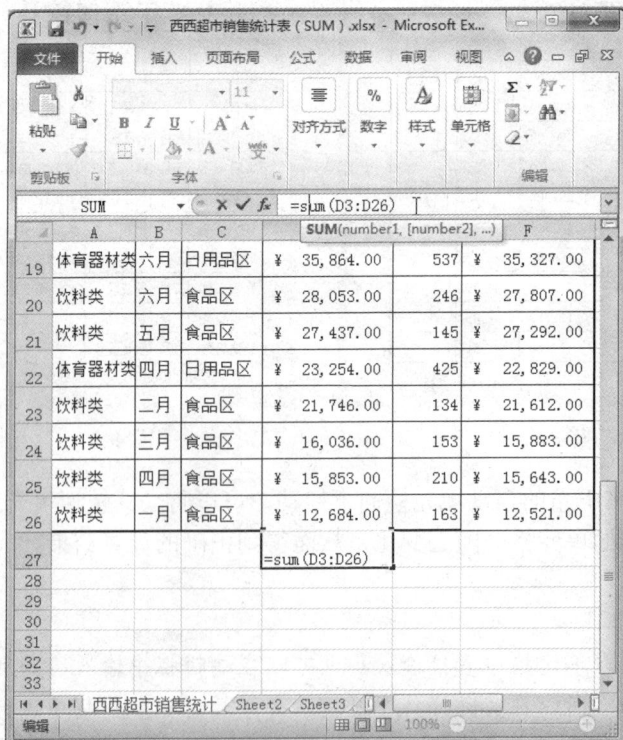

图 4–38 自动求和

知识链接

在 Excel 中，求和函数的使用频率较高，所以在 Excel 中为用户提供了"自动求和"按钮，这样在进行求和计算时会更方便快捷。方法是单击存放结果的单元格，单击"函数库"工具组中的"自动求和"按钮，在弹出的列表中选择"求和"命令，拖动鼠标选择计算区域，如图 4-39 所示，按下 Enter 键得出结果。

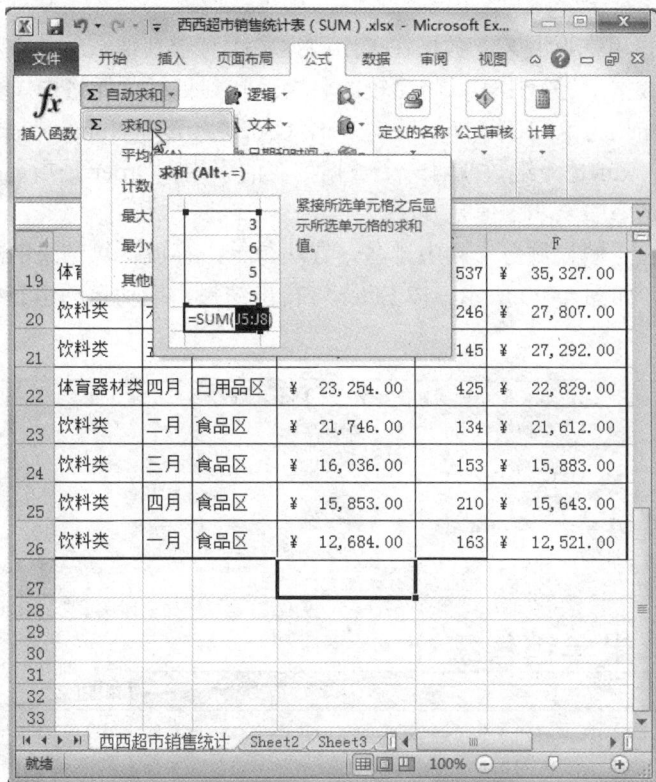

图 4-39　使用自动求和按钮

步骤 2：求平均值函数 AVERAGE

AVERAGE 函数的作用是返回参数的平均值，表示对所选的单元格或单元格区域进行算数平均值运算，其语法结构为 AVERAGE（Number1，Number2，……）。

计算销售表中平均退货额，方法是在图 4-39 所示的下拉列表中选择"平均值"命令，拖动鼠标选择计算区域，按 Enter 键即可得到结果。

也可以直接在编辑区输入"=AVERAGE(E3:E26)"然后按 Enter 键得到结果。

步骤 3：最大值函数 MAX 和最小值函数 MIN

这两个函数的作用是计算一串数值中的最大值或最小值，表示对选择的单元格区域中的数据进行比较，找到其中最大的数值或最小的数值并返回到目标单元格中。如果参数不包含数组，则返回 0。

最大值函数的语法结构为 MAX（Number1，Number2，……），最小值函数的语法结构为 MIN（Number1，Number2，……）。

要找出销售表中销售额最大数值,操作方法是在图 4-39 所示的下拉列表中选择"最大值"命令,拖动鼠标选择计算区域,按 Enter 键即可得到结果。

要找出销售表中退货额最小数值,操作方法是在图 4-39 所示的下拉列表中选择"最小值"命令,拖动鼠标选择计算区域,按 Enter 键即可得到结果。

步骤 4：排序函数 RANK

RANK 函数的作用是返回某一数据在一组数据中相对于其他数值的大小和排名,表示让指定的数据在一组数据中进行比较,将比较的名次返回到目标单元格中。

其函数的语法结构为 RANK（Number，Ref，Order）,其中 Number 是要在数据区域中进行比较的指定数据,Ref 是一组数或对一个数据列表的引用；Order 是指定排名的方式,如果为零或不输入内容是降序,非零值是升序。

计算各销售额在"销售额"一列中排名,方法是单击存放计算结果的单元格,输入排序函数的表达式内容,如图 4-40 所示。按 Enter 键得出结果,拖动自动填充柄复制函数,计算出所有的排序结果。

图 4-40 销售排名

步骤 5：条件函数 IF

IF 函数也叫条件函数,是日常工作中使用频率最高的函数之一,它的作用是执行真假判断,根据运算出的真假值,返回不同的结果。

IF 函数的语法为：IF(logical_test,value_if_true,value_if_false)。

各参数的具体含义如下：

● logical_test：逻辑值，表示计算结果为 TRUE 或 FALSE 的任意值或表达式。

● value_if_true：如果 logical_test 为真，返回该值。

● value_if_false：如果 logical_test 为假，返回该值。

因此，IF 函数表达式如果直接翻译过来，其意思为"如果（某条件，条件成立返回的结果，条件不成立返回的结果）"。

要对净销售额进行评比，单击存放结果的单元格，输入条件函数的表达式内容，如图 4-41 所示，按 Enter 键得出结果，拖动自动填充柄复制函数，计算出所有的结果。

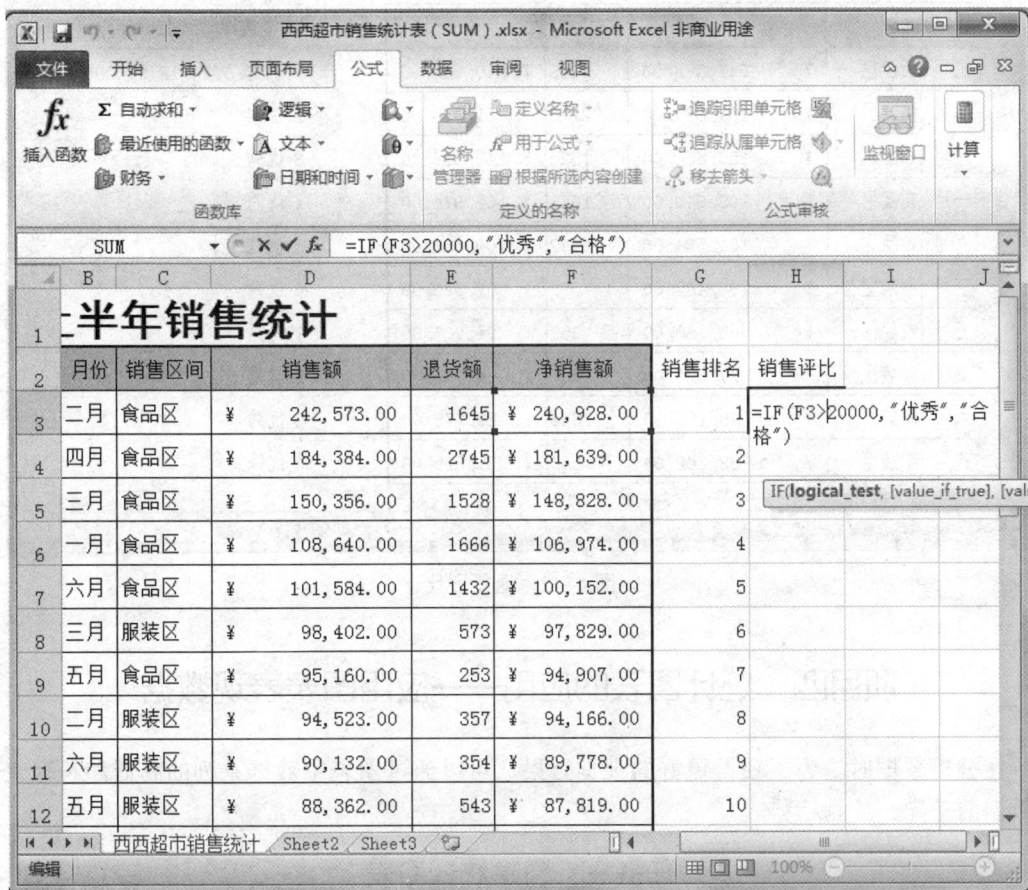

图 4-41 销售评比

在实际工作中，使用一个 IF 函数往往达不到工作的需要，需要多个 IF 函数嵌套使用。

IF 函数嵌套的语法为：IF(logical_test,value_if_true,IF(logical_test ,value_if_true,IF(logical_test,value_if_true,IF(logical_test ,value_if_true,……value_if_false))))。

一般可将其翻译成"如果（某条件，条件成立返回的结果，（如果（某条件，如果（某条件，……，条件不成立返回的结果))))"。

对退货额进行排名，方法是单击存放结果的单元格，输入条件函数的表达式内容，如图 4-42 所示，按 Enter 键得出结果，拖动自动填充柄复制函数，计算出所有的结果。

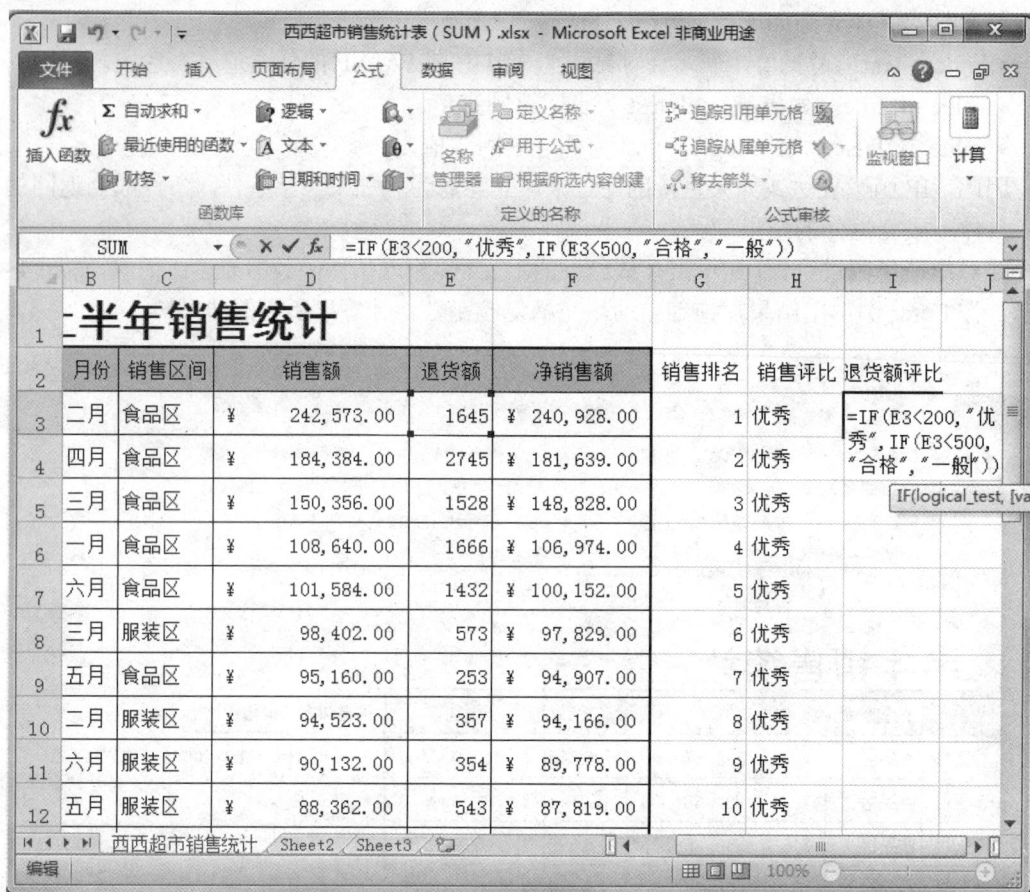

图4-42 退货评比

项目四 统计图表的应用——应用图表表现数据

在分析数据时，为了获得更好的视觉效果，可以通过图表中数据系列的高低和长短来查看数据的差异、预测趋势。

任务一 创建统计图表

Excel 2010 提供了 11 种标准的图表类型，每一种图表类型都有几种子类型，其中包括二维图和三维图。

Excel 2010 取消了图表向导，只需选择图表类型、图标布局和样式就能在创建时得到专业的图表效果。

在"插入"选项卡的"图表"工具组中提供了常用的几种图表类型，首先选中数据，单击"图表"工具组中的"柱形图"，在弹出列表中选择"簇状圆柱图"，如图 4-43 所示。根据表格内容创建的簇状圆柱图如图 4-44 所示。

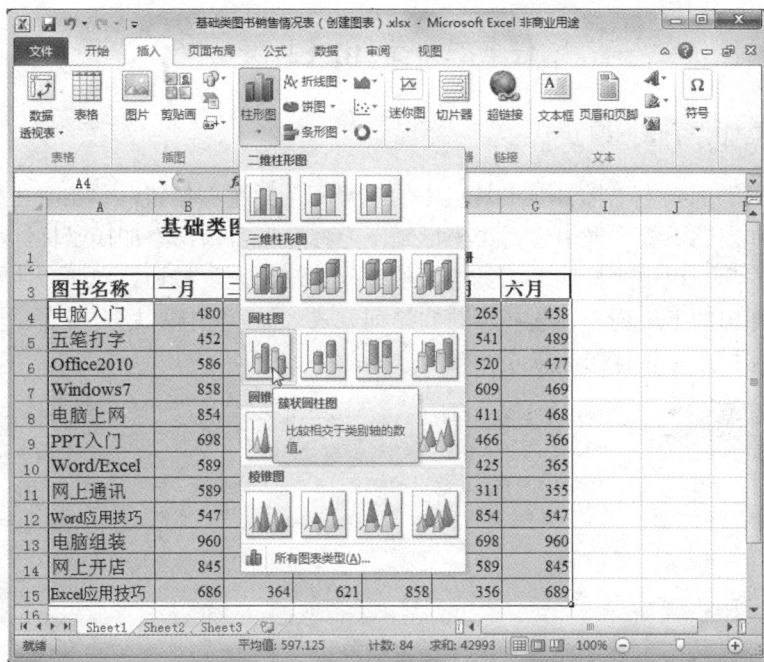

图 4-43 执行"簇状圆柱图"命令

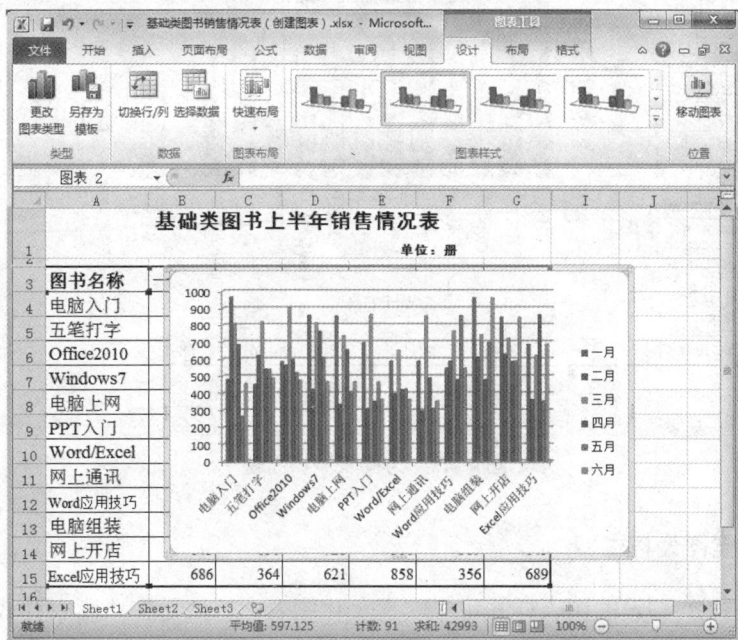

图 4-44 簇状圆柱图效果

知识链接

插入图表或选中图表后，在数据源表格中会自动出现蓝色的粗线条与细线条，用以区隔数据区域和非数据区域。同时，在功能区上方会自动增加"设计""布局"以及"格式"三个针对图表进行操作的功能选项卡。

任务二 美 化 图 表

步骤 1：添加坐标轴标题

单击"布局"面板中"标签"工具组中的"坐标轴标题"按钮，单击"主要横坐标轴标题"命令，在弹出的下级列表中选择"坐标轴下方标题"命令，添加横坐标。

单击"布局"面板中"标签"工具组中的"坐标轴标题"按钮，单击"主要纵坐标轴标题"命令，在弹出的下级列表中选择标题的排列方式，如"竖排标题"命令。

为图表添加横坐标轴标题和纵坐标轴标题的效果如图 4–45 所示。

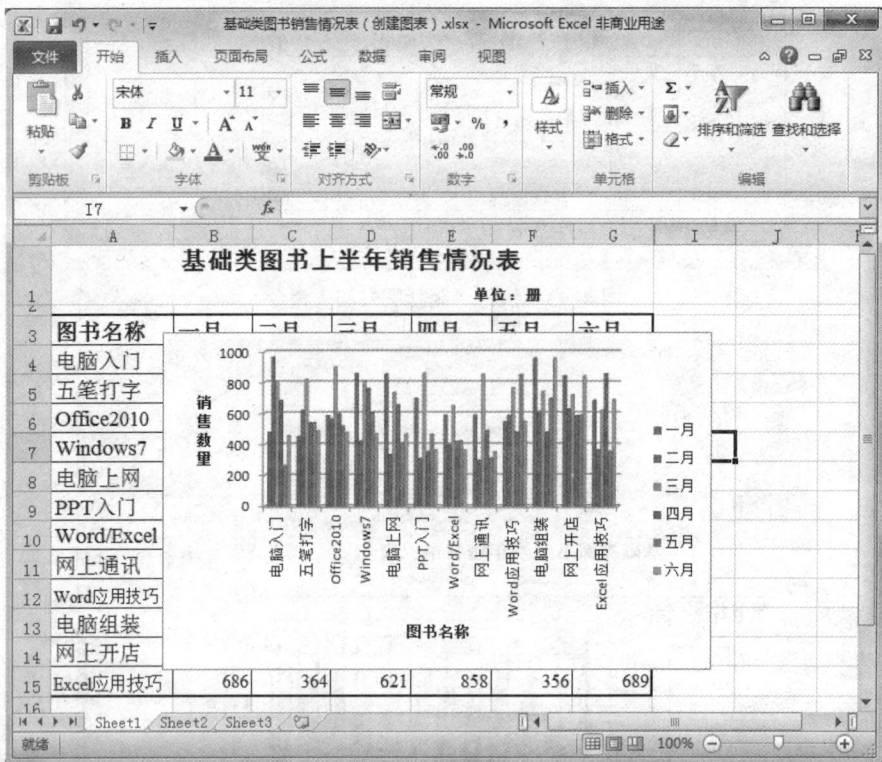

图 4–45 为图表添加标题

步骤 2：设置图表格式

使用 Excel 2010 预设的图表样式可以快速美化图表。方法是在"图表样式"列表中选择预设的样式即可，如图 4–46 所示。

任务三 使用迷你图

迷你图是 Excel 2010 中的新增功能，它是工作表单元格中的一个微型图表，可以使数据得到直观表示。

例如，对于股票走势，可以添加走势图，方法是在表格中需要插入迷你图表的单元格中单击，然后单击"迷你图"工具组中的"折线图"按钮，如图 4–47 所示。

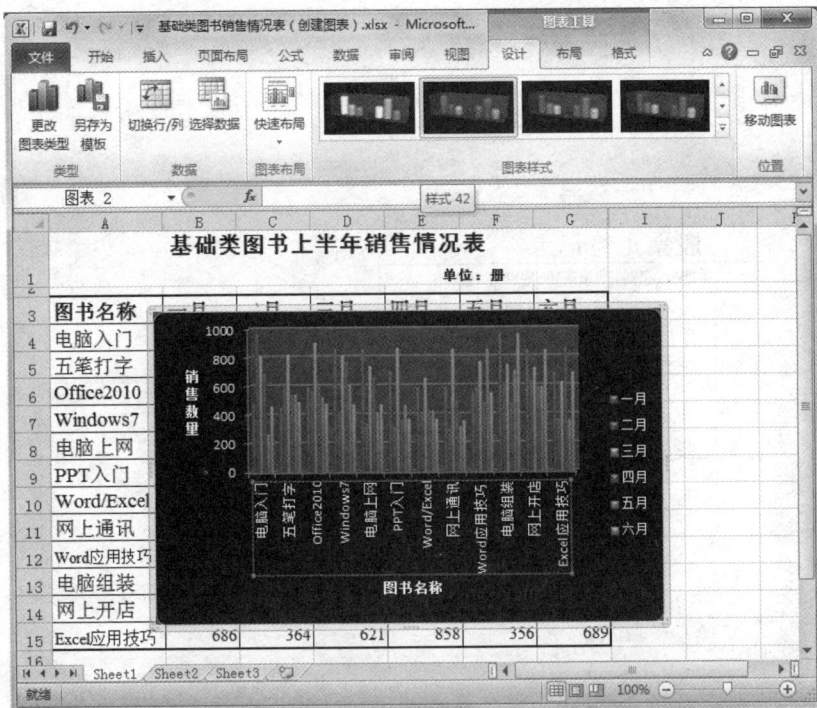

图 4-46　设置图表样式

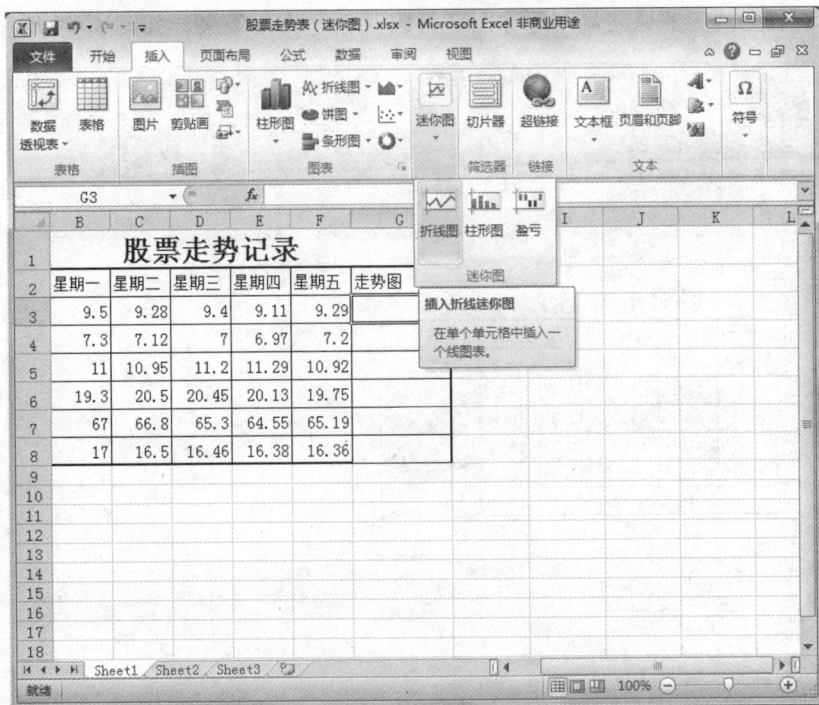

图 4-47　执行插入"折线图"命令

弹出"创建迷你图"对话框，拖动鼠标在工作表中选择迷你图数据区域，如图 4-48 所示。
单击"确定"按钮即可插入迷你图。

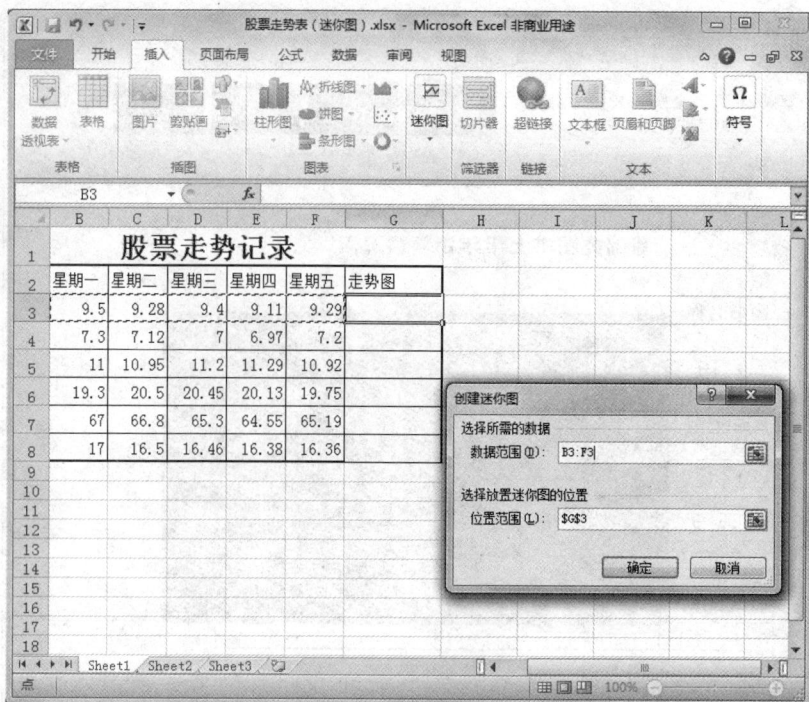

图 4-48　选择数据区域

拖动自动填充柄向下拖动复制迷你图，得出其他迷你图效果，如图 4-49 所示。

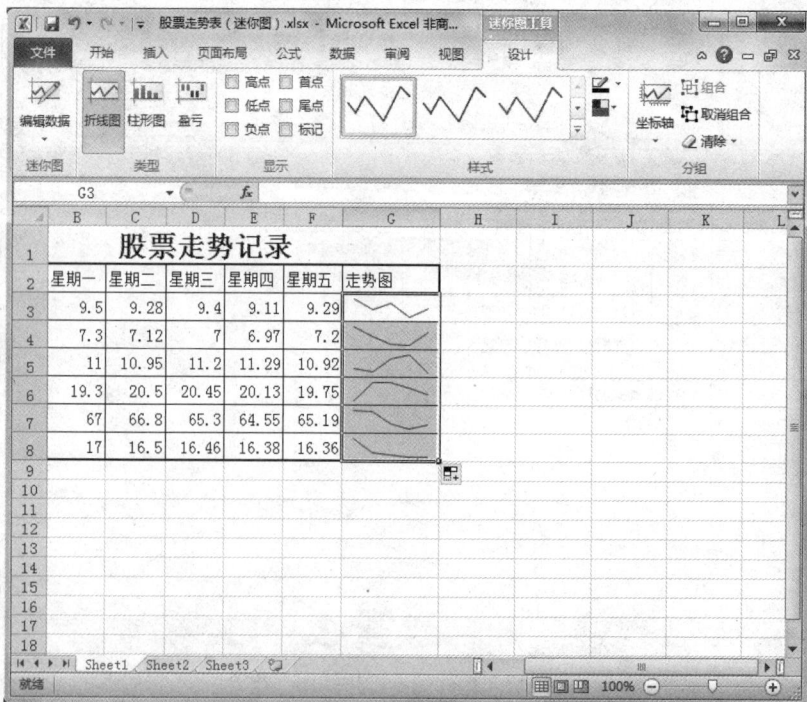

图 4-49　插入迷你图效果

模块 5 演示文稿软件——PowerPoint 2010

PowerPoint 2010 和 Word、Excel 等应用软件一样，都是 Microsoft 公司推出的 Office 系列产品之一。它主要用于演示文稿的创建，即幻灯片的制作。

PowerPoint 2010 能够制作出集文字、图形、图像、声音以及视频剪辑等多媒体元素于一体的演示文稿，把自己所要表达的信息组织在一组图文并茂的画面中。如运用于介绍公司的产品、展示自己的学术成果、教学授课等。用户不仅在投影仪或者计算机上进行演示，也可以将演示文稿打印出来，制作成胶片，以便应用到更广泛的领域中。本章主要介绍演示文稿的基本操作、演示文稿的编辑、演示文稿的美化、演示文稿的应用等。

项目一 演示文稿的基本操作——设计教案首页

任务一 新建、保存演示文稿

任务描述

（1）创建一个新演示文稿，输入文本，包括教案课程名称和主讲者姓名。

（2）使用自拍照片作为幻灯片背景。

（3）为标题设定动画效果。

最终效果如图 5-1 所示。

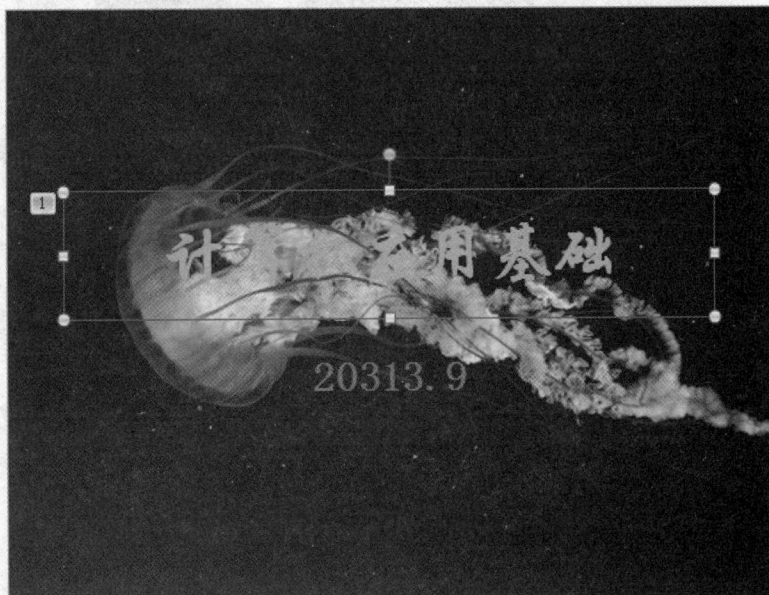

图 5-1 首页幻灯片

步骤1：输入并设置文本

（1）在 PowerPoint 2010 编辑窗口中，单击标题文本框，输入教案课程名称"计算机应用基础"。

（2）单击副标题文本框输入时间"2013.9"。

（3）将主标题文本设置成华文行楷、60磅、加粗、黄色（其中"应用"两字为红色）；副标题文本设置成宋体、40磅、加粗、蓝色（设置方法和 Word 完全一样）。

步骤2：设置背景

（1）右击幻灯片，在弹出的快捷菜单中选择"设置背景格式"命令，在弹出的"设置背景格式"对话框中选择"图片或纹理填充"单选按钮，然后单击"文件"按钮，如图5-2所示。

（2）弹出"插入图片"对话框，选择合适的图片，效果如图5-3所示。

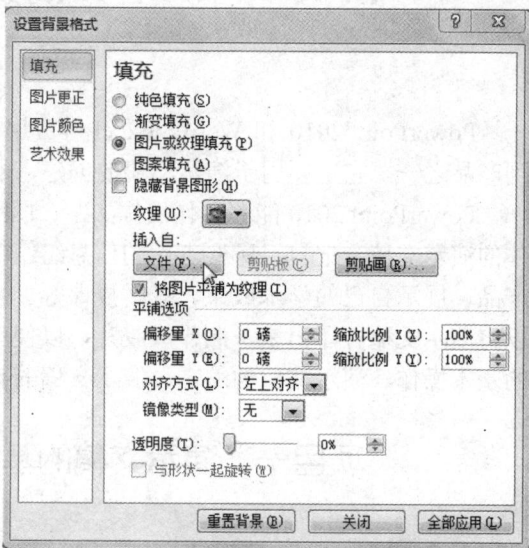

图5-2　"设置背景格式"对话框

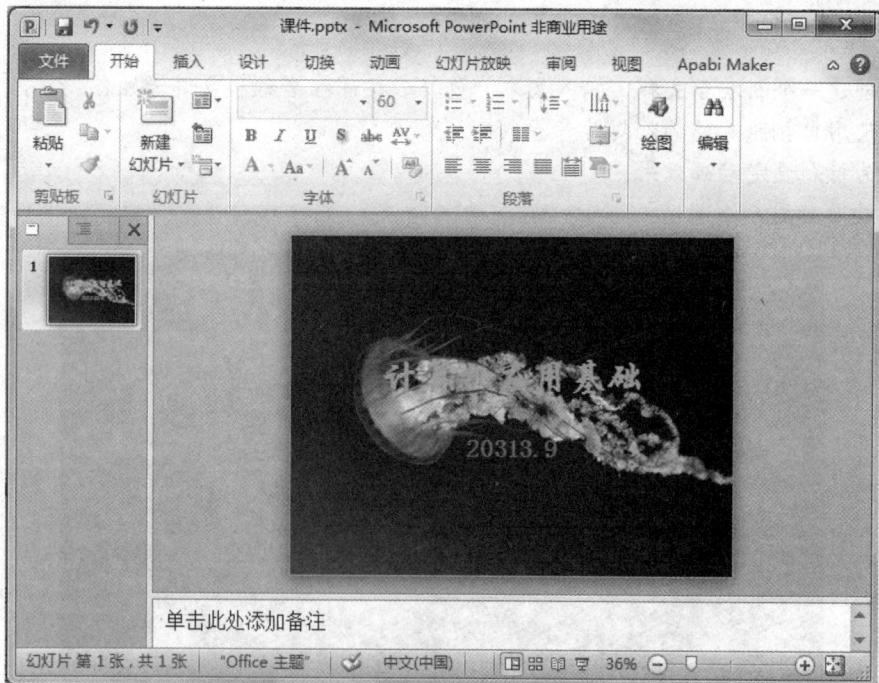

图5-3　设置背景后效果

步骤3：设置自定义动画

用户通过选择幻灯片中的对象，再选择一种预设的动画效果，可以为当前选择的对象添加相应的预设动画效果。

　　选中幻灯片中标题，单击菜单栏"动画"按钮，并在选项卡中"动画"工具组中动画样式列表中的选项中选择"翻转式由远及近"即可为标题设定动画，如图5-4所示。

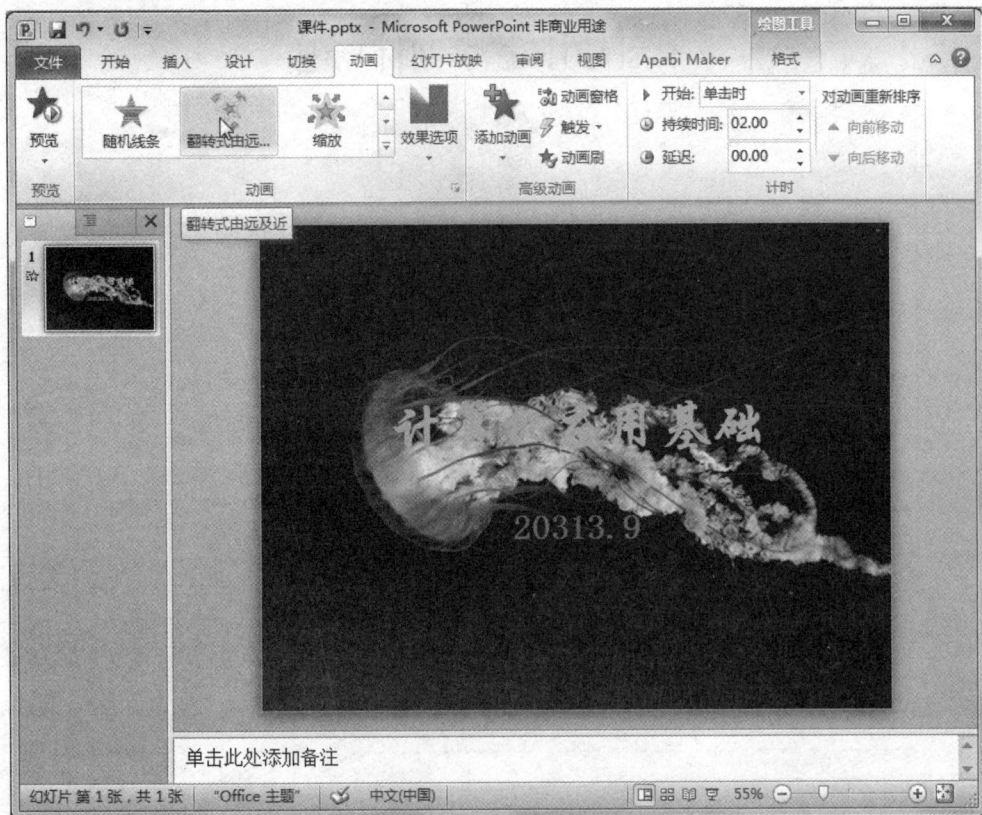

图5-4　设定动画效果

知识链接

　　当幻灯片中的对象被添加了动画效果后，在每个对象左侧会显示一个带有数字的矩形标记，表示已经对该对象添加了动画效果，中间的数字表示该动画在当前幻灯片中的播放顺序。为幻灯片的对象添加动画效果之后，"自定义动画"任务窗格中的列表框会按照添加的顺序依次向下显示当前幻灯片添加的所有动画效果。将鼠标指针移动到该动画上方时，系统会提示该动画效果的主要属性，如动画的开始方式、动画效果名称及被添加对象的名称等信息。

任务二　制作包含图形、动画的电子教案页

任务描述

　　（1）插入一张新幻灯片。
　　（2）插入 Smart Art 图形。
　　（3）添加艺术字。

（4）设定某对象的动画效果。

效果如图 5-5 所示。

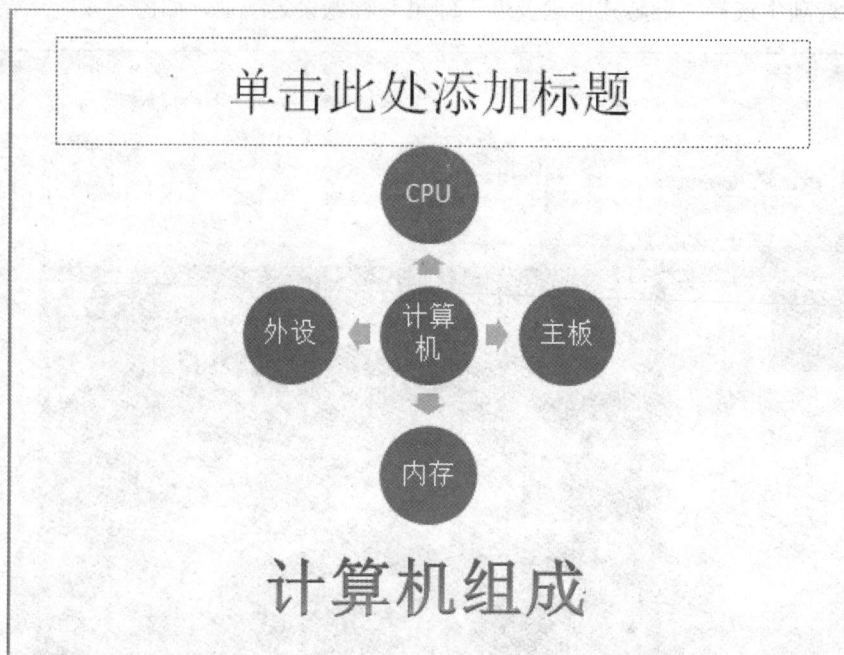

图 5-5　第二张幻灯片

（5）插入新幻灯片，在幻灯片中插入文本、图形、图片、艺术字，效果如图 5-6 所示。

图 5-6　第三张幻灯片

步骤 1：添加新幻灯片

单击要插入新幻灯片的位置，单击"新建幻灯片"按钮，如图 5-7 所示，即可插入一个新的幻灯片。

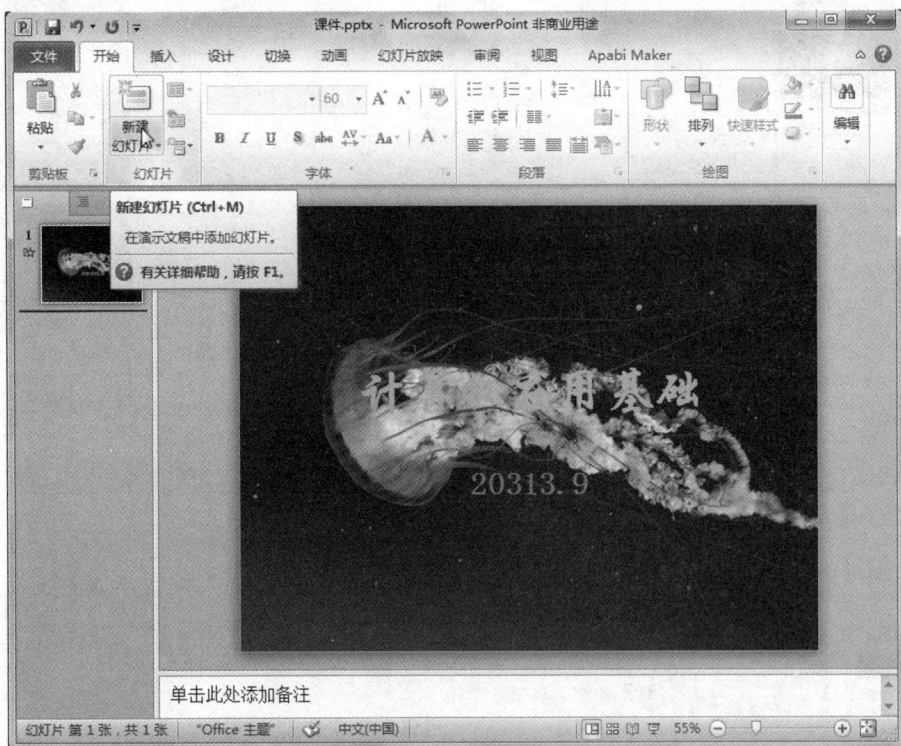

图 5-7 新建幻灯片命令

知识链接

在"幻灯片"窗格中选择某张幻灯片后，按 Enter 键或 Ctrl+M 快捷键也可以在当前幻灯片的下方添加与上一张幻灯片版式相同的新幻灯片。

步骤 2：选择幻灯片版式

版式用于定义幻灯片上待显示内容的位置信息和组成部分。在上面的操作中，单击"新建幻灯片"按钮后，会插入与选择的幻灯片版式相同的空白幻灯片，如果要插入其他版式的幻灯片，则需要单击该按钮下方的下拉按钮，在弹出的版式列表中选择需要的版式即可。

要更改幻灯片版式，方法是单击"版式"工具组中的"版式"命令，在弹出的版式列表中选择需要的版式即可，如图 5-8 所示。

步骤 3：插入 SmartArt 图形

SmartArt 图形是信息和观点的直观表示形式，它包括图形列表、流程图以及更为复杂的图形（如关系组织结构图）等。

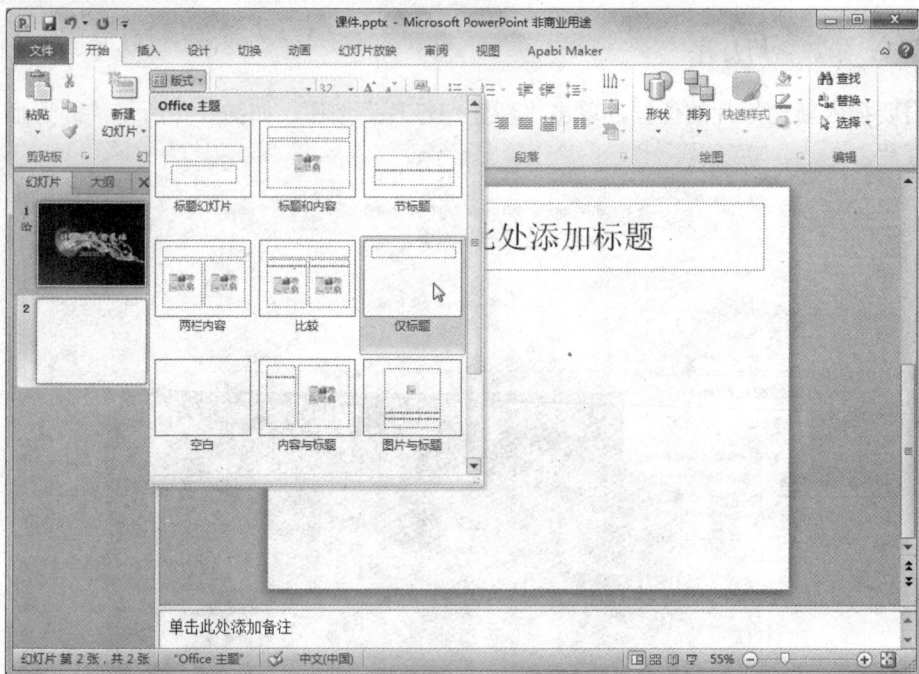

图 5-8 设置幻灯片版式

切换到"插入"选项卡，单击"插入"工具组中的"SmartArt"按钮，如图 5-9 所示。

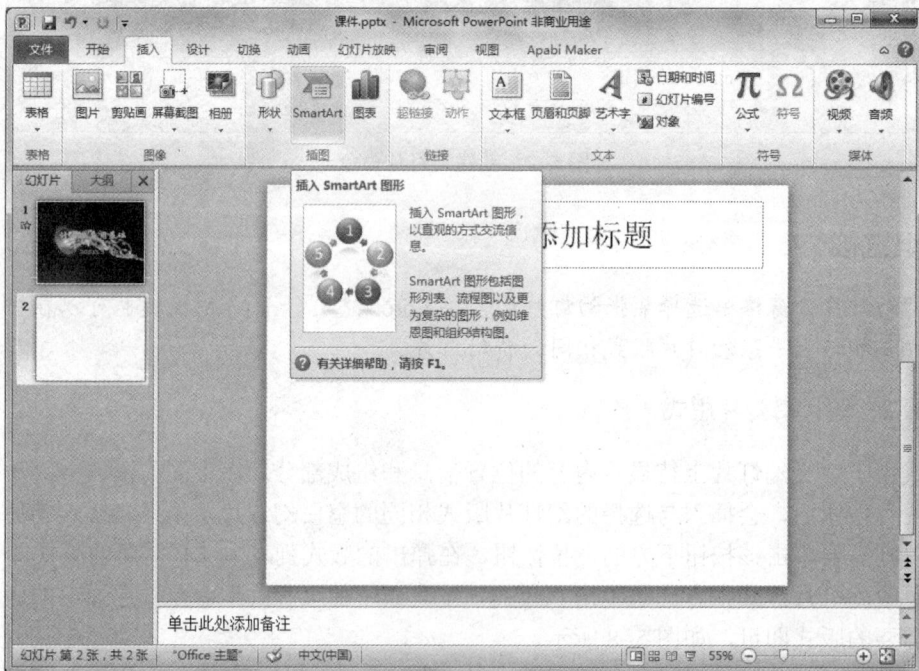

图 5-9 执行插入 SmartArt 图形命令

在弹出相应的对话框中选择所需的图形样式，如图 5-10 所示。输入 SmartArt 图形中的文字即可。

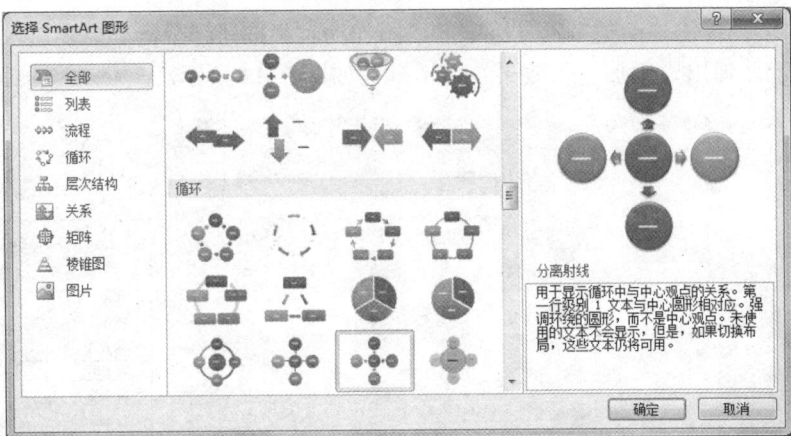

图 5-10　选择 SmartArt 图形

步骤 4：添加艺术字

艺术字是一种特殊的图形文字，常用来表现幻灯片的标题文字。

单击"文本"工具组中的"艺术字"按钮，单击列表中要插入的艺术字样式，如图 5-11 所示。输入文字，然后将其放置在合适的位置即可。

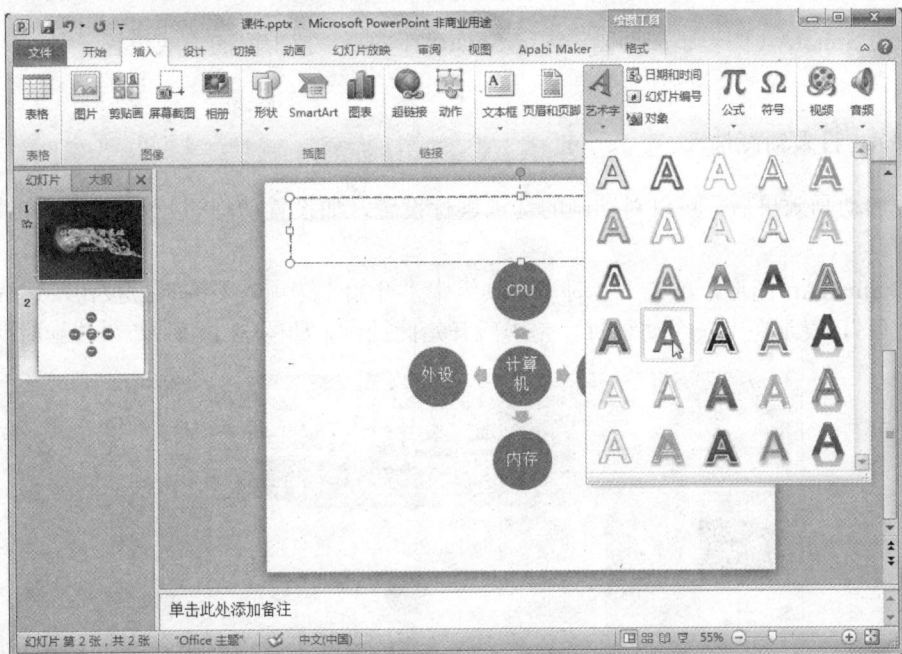

图 5-11　执行插入艺术字命令

步骤 5：设置动画效果

（1）为艺术字添加动画。在任务一中，我们学习了快速为所选对象添加动画的方法，但通过此方法用户不能按照自己的创意进行更多的设置。PowerPoint 2010 中的"自定义动画"功能可以为演示文稿中的所有对象，包括文字、图片、图形、图表等实现动画效果。

选定艺术字，单击"动画"工具组中的"添加动画"按钮，单击"更多进入效果"命令，如图 5-12 所示，弹出"添加进入效果"对话框，如图 5-13 所示。

图 5-12 执行"更多进入效果"命令 　图 5-13 选择进入方式

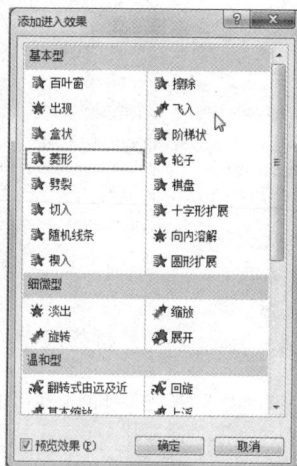

（2）为 SmartArt 图形添加动画：选定 SmartArt 图形，按上面的方式设置一种进入的动画效果即可。

步骤 6：设置动画选项

在添加动画效果后，可以对动画的选项进行设置，如设置动画的开始方式、持续时间和延迟时间。

单击 SmartArt 图形，单击"计时"工具组中"开始"选项右侧的下拉按钮，选择"上一个动画之后"，表示在上一个动画执行完毕后开始此动画，如图 5-14 所示。"持续时间"为动

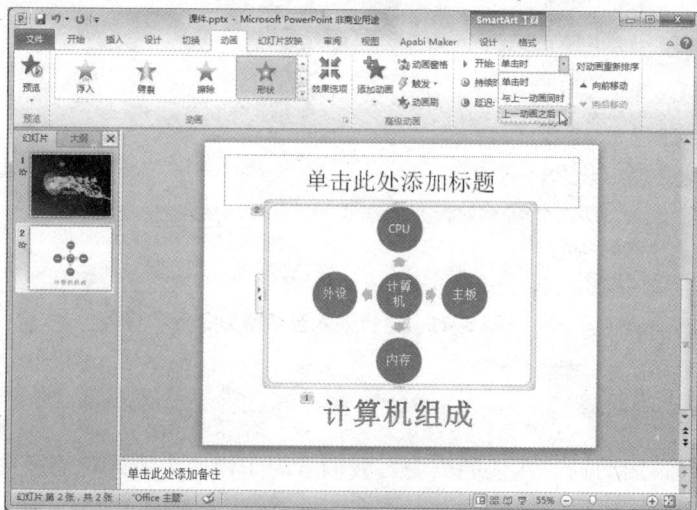

图 5-14 设置动画选项

画从开始到执行完毕的时间，"延迟"指接到执行该动画的指令到开始执行的时间。

知识链接

动画开始的三种方式为"单击时""与上一动画同时"和"上一动画之后"，它们的意思分别是："单击时"表示只有当单击鼠标左键时才执行该动画；"与上一动画同时"表示两个动画同时进行；"上一动画之后"表示上一动画结束马上执行该动画。

步骤 7：添加文本框

单击"文本"工具组中的"文本框"按钮，单击列表中的"横排文本框"命令，如图 5-15 所示。

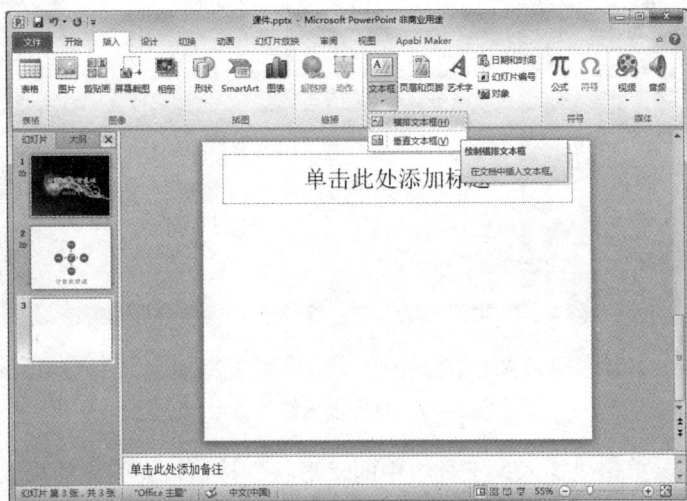

图 5-15　执行插入文本框命令

按住鼠标左键拖动绘制文本框。在绘制的文本框中输入文字，输入方法及文字格式的设置方法同在 Word 中输入文字及文字格式设置一样，效果如图 5-16 所示。

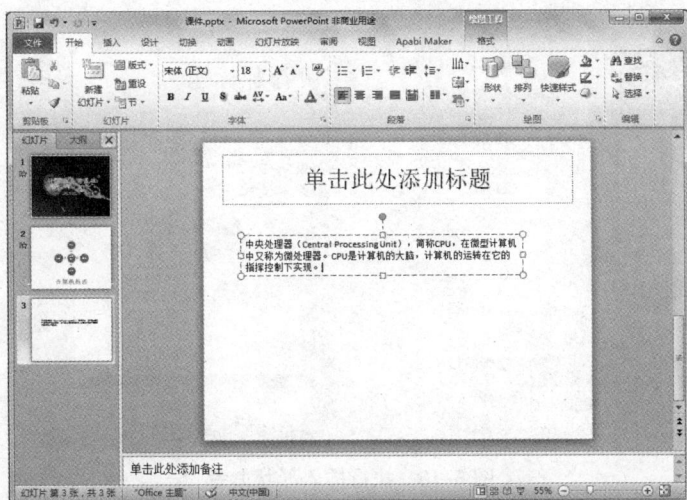

图 5-16　输入文字

步骤 8：插入图形和图片

（1）插入来自文件的图片：单击"插入"选项卡中"图像"工具组中的"图片"按钮，如图 5-17 所示，在弹出的"插入图片"对话框中选择图片即可，图片的设置方法同 Word 中设置图片格式的方法一致。

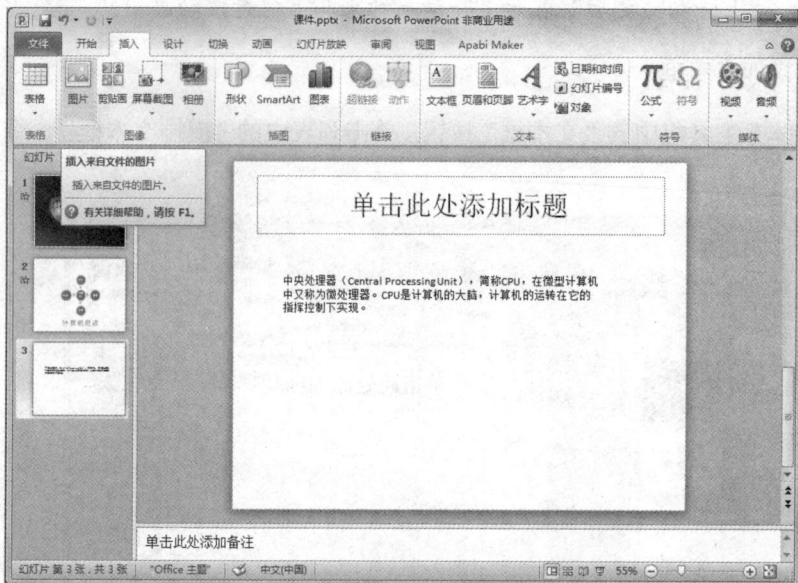

图 5-17 执行插入图片命令

（2）插入形状。单击"插入"工具组中的"形状"按钮，在弹出的列表中选择要插入的形状，如图 5-18 所示。拖动鼠标在幻灯片中绘制形状大小。

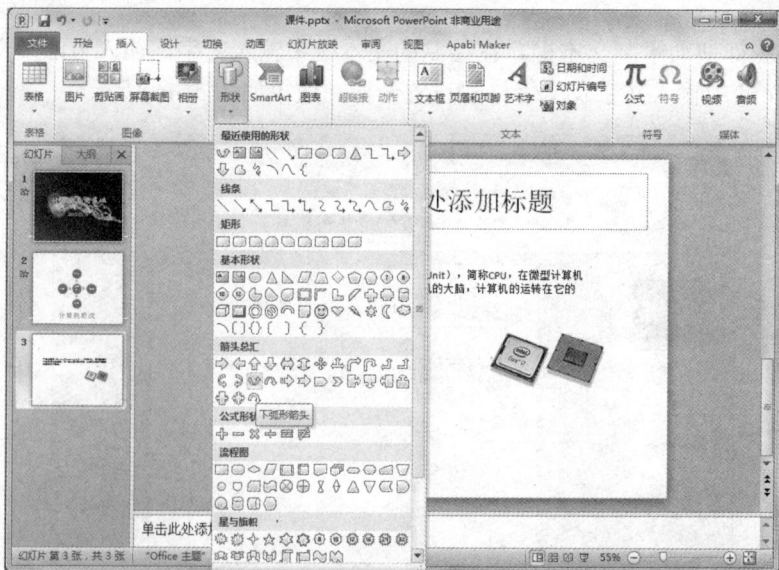

图 5-18 执行插入形状命令

（1）再在幻灯片中加入艺术字"CPU"，使幻灯片更加美观，即可得到所要幻灯片结果。

项目二　统一演示文稿的外观格式

任务一　设置幻灯片主题

任务描述

为所有幻灯片设置统一的主题。

打开"设计"选项卡，在"主题"列表框中可以看到许多主题样式。单击选择相应的主题即可，如图 5-19 所示。

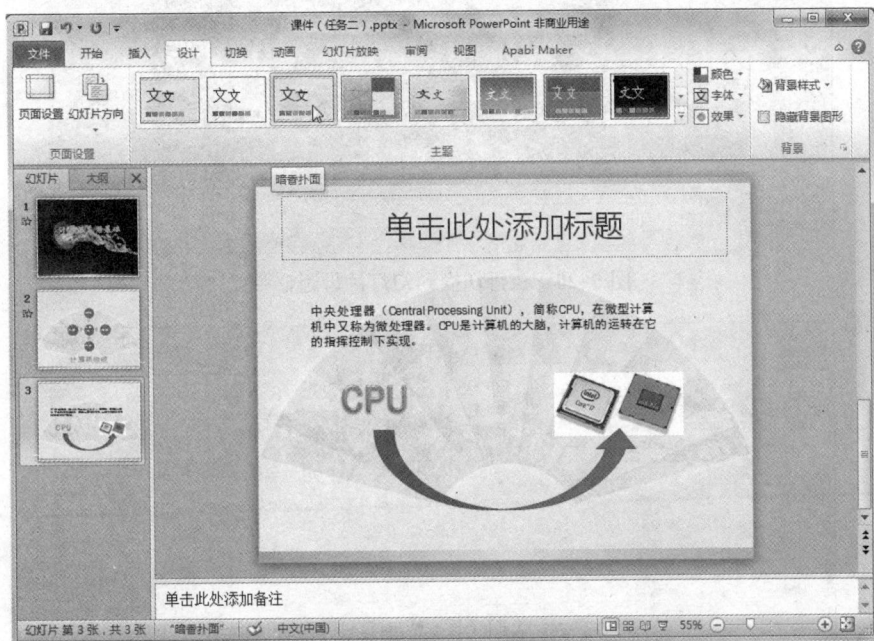

图 5-19　设置主题

知识链接

默认情况下，选择的主题会应用到所有幻灯片中，如果只需要将主题应用到当前幻灯片中，则需要在选择的主题上右击，在弹出的快捷菜单中选择应用范围即可。

如果主题列表中没有满意的版式，用户可以将其他演示文稿中的主题应用于当前演示文稿，方法是打开其他演示文稿，在"设计"选项卡的"主题"样式列表中单击"保存当前主题"命令，然后按上述方法题即可。

任务二　设计幻灯片母版

任务描述

为除首页幻灯片外的其他幻灯片加上徽标。

（1）在"视图"面板的"母版视图"工具组中，单击"幻灯片母版"按钮，如图 5-20 所示，切换到幻灯片母版视图，如图 5-21 所示。

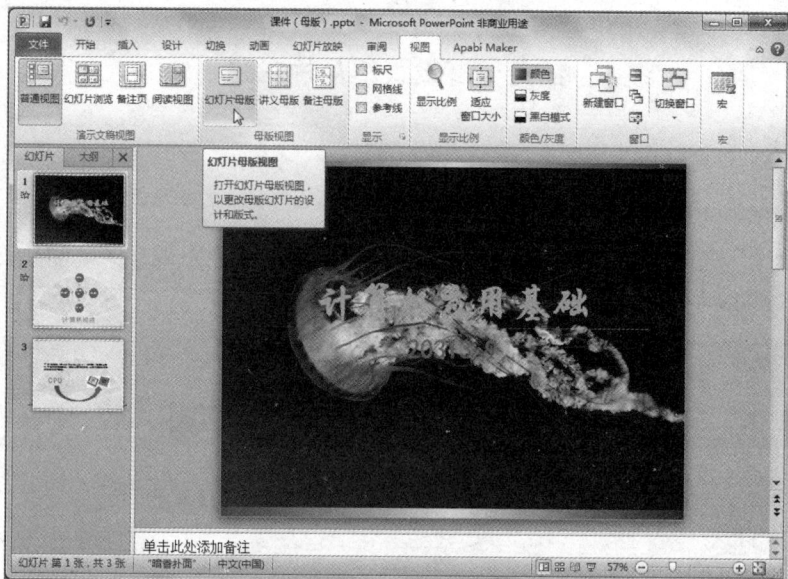

图 5-20　执行切换到幻灯片母版命令

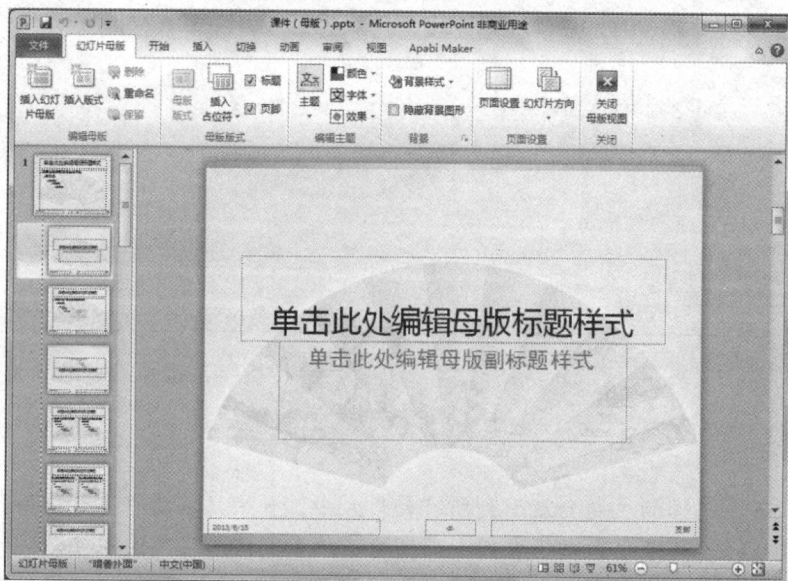

图 5-21　幻灯片母版视图

（2）找到幻灯片所应用的版式，然后单击"插入"面板的"图像"选项组中的"图片"命令，插入作为徽标的图片。这样，所有应用该版式的幻灯片都将插入该图片。

■■ 知识链接

幻灯片母版相当于一种模板，能够存储幻灯片的所有信息，包括文本和对象在幻灯片上的放置位置、文本和对象的大小、文本样式、背景、颜色、主题、效果和动画等。在 PowerPoint 2010

中，默认自带了一个幻灯片母版，其中包含了 11 个幻灯片版式。一个演示文稿中可以包含多个幻灯片母版，每个母版下又包含 11 个版式。

在幻灯片母版视图下，可以看到所有可以输入内容的区域，如标题占位符、副标题占位符以及母版下方的页脚占位符。这些占位符的位置及属性，决定了应用该母版的幻灯片的外观属性，当改变了这些占位符的位置、大小以及其中的外观属性后，所有应用该母版的幻灯片的属性也将随之改变。通常可以使用幻灯片母版进行如下操作：

（1）设置字体或项目符号。

（2）插入要显示在多个幻灯片上的艺术图片（如徽标）。

（3）更改占位符的位置、大小和格式。

（4）设置统一的背景样式。

项目三 演示文稿的应用

任务一 放映演示文稿

任务描述

（1）将演示文稿中的幻灯片切换方式设置为"涟漪"，并设置应用到幻灯片文稿中的所有幻灯片。

（2）设置幻灯片的放映方式为全屏幕、循环放映。

（3）设置自动换页。

步骤 1：为幻灯片添加切换动画

（1）单击"切换"选项卡，单击"切换到此幻灯片"工具组样式列表中的切换方式，如图 5-22 所示。

图 5-22 设置切换方式为"涟漪"

（2）单击"计时"工具组中的"全部应用"，将此切换方式应用到所有幻灯片。

知识链接

如果不单击"全部应用"按钮，设置的是当前的单张幻灯片的切换方式。设置了幻灯片切换方式后，幻灯片的标记下方会显示动画标记。在同一个演示文稿中，可以为多张幻灯片设置不同的切换方式，但要尽量避免超过 3 种幻灯片切换方式。

在"切换到此幻灯片"工具组中，还可以对幻灯片的切换方式进行更多设置。例如，单击"效果选项"按钮，可设置切换方式的选项，如方向等。

步骤 2：设置幻灯片的放映方式

单击"幻灯片放映"选项卡的"设置"工具组中的"设置幻灯片放映"按钮，在弹出的对话框中设置放映方式即可，如图 5-23 所示。

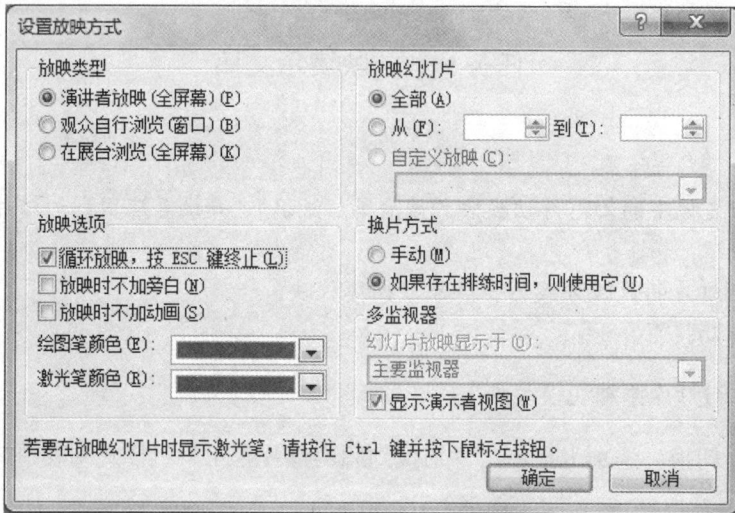

图 5-23　设置幻灯片放映方式

知识链接

"演讲者放映（全屏幕）"放映方式是指在现场观众面前放映演示文稿；"观众自行浏览（窗口）"放映方式是指让观众能够在电脑上通过硬盘驱动器或 CD，或者在互联网上查看演示文稿；若要在展台放映演示文稿，则应选择"在展台浏览（全屏幕）"放映方式。在"放映幻灯片"下方可以设置放映范围；在"换片方式"下方可以设置幻灯片的放映方式。

步骤 3：排练计时

单击"幻灯片放映"选项卡中的"设置"工具组中的"排练计时"按钮，如图 5-24 所示。开始放映幻灯片，并自动开始为所有幻灯片和每张幻灯片计时。

幻灯片放映完毕，弹出一个确认对话框，确认是否保留新的幻灯片排练时间，单击"是"按钮。切换到幻灯片浏览视图，幻灯片下方显示排练计时时间，如图 5-25 所示。

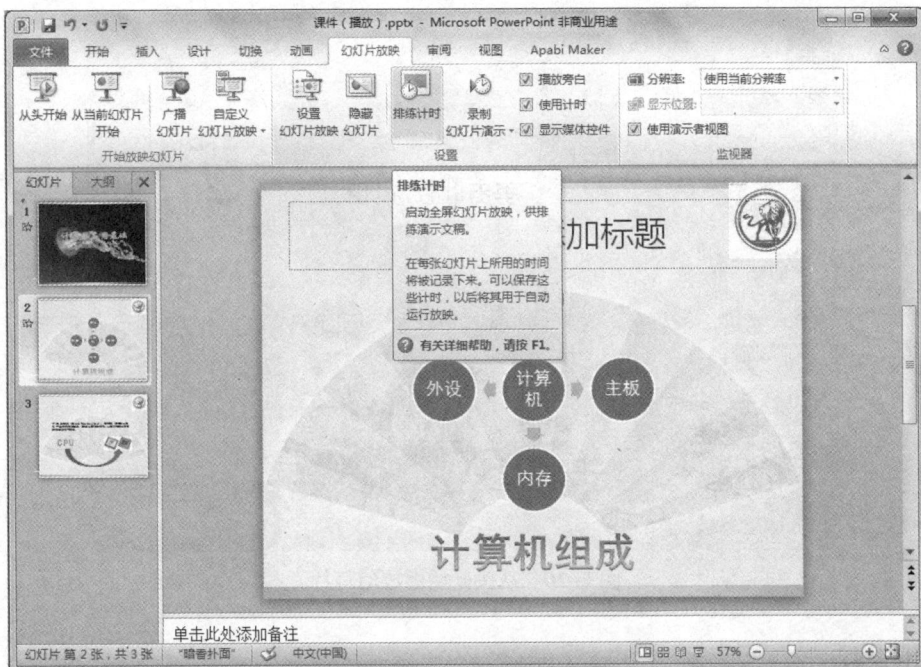

图 5-24　执行"排练计时"命令

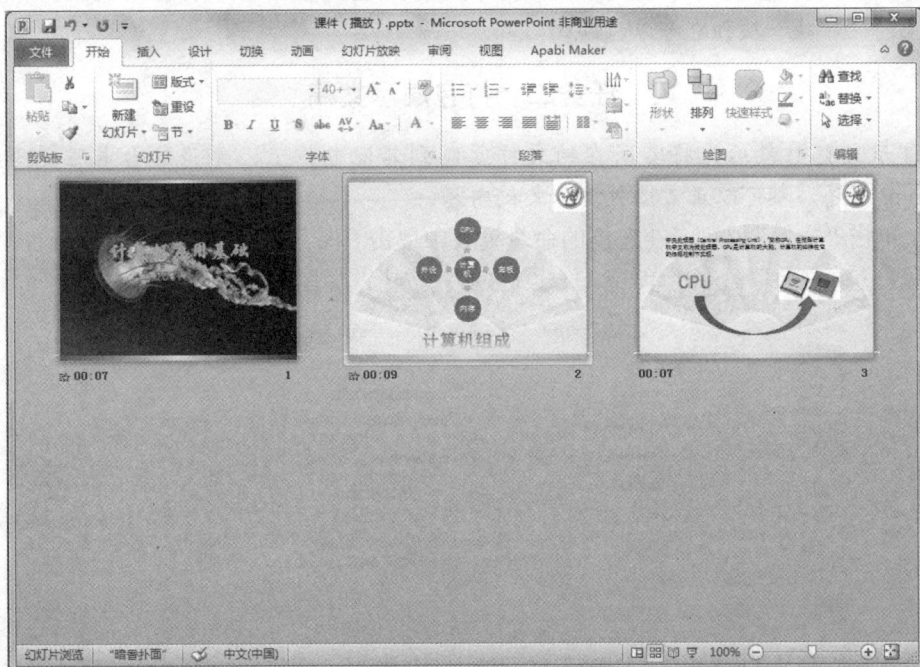

图 5-25　查看时间

步骤 4：放映演示文稿

单击"幻灯片放映"选项卡中"开始放映幻灯片"工具组中的"从头开始"按钮，即可从头开始放映演示文稿，如图 5-26 所示。

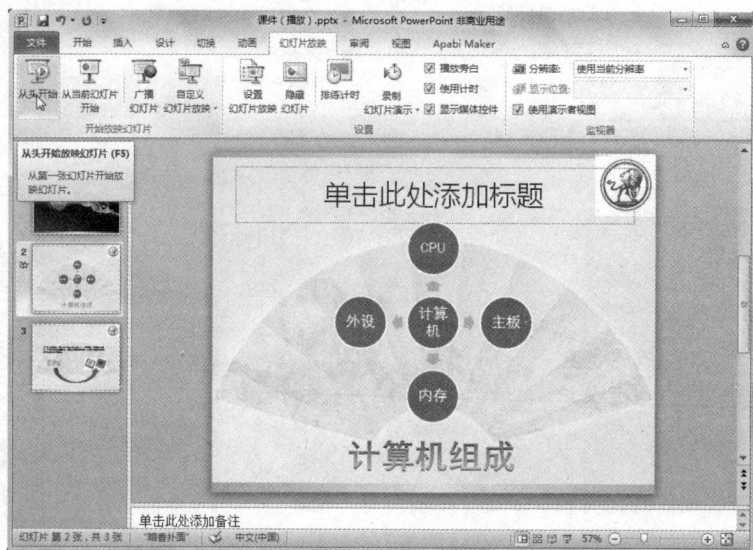

图 5-26 从头开始播放幻灯片

知识链接

按 F5 键可从头播放幻灯片,按 Ctrl+F5 键可以设置从当前幻灯片处开始放映。单击视图控制区上的"放映"按钮也可以放映幻灯片。

任务二 打包演示文稿

将演示文稿打包后,将其所在的文件复制到其他电脑上,无论这台电脑是否安装了PowerPoint 程序,都可以正常播放演示文稿内容。

(1)单击"文件"按钮,在左侧的命令列表中单击"保存并发送"命令,单击右侧的"将演示文稿打包成 CD"命令,单击"打包成 CD"按钮,如图 5-27 所示。

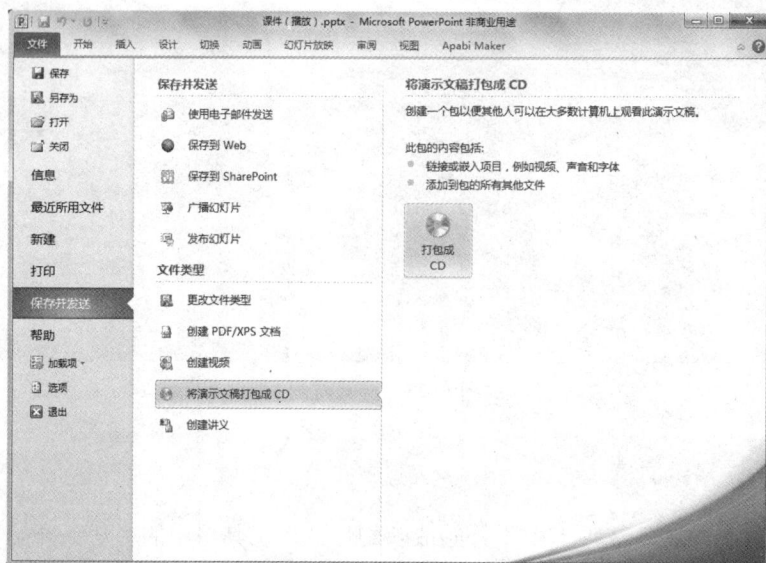

图 5-27 执行"打包成 CD"命令

（2）在弹出的对话框中输入打包成 CD 后的文件夹的名称，单击"复制到文件夹"按钮，如图 5-28 所示。

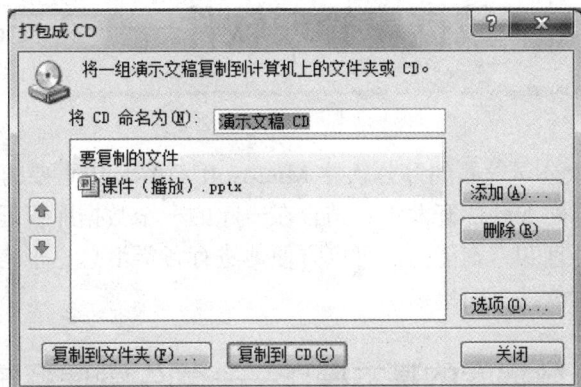

图 5-28　命名文件夹

（3）在弹出的"复制到文件夹"对话框中设置幻灯片文件夹的保存位置，单击"确定"按钮即可，如图 5-29 所示。

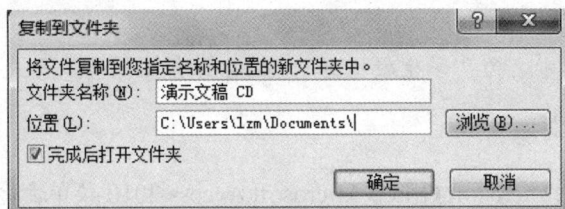

图 5-29　设置保存位置

模块6 数据库管理软件——Access 2010

Access 软件是微软公司发布的办公软件 Microsoft Office 中重要的组件之一,是微软把数据库引擎的图形用户界面和软件开发工具结合在一起的一个数据库管理系统。Access 具有强大的统计分析、数据处理和查询能力,可以方便地进行各类汇总、平均等统计;Access 还可以用来开发数据库应用软件,简单易学。

项目一 数据库的基本操作——学生管理系统数据库

任务一 创建数据库

任务描述

创建数据库,将其命名为"学生数据库",此后所有操作均基于此数据库。

步骤1:创建空数据库

(1)执行"开始"|Microsoft Office| Microsoft Access 2010 菜单命令,打开 Access 2010。单击"空数据库"图标按钮,在右侧"文件名"文本框中默认的文件名为 Database1.accdb,这里将其更改为"学生数据库.accdb",如图 6–1 所示。

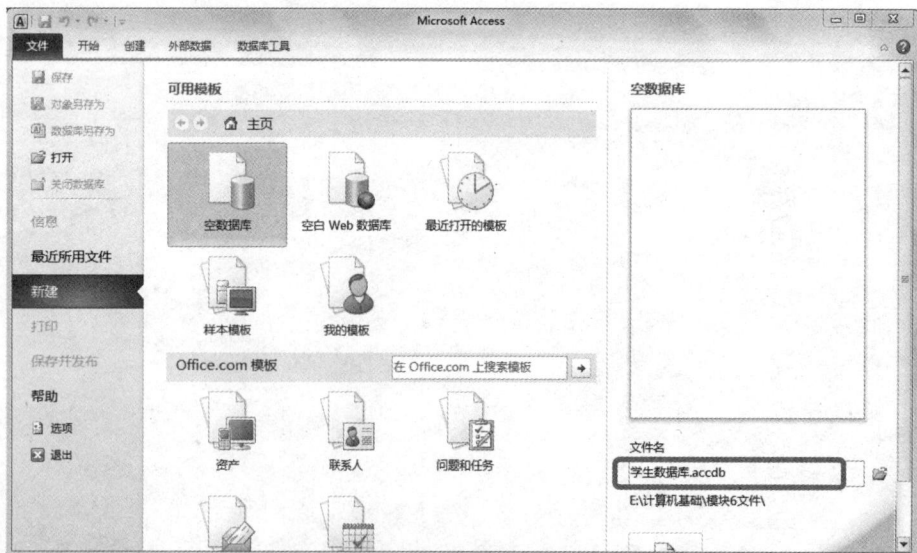

图6–1 为数据命名

(2)默认情况下,库文件将保存在文档文件夹中,若要更改文件的默认位置,单击文本框旁边的"浏览"按钮，通过浏览找到新位置来存放数据库，再单击"创建"按钮即可。

（3）单击"创建"按钮后，在数据库视图中打开默认名为"表 1"的空数据表，且鼠标聚焦在"单击以添加"列中的第一个空单元格中，如图 6-2 所示。

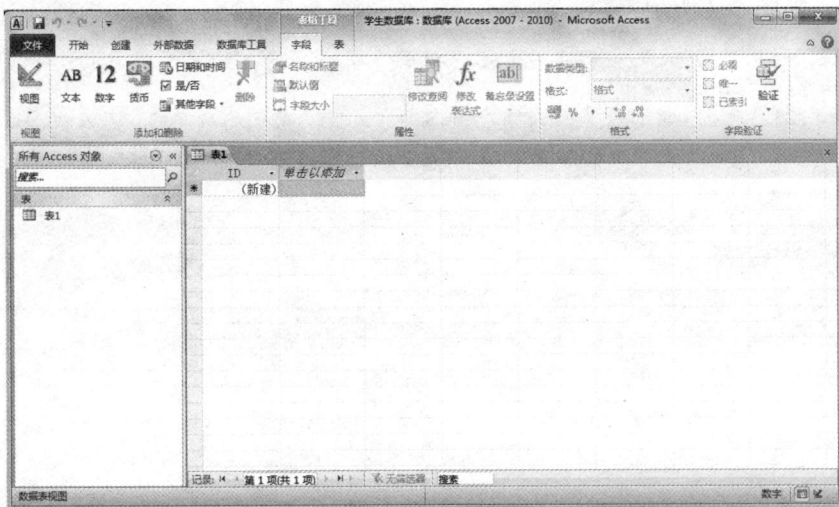

图 6-2 新建数据库

开始添加数据表字段名称，添加主键和记录等数据内容，表的创建过程见任务二。

步骤 2：使用模板创建数据库

（1）执行"开始"|Microsoft Office| Microsoft Access 2010 菜单命令，打开 Access 2010，在"Office.com 模板"的搜索框中输入"学生"，在 Office.com 上搜索学生相关的模板，搜索结果如图 6-3 所示。

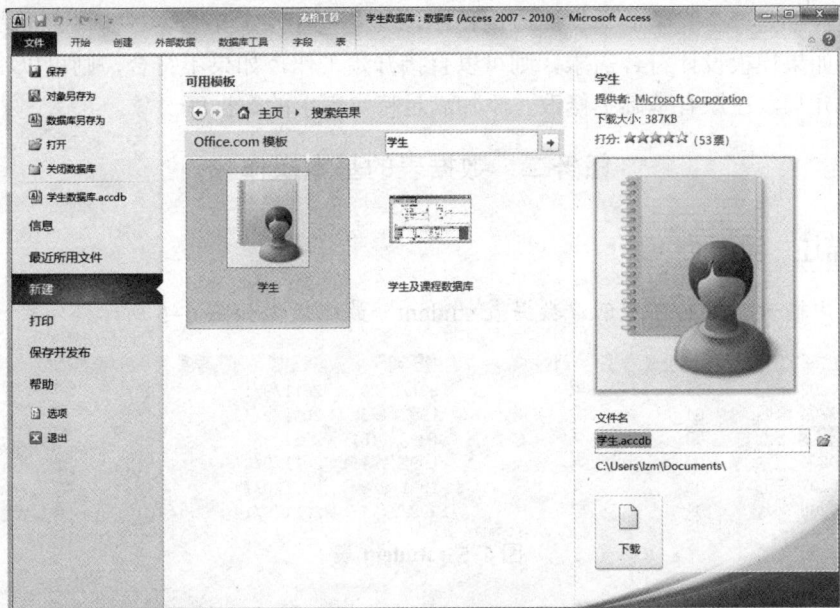

图 6-3 搜索模板

（2）单击"学生"模板，Access 将在"文件名"文本框中为数据库提供一个建议的文件名"学生.accdb"，同样可以为其更名和更改存储位置。

（3）单击"下载"按钮，可将该模板的数据库文件下载到本机上，然后自动在 Access 中将实例打开，如图 6-4 所示。

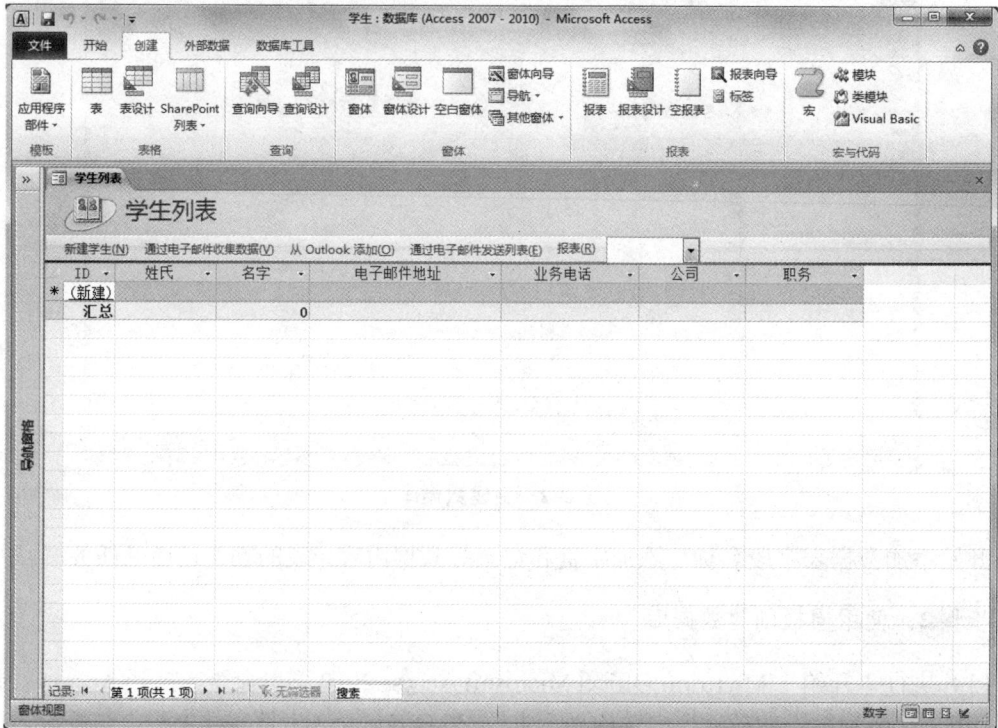

图 6-4　使用模板创建数据库

每个模板都是一个完整的数据库应用程序，其中包含预定义的表、窗体、报表、查询、宏和关系。如果模板设计符合需求，则可以直接开始工作，如果不符合，则可以将模板作为一个良好的开端，在原有基础上修改、添加满足特定需求的数据库对象。

任务二　数据表的基本操作

任务描述

（1）使用输入数据的办法创建数据表 student，最终数据如图 6-5 所示。

学号	姓名	专业编号	性别	出生日期	入学日期	入学成绩	是否团员	照片
20110203	张三	03	男	1991/5/20	2011/9/1	497	☐	itmap Image
20110204	李四	04	女	1992/4/3	2011/9/1	467	☑	itmap Image
20110205	王五	03	男	1992/7/6	2011/9/1	492	☐	itmap Image
20110206	赵六	05	男	1992/1/4	2011/9/1	505	☐	itmap Image
20110207	朱七	03	女	1991/8/8	2011/9/1	489	☑	itmap Image
20110208	刘八	04	男	1992/9/17	2011/9/1	510	☑	itmap Image

图 6-5　student 表

（2）使用设计视图创建数据表 tBorrow，最终数据如图 6-6 所示。

编号 ▾	学号 ▾	图书编号 ▾	管理员编号 ▾	借阅日期 ▾	到期日期 ▾	还书时间 ▾	罚款 ▾
1	20110203	T1001	1002	2013/1/3	2013/2/3	2013/3/1	¥5.20
2	20110204	T1002	1002	2013/1/3	2013/2/3	2013/2/3	¥0.00
3	20110205	T1003	1002	2013/3/2	2013/5/2	2013/5/8	¥1.20
4	20110206	T1004	1002	2013/3/10	2013/5/10	2013/6/10	¥6.20
5	20110205	T1001	1002	2013/3/2	2013/5/2	2013/5/8	¥1.20

图 6-6　tBorrow 表

步骤 1：输入数据创建表

（1）单击"创建"选项卡，再单击"表"，Access 在创建表的同时将光标置于"单击以添加"列中的第一个空单元格中，单击"单击以添加"单元格，可打开下拉列表框，从中选择字段类型，如图 6-7 所示，光标自动移动到下一个字段，字段名自动按照"字段 1"、"字段 2"……命名。数据类型使用依据如表 6-1 所示。

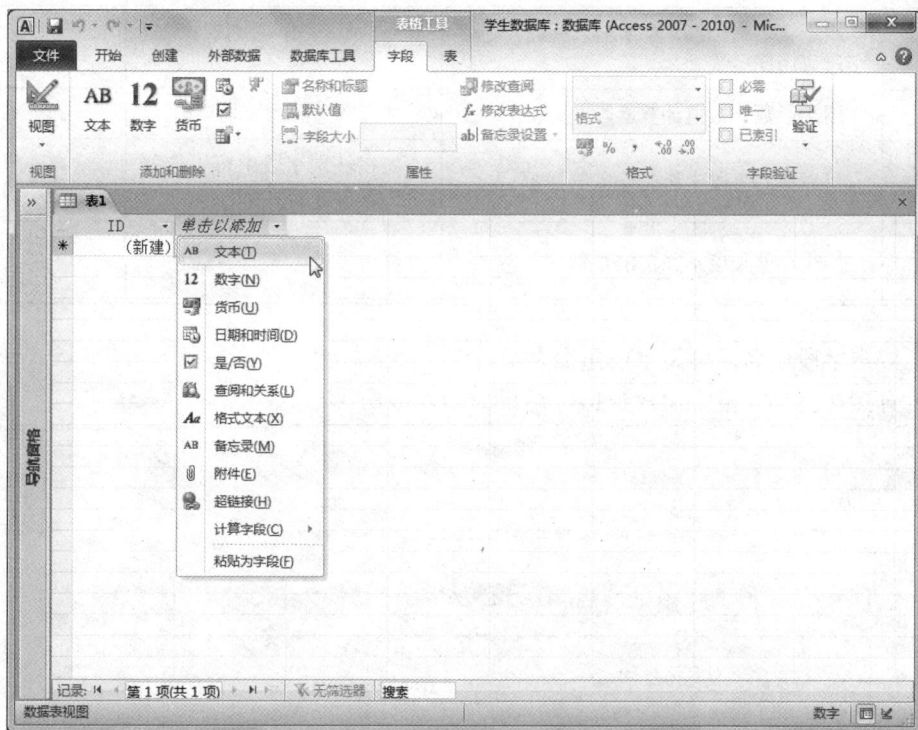

图 6-7　选择字段类型

表 6-1　数据类型设计依据

数据类型	说　　明	举　　例	存储空间
文本	用来存储文字数据，如字母、字符、汉字等	姓名、性别、电话号码等字符串	最长为 255 个字符
数字	用来存储需计算的数值数据，含字节、整型、长整型、单精度型、双精度型、同步复制 ID 与小数 7 种	成绩、年龄、工资等需要计算的数据	
日期/时间	用来存储日期和时间数据	出生日期、入学时间等	8 B

续表

数据类型	说　明	举　例	存储空间
货币	用来存储货币数字	工资、单价、汇款金额等，如￥1 000	8 B
自动编号	在添加纪录时自动插入唯一序号（每次递增1）或随机编号	自动添加，不需人工输入	4 B
是/否	代表两种值，是或否，真或假，开或关，1或0	为复选框，是则选取，否则不选取	4 B
OLE 对象	用来存放图片、声音、电子表格及二进制等各类型的数据文件（对象）	图片、声音、动画或 Excel 电子表格等	最大可为 1 GB
超链接	保存超链接的字段，超链接可以是某个 UNC 路径或 URL	如 http://www.163.com	最大可达 64 000 个字符
附件	用于窗体的标签，若未输入标题，则该字段可用作标签		
计算	用于函数、数值计算等	如工资总和、平均年龄	
查阅向导	可以在此字段中选择输入的数据	如在性别字段中可以选择事先设置好的男女	4 B
备注	用来存储长度不固定的数据	简历、说明等	最大可达 64 000 个字符

（2）双击字段命名，可为字段重命名。

（3）直接在空单元格中输入数据，结果如图6-8所示。

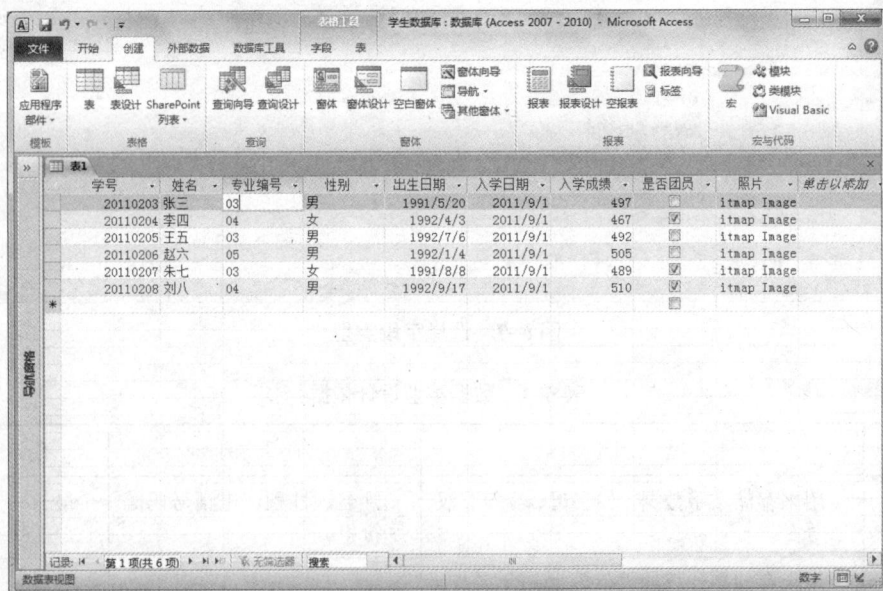

图6-8　表1样式

（4）"照片"字段为 OLE 对象类型，输入数据的方法是在字段中右击，在弹出的快捷菜单中选择"插入对象"命令，在打开的对话框中选中位图"Bitmap Image"选项，如图 6-9 所示，在自动打开的画图板对话框中单击"粘贴"下的"粘贴来源"，选择图片即可。

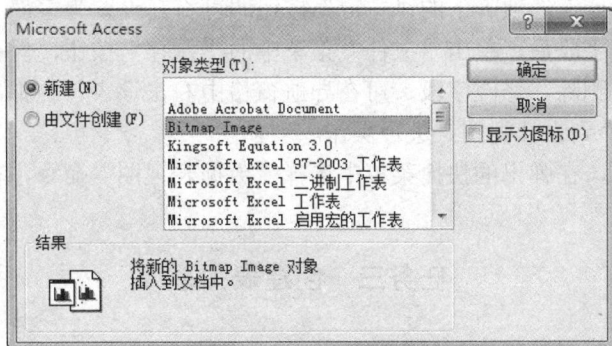

图 6-9 添加 OLE 对象数据

知识链接

输入数据创建表是指在空白数据表中添加字段和数据，此种方法无需提前定义字段即可创建表及使用表，仅需要在开始出现的新数据表中输入数据即可。Access 2010 会自动确定适合每个字段的最佳数据类型。如果需要更改新字段或现有字段的数据类型或显示格式，可单击功能区上"字段"选项卡中的命令，或右击字段名，在弹出的快捷菜单中选择"设计视图"命令进行更改。

步骤 2：使用表设计器创建表

（1）单击"创建"选项卡，再单击"表"，选择"表设计"或单击工具栏中的"表设计"按钮。

（2）对于表中的每个字段，在"字段名称"列表中输入名称，然后从"数据类型"列表中选择数据类型、字段大小、格式、输入掩码、添加索引等，如图 6-10 所示。

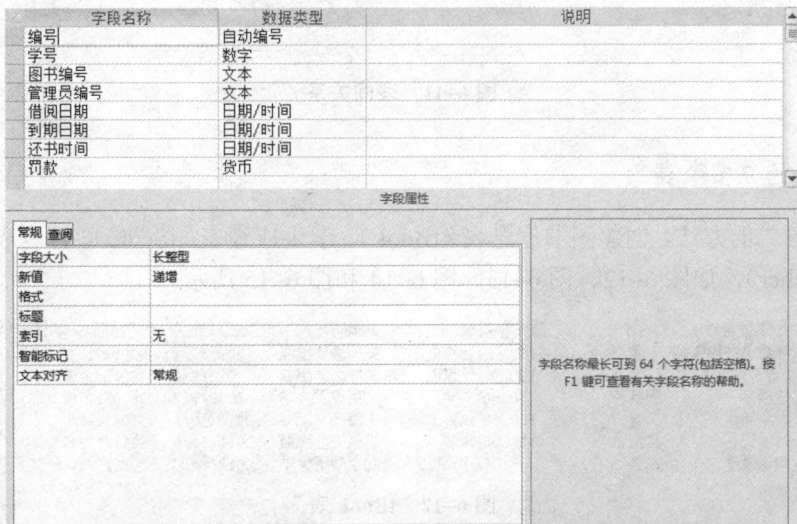

图 6-10 使用设计视图创建表

（3）添加主键：主键是数据库表中用来标志唯一实体的元素，一个表只能有一个主键，主键可以是一个字段，也可以由若干个字段组合而成，主键不能为空。该表中，选中"学号"字段，然后单击"设计"选项卡下的"主键"按钮即可将其设置为主键。

（4）添加完所有字段后，单击"文件"菜单中的"保存"按钮，保存该表。

（5）若要添加、删除、修改字段，可在导航窗格中右击该表，在弹出的快捷菜单中选择"设计视图"命令切换到设计视图，进行操作。

（6）右击该表名，在弹出的快捷菜单中选择"数据表视图"命令，在数据表视图中输入数据即可。

任务三　创建表关系

■ 任务描述

创建如图 6-11 所示的表间关系，注意参照完整性。

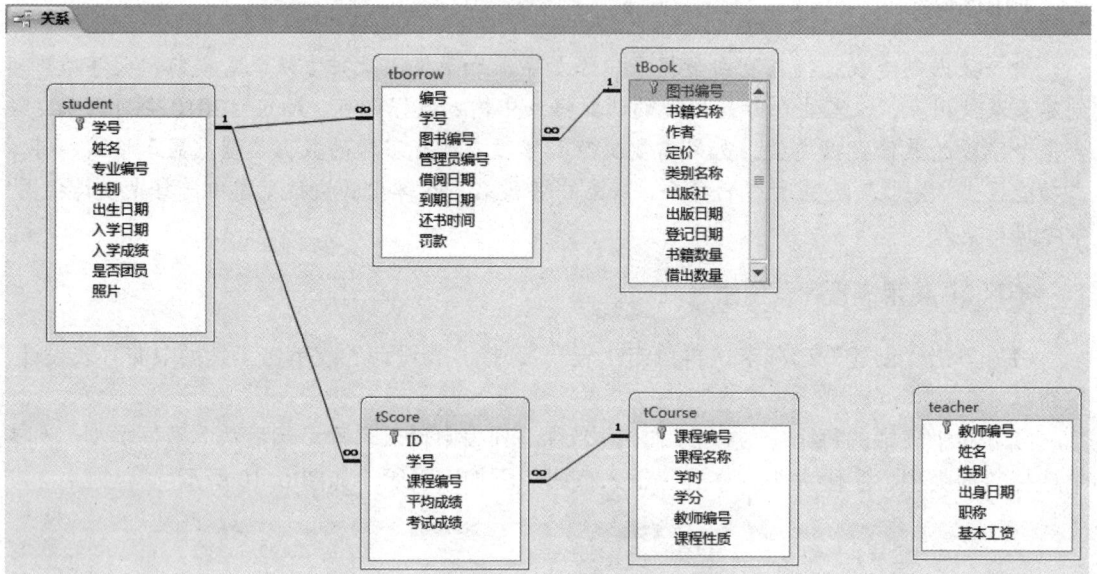

图 6-11　表间关系

步骤 1：建立多个表

依照任务二的方法，创建图书信息表（tBook）、学生成绩表（tScore）、课程表（tCourse）、教师表（teacher），如图 6-12、图 6-13、图 6-14 和图 6-15 所示。

图书编号	书籍名称	作者	定价	类别名称	出版社	出版日期	登记日期	书籍数量	借出数量
T1001	计算机应用基础	毛青山	¥39.00	计算机	高等教育出版	2012/8/1	2013/1/1	3	2
T1002	C语言程序基础	谭浩强	¥20.00	计算机	清华大学出版	2012/7/6	2012/9/5	3	1
T1003	红楼梦	曹雪芹	¥30.00	文学	北京理工大学	2009/9/7	2009/10/6	3	1
T1004	大学英语	艾青	¥29.00	语言	上海译文出版	2010/10/1	2010/11/20	3	1
T1005	西游记	吴承恩	¥30.00	文学	机械工业出版	2011/11/9	2011/12/1	3	0
T1006	编译原理	高强	¥35.00	计算机	北京理工大学	2012/8/20	2012/9/10	3	0

图 6-12　tBook 表

ID	学号	课程编号	平均成绩	考试成绩
1	20110203	C01	75	80
2	20110203	C02	75	70
3	20110204	C01	85	90
4	20110204	S02	85	80
5	20110205	C01	90	85
6	20110205	S02	90	95
7	20110206	C01	55	50
8	20110206	S01	55	60
9	20110207	C01	60	55
10	20110207	C02	60	75

图 6-13　tScore 表

课程编号	课程名称	学时	学分	教师编号	课程性质
C01	计算机应用基	48	2	tc01	选修课
C02	C语言程序设	48	3	tc02	选修课
S01	计算机原理	60	3	tc03	必修课
S02	编译原理	60	3	tc04	指定选修课

图 6-14　tCourse 表

教师编号	姓名	性别	出身日期	职称	基本工资
tc001	王利明	男	1980/1/7	讲师	¥6,583.00
tc002	陈辉	男	1975/5/23	副教授	¥7,916.00
tc003	吴敏之	女	1970/8/13	教授	¥8,094.00
tc004	刘江	男	1974/7/3	副教授	¥7,402.00

图 6-15　teacher 表

步骤 2：创建表关系

（1）单击"数据库工具"菜单，选择"关系"按钮，将需要建立关系的表添加到面板的空白处，如图 6-16 所示。

图 6-16　添加表

（2）用鼠标拖动 student 表中主键字段到 tBorrow 表中外键关键字，系统会自动弹出"编辑关系"对话框，如图 6-17 所示。将三个复选框全部选中，单击"创建"按钮，即可完成关系的创建。

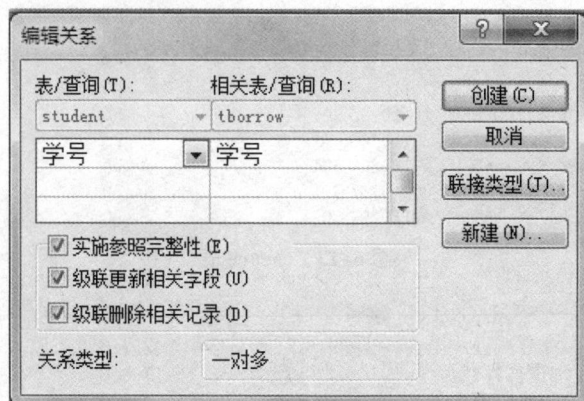

图 6-17 "编辑关系"对话框

依同样的办法创建几个表之间的关系，得出如图 6-11 所示的关系图。

项目二 数据的查询——查询物品信息

任务一 创建简单选择查询

任务描述

（1）图 6-18 是制作好的条件查询视图。其数据源选择了学生基本情况表 student、借阅表 tBorrow 和图书信息表 tBook。图 6-18 查询"图书类别"是"计算机"且价格大于 30 元的借阅信息。

图 6-18 查询结果

（2）创建交叉表查询，查询结果如图 6-19 所示。

图 6-19 交叉表查询

步骤 1：设置查询条件

（1）单击"创建"选项卡，再单击"查询设计"按钮，在打开的"显示表"对话框中双击选定数据来源的表，如图 6-20 所示。

（2）在表中双击，选定所需的字段，然后在"定价"下的"条件"中输入">30"，在"图书类别"中输入"计算机"，如图 6-21 所示。

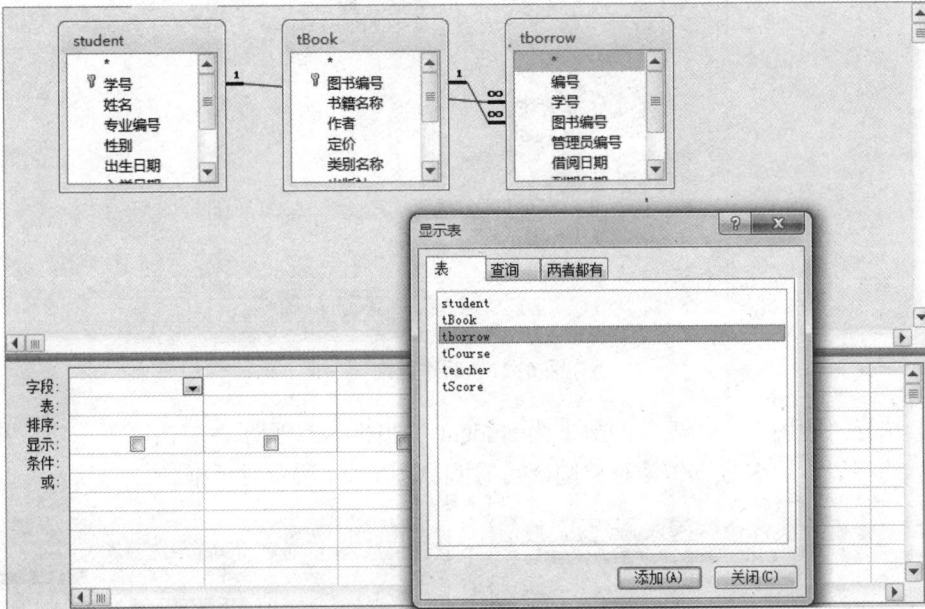

图 6-20　选择数据来源表

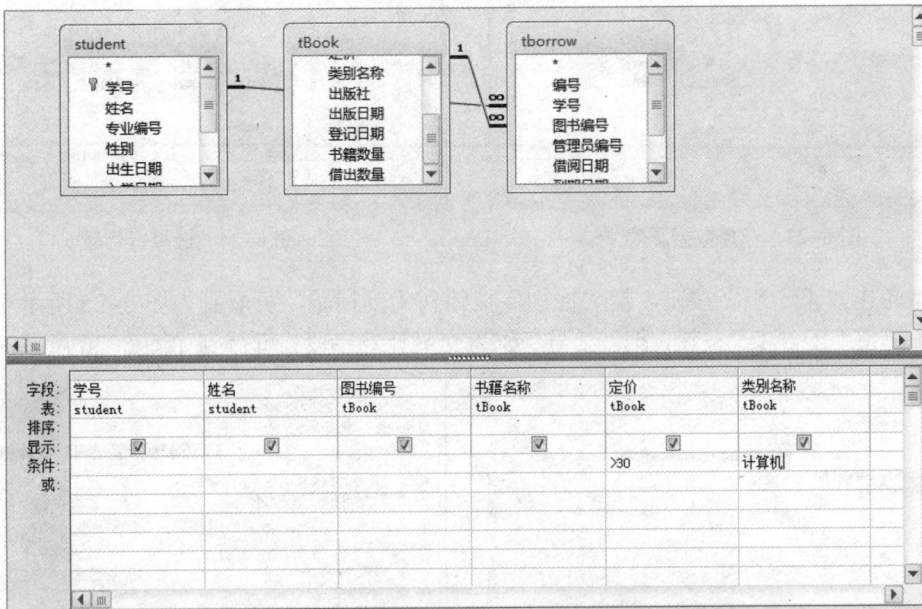

图 6-21　选定字段并输入查询条件

（3）保存为"图书定价查询"，然后双击导航窗格中的文件名，即可显示查询结果。

步骤 2：交叉表查询

（1）单击"创建"选项卡，单击"查询向导"按钮，在打开的"新建查询"对话框中选择"交叉表查询向导"选项，如图 6-22 所示，然后单击"下一步"按钮。

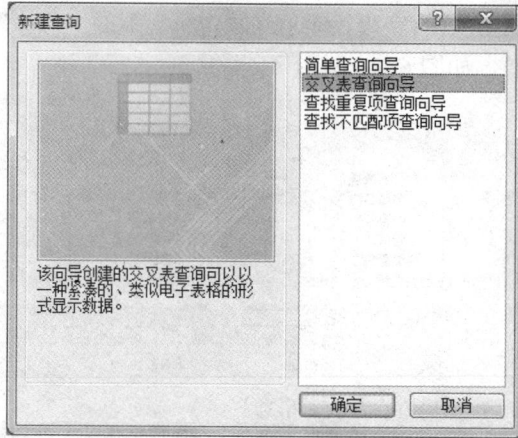

图 6-22　新建查询

（2）选择"视图"中"表"的数据为 student，如图 6-23 所示，单击"下一步"按钮。

（3）选择"专业编号"作为行标题，可看到如图 6-24 所示对话框。

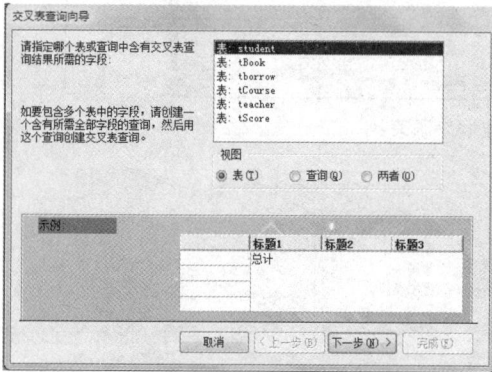

图 6-23　选择数据源表

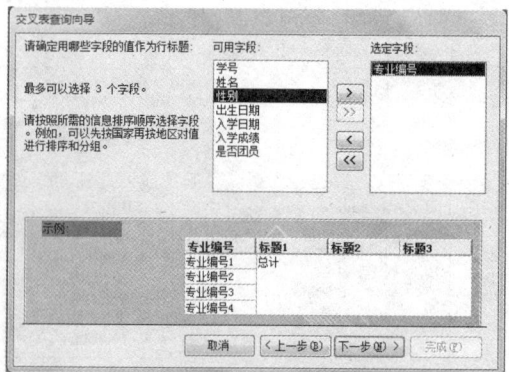

图 6-24　选择行标题

（4）单击"下一步"按钮，把"性别"按钮作为列标题，可看到如图 6-25 所示对话框。

（5）单击"下一步"按钮，把"学号"作为交叉计算字段，可得到如图 6-26 所示对话框。

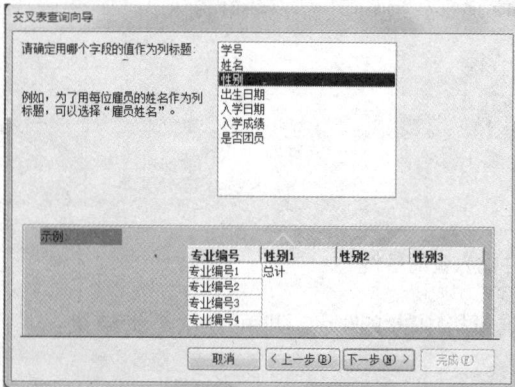

图 6-25　选择列标题

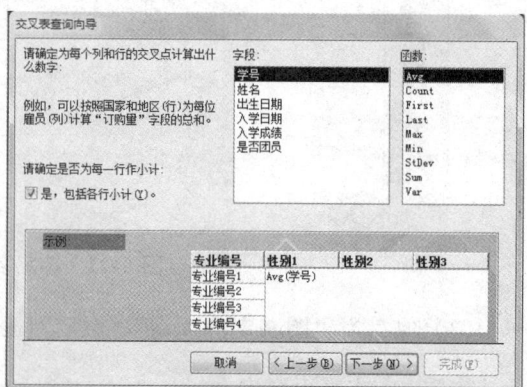

图 6-26　选择交叉计算字段

（6）单击"下一步"按钮，添加文件名后保存退出，其查询结果如图 6-19 所示。

任务二　SQL 查询

步骤 1：了解 SQL 的查询语句格式

SELECT ALL/DISTINCT 字段 1　AS 新字段名 1，字段 2　AS 新字段名 2……

[INTO　新表名]

FROM　表或视图名（多个用逗号分开）

　[WHERE <条件表达式>]

　　　[GROUP BY <分组表达式>]

　　　　[HAVING <条件表达式>]

　　　　　[ORDER BY　字段列表[ASC|DESC]]

其中：

DISTINCT：表示输出无重复记录，即计算时取消指定列中重复的值。

ALL：计算所有的值。

AS：后表示要输出一个新的字段名。

FROM：数据源。

WHERE：条件语句的关键字，是可选项。

ORDER BY：排序，ASC 为升序，DESC 为降序。

步骤 2：创建 SQL 查询

（1）单击"创建"菜单，选择"查询设计"项，并关闭弹出的"显示表"对话框。再选择"查询"菜单中的"SQL 视图"命令，结果如图 6-27 所示。

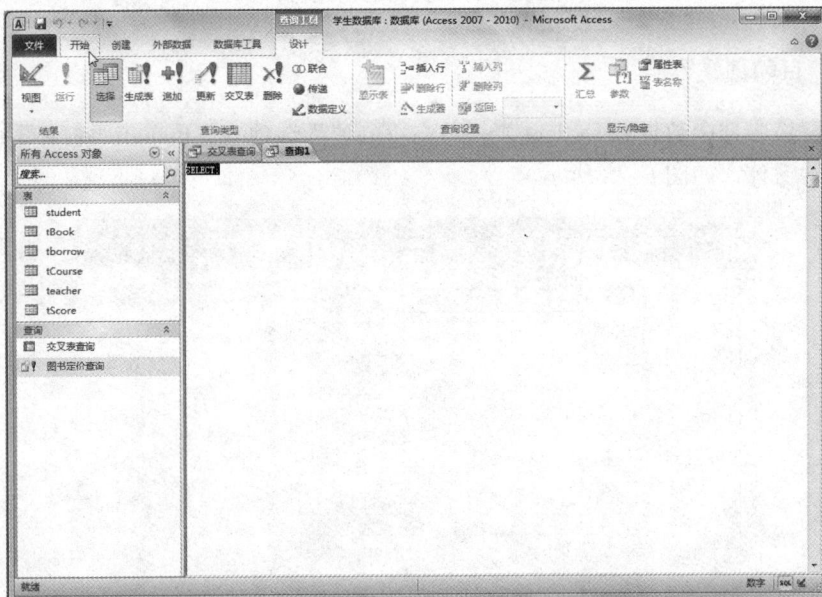

图 6-27　创建 SQL 查询

（2）在弹出的"SQL 查询"编辑器中输入 SQL 语句。

（3）单击工具栏中的"运行"按钮，即可执行该语句。

步骤3：最简单的 SQL 语句

选择 student 表中学号、姓名、性别字段构成的记录集，SQL 语句如下：

SELECT 学号，姓名，性别　FROM student

步骤4：限定记录集筛选条件

选择 student 表中所有男生构成的记录集，SQL 语句如下：

SELECT * FROM student WHERE 性别="男"

步骤5：用 Order BY 子句将记录排序输出

输出 tScore 表中的所有记录，按"考试成绩"降序排列，SQL 语句如下：

SELECT * FROM tScore ORDER BY 考试成绩　DESC

步骤6：SELECT 嵌套查询

查询比学生"朱七"入学成绩高的同学信息，SQL 语句如下：

SELECT * FROM student WHERE 入学成绩>（SELECT 入学成绩 FROM student WHERE 姓名="朱七"）

项目三　窗体与报表——完善办公用品管理数据库

任务一　创建窗体

步骤1：自动创建窗体

在导航窗格中选中数据源 student 表，单击"创建"选项卡，再单击"窗体"命令即可完成布局显示的窗体，如图 6-28 所示。

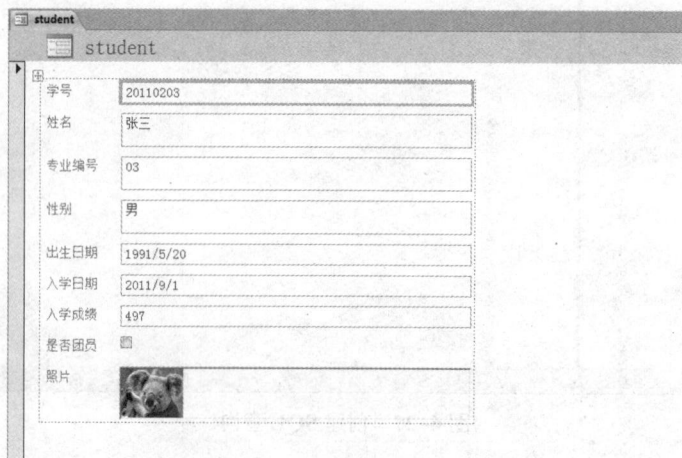

图 6-28　利用"窗体"自动创建窗体

步骤 2：利用向导创建窗体

（1）单击"创建"选项卡，再单击"窗体向导"按钮，在弹出的"窗体向导"对话框中选中已经存在的 tBook 表，选择该表的所有字段，如图 6-29 所示。

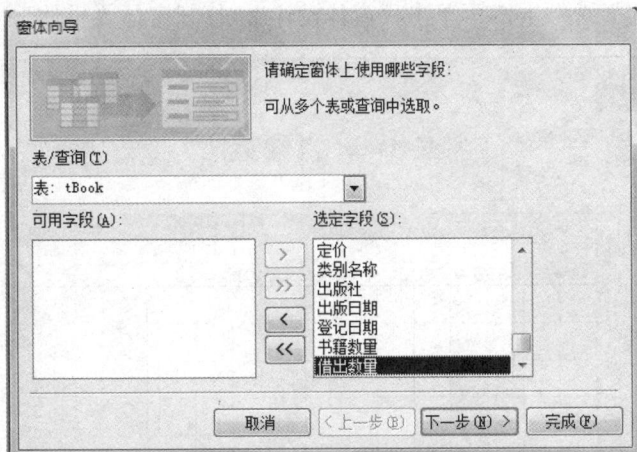

图 6-29　选择数据源中的字段

（2）单击"下一步"按钮，选择窗体布局为"表格"，如图 6-30 所示。

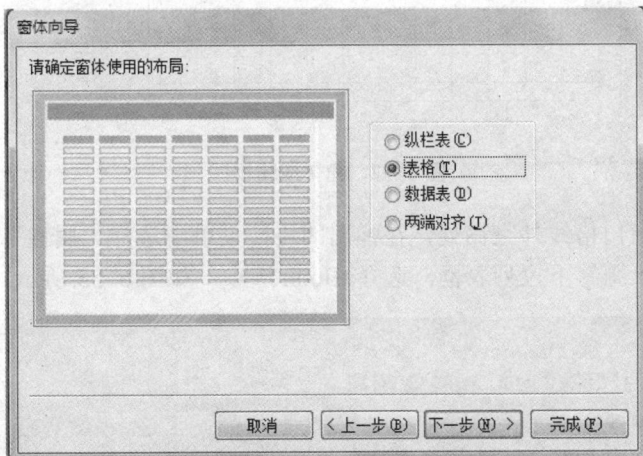

图 6-30　选择窗体布局

（3）单击"完成"按钮，出现如图 6-31 所示的表格窗体。

图 6-31　表格窗体

根据图 6–31 的表格窗体，通过窗体"设计视图"修改格式，即可得到最终结果，具体方法见步骤 3。

步骤3：在设计视图中创建窗体

（1）单击"创建"选项卡，再单击"窗体设计"，打开窗体"主体"，如图 6–32 所示。

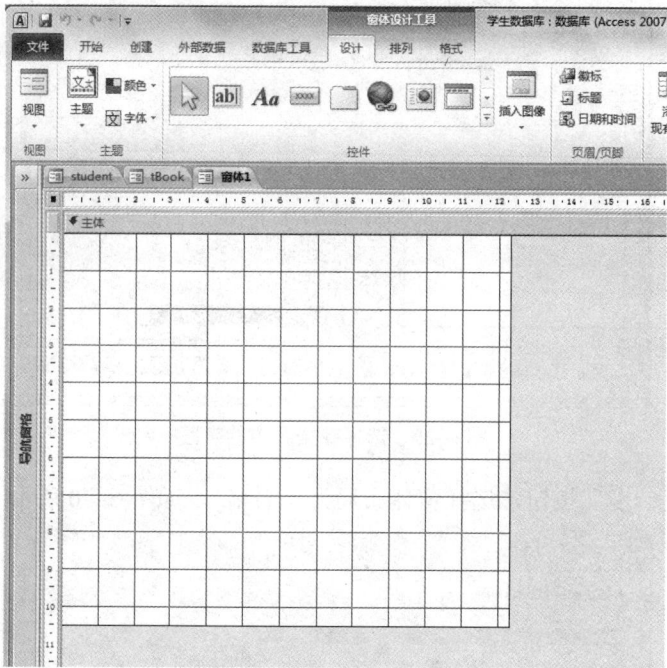

图 6–32 窗体编辑视图

（2）右击编辑窗口格线外空白处，在弹出的快捷菜单中选择"属性"命令，打开窗口属性面板。单击"记录源"下拉列表框，选择 tBook 选项，如图 6–33 所示。

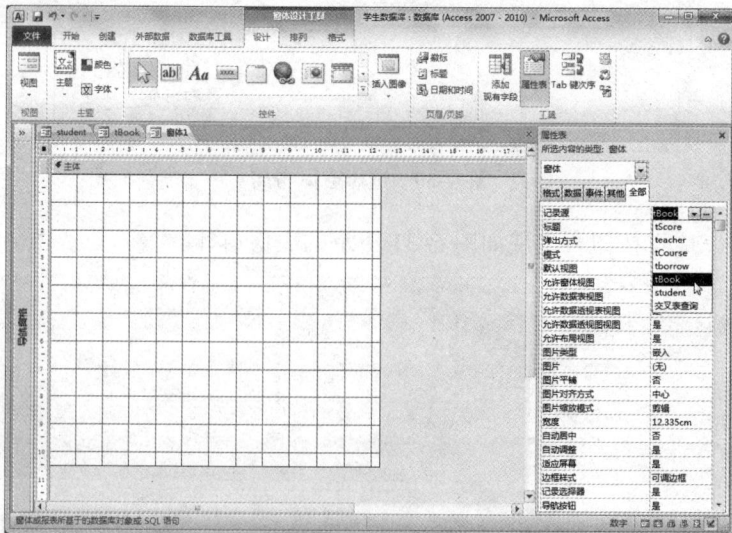

图 6–33 窗体属性面板

（3）单击属性面板的"格式"选项卡添加背景。选择"图片"选项打开图片所在位置，再选择"图片缩放模式"，默认为"剪辑"，这里选择"缩放"，如图 6–34 所示。

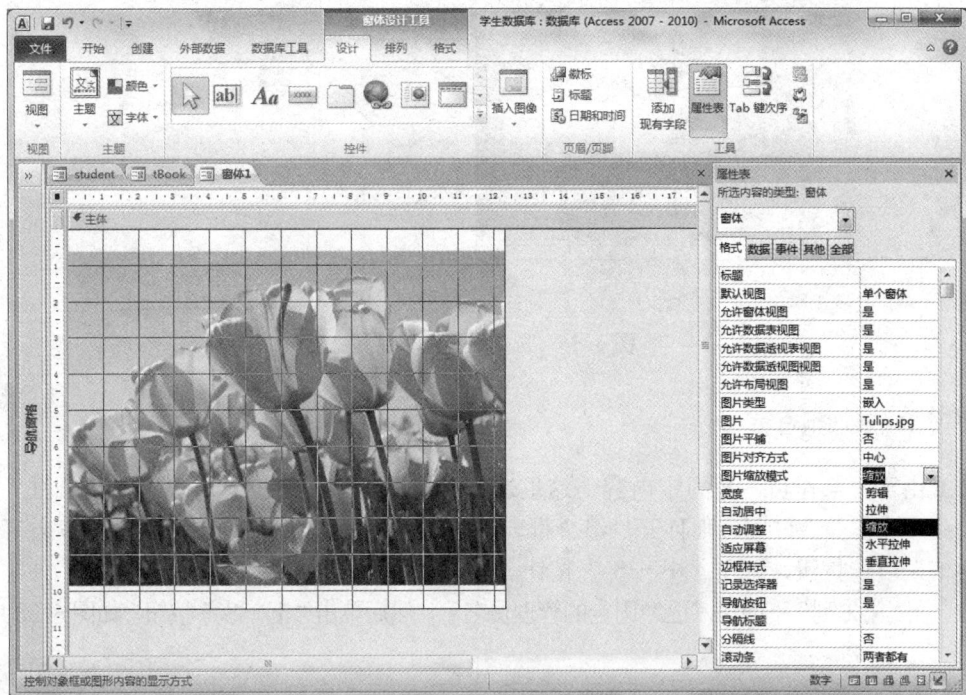

图 6-34 选择窗体背景图片

任务二 添加窗体控件

步骤 1：添加标签

单击"设计"选项卡，在打开的"窗体设计工具栏"中选择其他控件，加入标签（写入标题"图书管理系统操作界面"），调整标题的字体、颜色、大小。窗体设计工具栏如图 6-35 所示。

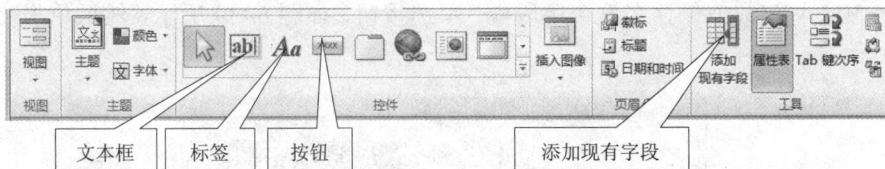

图 6-35 窗体设计工具栏

步骤 2：添加现有字段

在打开的"窗口设计"工具栏右侧，单击"添加现有字段"按钮，打开"字段列表"，选择表中字段拖动到窗体相应位置，如图 6-36。

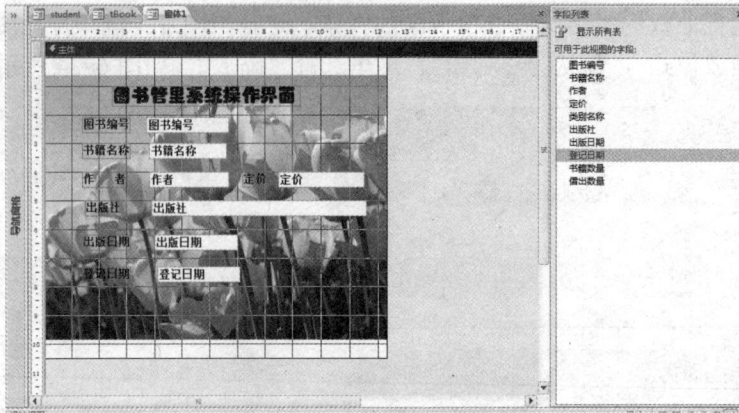

图 6-36 选择数据库表字段

步骤3：添加组合框

（1）由于"操作员"是固定内容，这里选择"组合框"按钮工具。单击"组合框"按钮并拖动到"操作员"位置，则打开"组合框向导"对话框，如图 6-37 所示，选择"自行键入所需的值"单选按钮，单击"下一步"按钮。

（2）在"第1列"下面输入已经固定的管理员名字，然后单击"下一步"按钮，如图 6-38 所示。

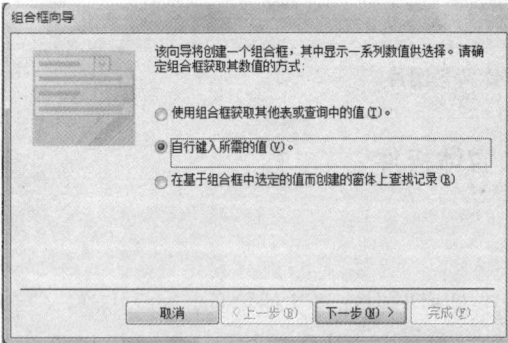

图 6-37 "组合框向导"对话框

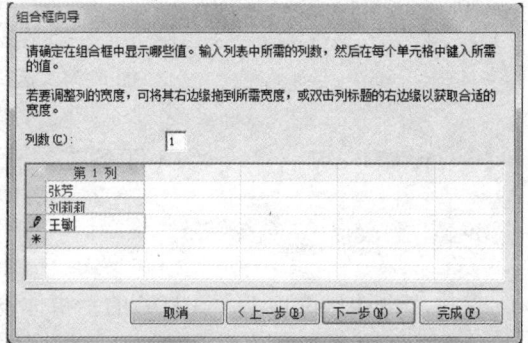

图 6-38 输入管理员名称

（3）选中"将该数值保存在这个字段中"单选按钮，如图 6-39 所示，然后单击"下一步"按钮。

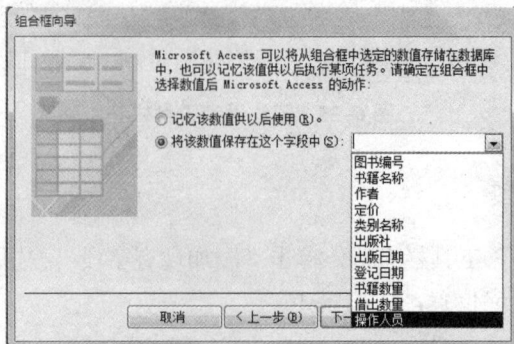

图 6-39 选择组合框数据保存在的字段

（4）在"请为组合框指定标签"文本框下面已有自动添加的标签，如图 6-40 所示，单击"完成"按钮。

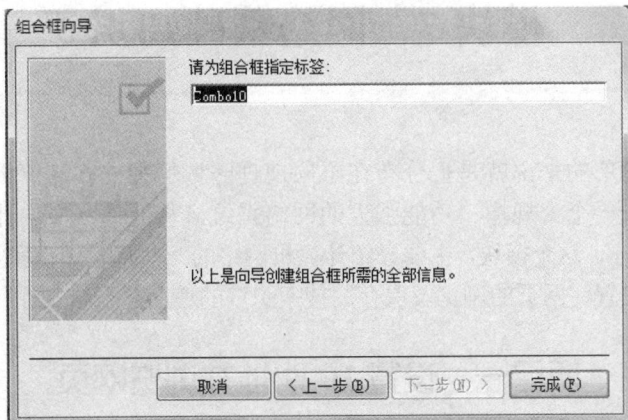

图 6-40　命名组合框标签

步骤 4：添加命令按钮

（1）拖动命令按钮框到窗体，则打开"命令按钮向导"对话框，选择类别及操作，然后单击"下一步"按钮，输入按钮上文字，如图 6-41 所示，单击"完成"即可。

（2）重复上述操作 6 次，完成窗体上 6 个按钮的添加，最后结果如图 6-42 所示。

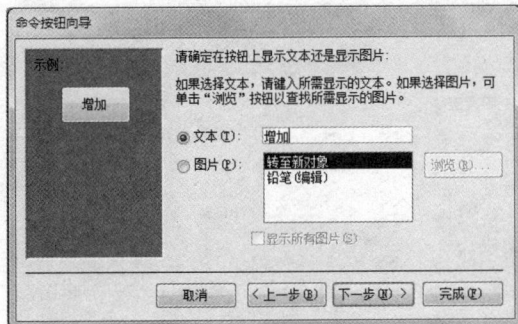

图 6-41　设置按钮名称

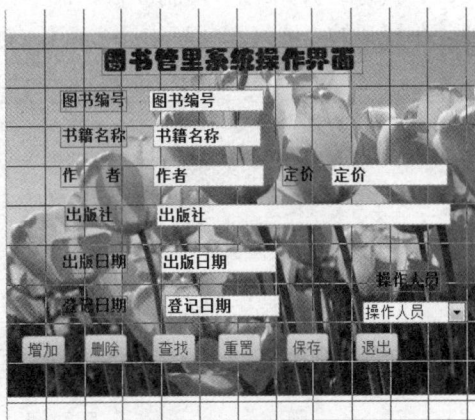

图 6-42　窗体效果

模块 7　网络基础知识

计算机网络，简单的来说就是把分布在不同地理区域的独立式计算机以专门的外部设备利用通信线路互连成一个大规模、功能强大的网络系统，从而使众多的计算机可以方便的互相传递信息，资源共享。这个模块，主要介绍计算机网络的一些基础知识和几个基本网络功能操作，包括 IP 地址的设置、网页的浏览及保存、搜索引擎的使用、下载文件和收发电子邮件等。

项目一　设置 IP 地址并浏览网页

任务一　设置 IP 地址

任务描述

计算机要连接网络，首先应该设置 IP 地址。使用指定的 IP 地址，即输入 IP 地址、子网掩码、默认网关、DNS 等。

（1）执行"开始"|"控制面板"命令，打开控制面板，单击其中的"网络和共享中心"链接，在打开的"网络和共享中心"窗口右侧单击"更改适配器设置"链接，如图 7-1 所示。

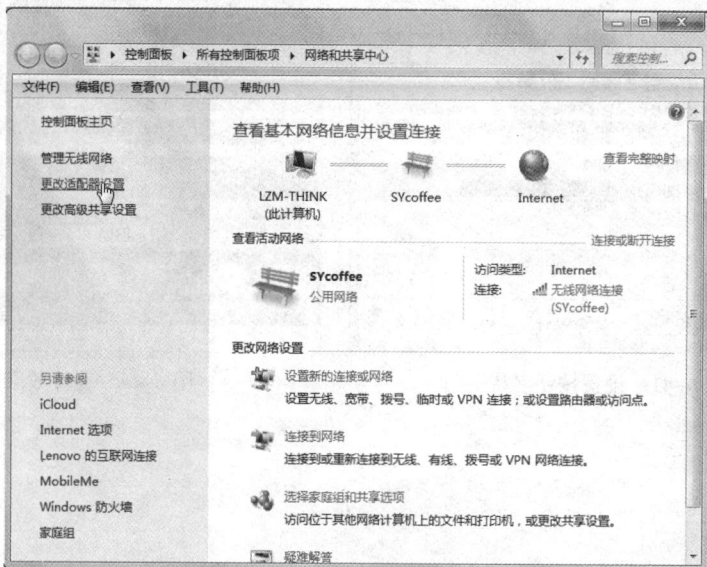

图 7-1　执行"更改适配器设置"命令

（2）在弹出的"网络链接"窗口中右击"本地链接"图标，在弹出的快捷菜单中选择"属性"命令，如图 7-2 所示。

（3）在打开的"本地连接属性"对话框中选中"Internet 协议版本 4（TCP/IPv4）"项目，

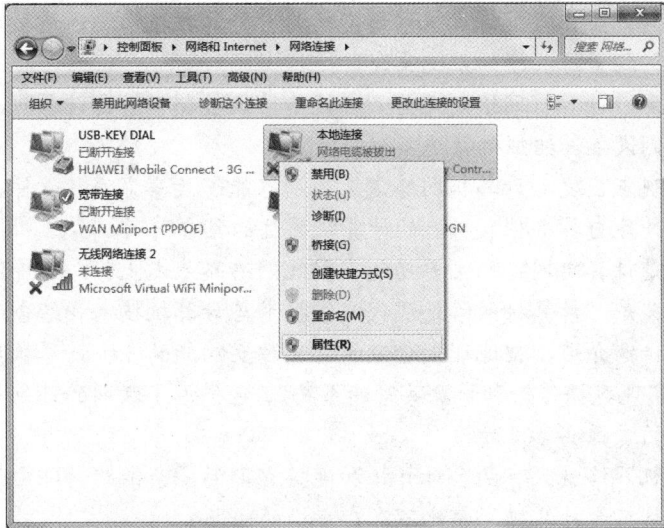

图 7-2 "网络链接"窗口

然后单击"属性"按钮，如图 7-3 所示。

（4）在打开的"Internet 协议版本 4（TCP/IPv4）属性"窗口里单击"使用下面的 IP 地址"，单选按钮，在文本框中输入 IP 地址、子网掩码、默认网关。然后单击"使用下面的 DNS 服务器地址"单选按钮，在文本框中输入首选 DNS 服务器和备用 DNS 服务器，如图 7-4 所示。然后单击"确定"按钮，回到"Internet 协议版本 4（TCP/IPv4）属性"窗口，再单击"确定"按钮即可。

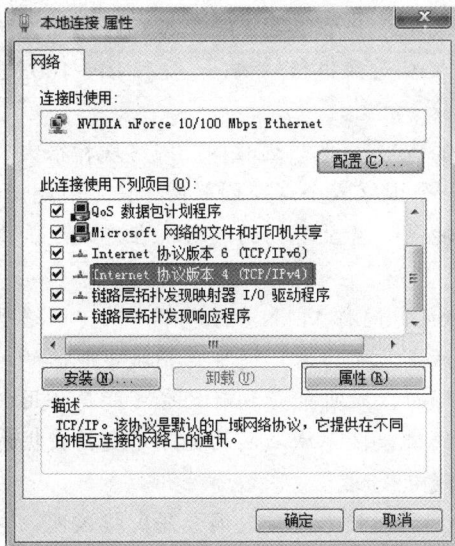

图 7-3 "本地连接属性"对话框

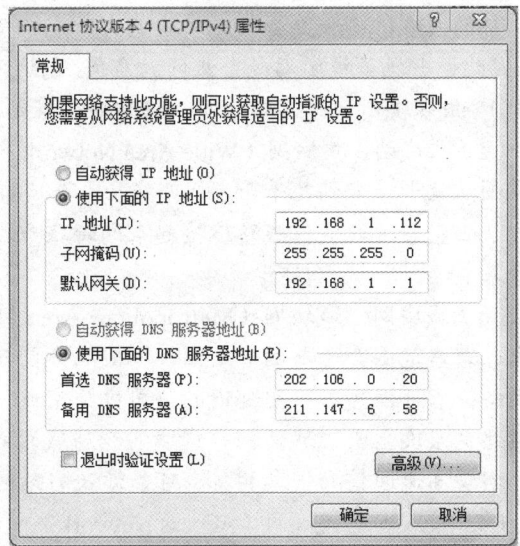

图 7-4 设置 IP 地址和 DNS 服务器地址

知识链接

1. 计算机网络的基本概念

从不同的角度、不同的观点出发，对计算机网络这一概念有着不同的理解和定义。

从计算机网络的产生出发，计算机网络定义为"计算机技术与通讯技术相结合实现远程信息处理或进一步达到资源共享的系统集合"。

从物理结构出发，计算机网络定义为"在传输协议控制下，由计算机、终端设备、数据传输设备和通讯控制设备等组成的系统集合"。

从资源共享的观点出发，计算机网络定义为"以能够共享资源（软件、数据和硬件等）的方式连接起来，并各自具备独立功能的计算机系统的集合"。

由于资源共享是计算机网络的主要功能，因此网络界基本上倾向于资源共享的观点，认为计算机网络的定义是"计算机网络是现代通信技术与计算机技术相结合的产物，通过网络协议和通信设备、传输介质，把地理上分散的具有独立功能的多个计算机系统、终端及其附属设备连接起来，实现数据传输和资源共享的系统"，它强调了联网的计算机具有的独立功能和计算机网络实现的资源共享目的。

最简单的计算机网络就只有两台计算机和连接它们的一条链路，即由两个结点和一条链路组成。由于没有第三台计算机，因此不存在交换的问题。

最庞大的计算机网络就是Internet，它是由分布在全球的很多计算机网络通过路由器互连而成的计算机网络系统。因此，Internet也称为"网络的网络"（network of network）。

2. 计算机网络的分类

按照不同的分类标准，计算机网络有多种分类方法。

按照网络规划和覆盖范围即网络通信距离的远近，通常把计算机网络分为局域网、广域网、城域网和接入网四大类。这是人们最常用的一种分类方法。

（1）局域网。局域网（Local Area Network）简称LAN，也叫本地网。网络规模比较小，覆盖范围在方圆几米到几千米内，一般都用专用的网络传输介质连接而成。它是连接近距离计算机的网络，例如办公室、实验室内，或一幢建筑物、一个校园、一个工厂内的计算机网络，因此也出现了校园网或企业网的名词。局域网的优点是数据传输快（一般在10～100 Mbps之间），成本较低，组网较方便，信息安全性好。

（2）广域网。广域网（Wide Area Network）简称WAN，也叫远程网。网络规模很大，覆盖范围从几十千米到几千千米，可能在一个城市、一个国家或全球范围联网。它是由电话线、微波、卫星等远程通信线路连接起来的跨城市、跨地区，甚至跨洲的网络，在广大范围内实现资源共享。

（3）城域网。城域网（Metropolitan Area Network）简称MAN，也叫都市网。网络规模较大，覆盖范围介于前两者之间，一般从方圆几千米到几十千米，通常是指城市地区的计算机网络。它可以覆盖一组邻近的公司办公室或一个城市，既可能是私有的也可能是公用的。从网络的层次上看，城域网是广域网和局域网之间的桥接区。城域网的优点是支持数据和声音，实现高速通信和信息共享，可能涉及当地的有线电视网。

（4）接入网。接入网（Access Network）简称AN，也叫本地接入网或居民接入网，它是近几年来由于用户对高速上网需求的增加而出现的一种网络技术。接入网是局域网和城域网之间的桥接区。接入网提供多种高速接入技术，使用户接入到Internet的瓶颈得到某种程度上的解决。

3. 计算机网络的功能

计算机网络具有丰富的功能。建立计算机网络的主要目的就是通过计算机之间的互相通信，实现网络资源共享。计算机网络的主要功能有以下几个方面：

（1）数据通信：数据通信是计算机网络最基本的功能。利用计算机网络可实现服务器与客户机、终端与计算机、计算机与计算机之间快速可靠地互相传送数据，进行信息处理，如传真、电子邮件（E-mail）、电子数据交换（EDI）、电子公告牌（BBS）、远程登录（Telnet）与信息浏览等通信服务。利用这一特点，可实现将分散在各个地区的单位或部门用计算机网络联系起来，进行统一的调配、控制和管理，从而可以方便地进行信息交换、收集和处理。

（2）资源共享：充分利用计算机资源是组建计算机网络的重要目的之一。"资源"指的是网络中所有的软件、硬件和数据资源。"共享"指的是网络中的用户都能够部分或全部地享受这些资源。资源共享使得计算机网络中分散在各地的资源可以互通有无、分工协作，资源的利用率大大提高。

（3）均衡负载：当网络内某一计算机负载过重时，可通过网络将部分任务调配给其他的计算机去处理，这样处理能均衡各计算机的负载，提高处理问题的实时性。

（4）分布处理：对于一些综合性大型问题，可将问题各部分分散到多个计算机上进行分布式处理，也能使各地的计算机通过网络资源共同协作，进行联合开发、研究等，扩大计算机的处理能力，即增强实用性。另一方面，计算机网络促进了分布式数据处理和分布式数据库的发展。

（5）提高计算机的可靠性：计算机网络系统能实现对差错信息的重发，网络中各计算机还可以通过网络成为彼此的后备机，从而增强了系统的可靠性。

4. 网络协议

（1）计算机网络通信协议：计算机网络通信协议就像人与人交流的语言一样，它是计算机网络通信实体之间的语言，是计算机之间交换信息的规则。这种规则对信息的传输顺序、信息格式和信息内容等方面进行约定。不同的网络结构可能使用不同的网络协议；而同样的，不同的网络协议设计也造就了不同的网络结构。

（2）常用的计算机网络通信协议：一台计算机只有在遵守网络协议的前提下，才能在网络上与其他计算机进行正常的通信。常见的通信协议有：TCP/IP、IPX/SPX 协议、NetBEUI 协议等。

① TCP/IP：通信协议是计算机之间用来交换信息所使用的一种公共语言的规范和约定，因特网的通信协议包含 100 多个相互关联的协议，其中 TCP 和 IP 是两个最核心的关键协议，故把因特网协议组称为 TCP/IP。

TCP/IP 是 20 世纪 70 年代中期美国国防部为其研究性网络 ARPANET 开发的网络体系结构。ARPANET 最初是通过租用的电话线将美国的几百所大学和研究所连接起来的。随着卫星通信技术和无线电技术的发展，这些技术也被应用到 ARPANET 网络中，而已有的协议已不能解决这些通信网络互连的问题，于是就提出了新的网络体系结构，用于将不同的通信网络无缝连接。这种网络体系结构后来被称为 TCP/IP（Transmission Control Protocol/Internet Protocol）参考模型。

TCP/IP 是一种网际互联通信协议，其目的在于通过它实现网际间各种异构网络和异种计算机的互联通信。TCP/IP 同样适用于在一个局域网内实现异种机的互联通信。在任何一台计算机或者其他类型终端上，无论运行的是何种操作系统，只要安装了 TCP/IP，就能够相互连接和通信并接入 Internet。

TCP/IP 也采用层次结构，但与国际标准化组织公布的 ISO/OSI 七层参考模型不同，它是四层结构，由应用层、传输层、网络层和接口层组成。

② IP 地址：为了实现因特网上不同计算机之间的通信，每台计算机都必须有一个不与其

他计算机重复的地址，它相当于通信时每台计算机的名字，IP 地址即是在 Internet 网络上的每台设备的"名字"。在 Internet 中，IP 地址是唯一的 Internet 上的通信地址，也是全球认可的通用地址格式，在网上任何一台服务器和路由器的每一个端口都必须有一个 IP 地址。

IP 地址由长度为 32 位的二进制数组成（即四个字节），每 8 位（一个字节）之间用圆点分开，如 11000000.10100100.00000000.00001010。用二进制数表示的 IP 地址难于书写与记忆，通常将 32 位的二进制地址写成四个十进制数字字段，书写形式为 xxx.xxx.xxx.xxx，其中每个字段 xxx 都在 0～255 之间取值。如前面的二进制 IP 地址转换成相应的十进制表示形式为：192.168.0.10。

每个 IP 地址包含网络号和主机号两部分。网络号用于识别一个逻辑网络，而主机号用于识别逻辑网络中一台主机的一个链接。对于某逻辑网络上的所有结点而言，网络号是相同的，而每个设备的主机号则各不相同。IP 地址中网络部分通常分成 A、B、C、D 和 E 五大类，如图 7-5 所示。

图 7-5 IP 地址分类：

A 类：第一字节首位为 0，7位 网络号，24位 主机号

B 类：前两位为 10，14位 网络号，16位 主机号

C 类：前三位为 110，21位 网络号，18位 主机号

D 类：1110，28位 多播组号

E 类：11110，27位 （留待后用）

图 7-5　IP 地址分类

A 类地址（用于大型网络）：第一个字节标识网络地址，后三个字节表示主机地址；A 类地址中第一个字节首位总为 0，其余 7 位表示网络标识，A 类地址头一个数为 0～127。

B 类地址（用于中型网络）：前两个字节标识网络地址，后二个字节表示主机地址；B 类地址中第一个字节前两位为 10，余下 6 位和第二个字节的 8 位共 14 位表示网络标识，因此，B 类地址头一个数为 128～191。

C 类地址（用于小型网络）：前三个字节标识网络地址，最后一个字节表示主机地址；C 类地址中第一个字节前三位为 110，余下 5 位和第二、三个字节共 21 位表示网络标识，因此，C 类地址头一个数为 192～223。

D 类地址：用于组播传输，该地址中无网络地址与主机地址之分。它用来识别一组计算机。其格式为：最高 4 位是"1110"，其余 28 位全部用来表示组播地址。一个 D 类地址表示一组主机的共享地址，任何发送到该地址的信息将传送副本到该组中的每一台主机上。

E 类地址最高 5 位为"11110"，后面没做划分，留做扩展用。

此外，IP 地址的编码规定：当主机地址所有位均为 1 时，该地址用做广播地址，向网上所有结点广播，不能用做实际的结点地址。当主机地址所有位均为 0 时，它表示本网络地址，该地址在路由器上配置 IP 时是很重要的。

③ IPX/SPX 及其兼容协议。IPX/SPX（Internet work Packet Exchange/Sequenced Packet Exchange，网际包交换/有序信息包交换协议）包括一个通信协议集，是局部地区网络使用的

高性能协议，它比 TCP/IP 更容易实现和管理，具有强大的路由功能，适用于组建大型的网络，如广域网。IPX/SPX 是 NetWare 网络的最好选择，在非 NetWare 网络环境中，一般不使用 IPX/SPX 协议。

　　IPX/SPX 及其兼容协议不需要任何配置，直接可通过"网络地址"来识别自己的身份。在 IPX/SPX 协议中，IPX 协议是网络最低层的协议，只负责数据在网络中的传送，并不保证数据是否传输成功，也不提供纠错服务；IPX 在负责数据传送时，如果接收节点在同一网段内，就直接按该节点的 ID 将数据传给它；如果接收节点是远程的（不在同一网段内，或位于不同的局域网中），数据将交给 NetWare 服务器或路由器中的网络 ID，继续数据的下一步传输。SPX 协议在整个协议中负责对所传输的数据进行无差错处理。

　　值得注意的一点，当前处理系统如果使用环境的是 Windows 2000、Windows NT 和由 Windows 98 组成的对等网，无法直接使用 IPX/SPX 协议进行通信。

任务二　浏　览　网　页

任务描述

（1）将百度设为首页。
（2）浏览中国高职高专教育网网站。
（3）将网页保存在本地。

步骤1：IE 基本设置

（1）设置主页：打开 Internet Explorer 浏览器，选择"工具"|"Internet 选项"，打开如图 7-6 所示对话框，在"常规"选项卡中的"地址"文本框中输入 http://www.baidu.com 并单击右下角"应用"按钮，即可将百度设置为主页，以后每次打开 IE，就会自动登录到百度首页。

（2）安全设置：单击"安全"选项卡，显示如图 7-7 所示对话框，选择 Internet 区域图标中的"默认级别"按钮，移动滑块设置不同的安全级别，注意阅读其不同的安全性能。

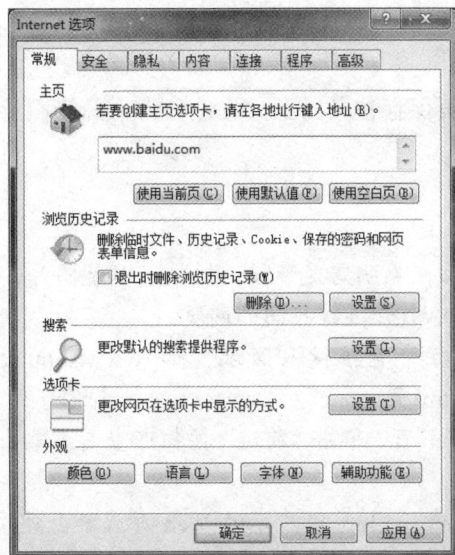

图 7-6　设置默认主页　　　　　　　　　图 7-7　设置安全级别

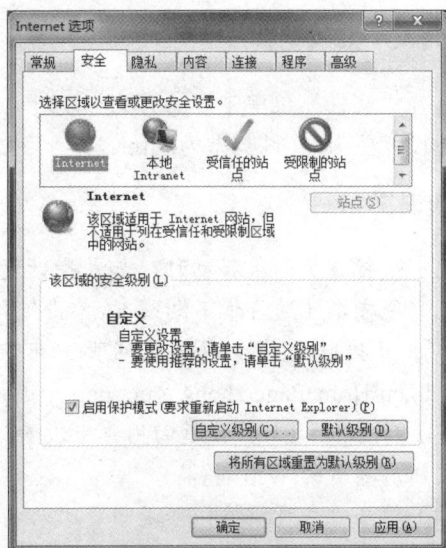

步骤 2：浏览网络信息

启动 Internet Explorer 浏览器，在浏览器窗口地址栏输入：http://www.tech.net.cn 网址，回车后就可进入中国高职高专教育网网站主页，如图 7-8 所示。

图 7-8　中国高职高专教育网主页

在中国高职高专教育网主页上，单击"高等职业学校专业建设发展"链接，将进入高等职业学校专业建设发展专栏的页面。找到自己需要了解知识的标题，单击链接后便可打开具体的页面。

步骤 3：保存网页

选择"文件"菜单中"另存为"功能，将网页保存在桌面上，文件名为"高等职业学校专业建设专栏"，文件类型为.html。

知识链接

（1）鼠标在页面上移动时，如果指针变成手形，表明它是链接。链接可以是图片、三维图像或彩色文本（通常带下划线）。单击链接便可以打开链接指向的网页。

（2）直接转到某个网站或网页，可在地址栏中直接键入网址。如 www.sohu.com，www.edu.cn/HomePage/zhong_guo_jiao_yu/index.shtml 等。

（3）单击"后退"按钮返回用户上次看过的 Web 页，单击"前进"按钮可查看在单击"后退"按钮前查看的 Web 页。

（4）单击"主页"按钮可返回每次启动 Internet Explore 时显示的 Web 页。单击"收藏"按钮从收藏夹列表中选择站点，单击"历史"按钮可以从最近访问过的网页列表中选择网页。

（5）如果查看的 Web 页打开速度太慢，可单击"停止"按钮中止。

（6）如果 Web 页无法显示完整信息，或者想获得最新版本的 Web 页，可单击"刷新"按钮。

项目二　网络办公应用

任务一　搜索引擎的使用

任务描述

（1）通过百度进行搜索。

（2）通过中国知网检索专业论文。

步骤 1：通过百度搜索

在浏览器窗口地址栏输入 http://www.baidu.com 网址，按回车键后进入百度搜索引擎，如图 7-9 所示。

图 7-9　百度首页

在图 7-9 的文本框中，输入关键词"中国高职高专"，并单击"百度一下"按钮，搜索出多条相关信息，如图 7-10 所示。

可以根据自己的需要，单击不同的链接，浏览不同的信息。

步骤 2：通过知网检索

如果想要检索专业论文或者成果方面的内容，可以通过专业性质较强的网站进行检索，

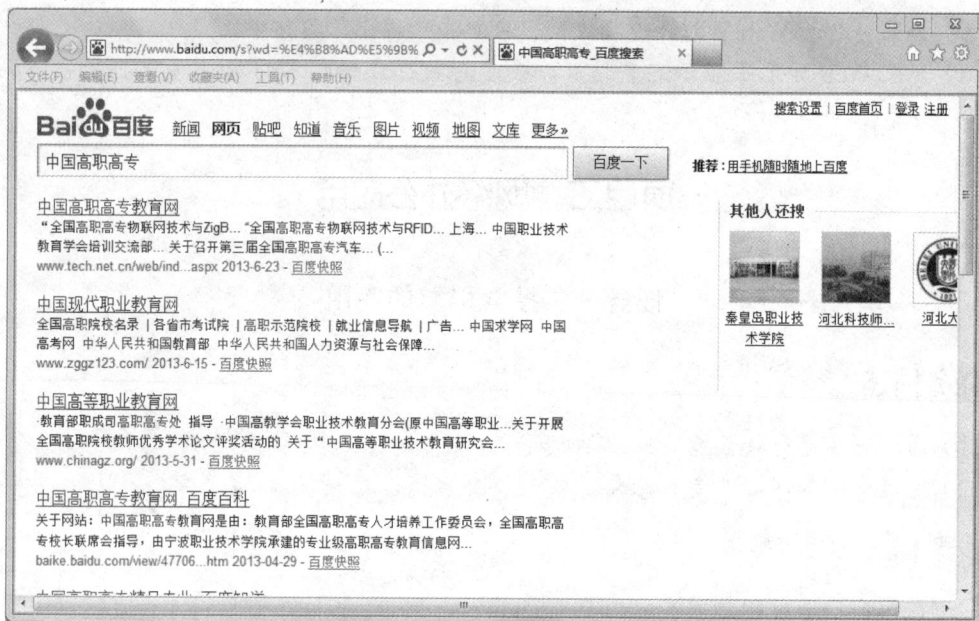

图 7-10　搜索结果

如中国知网。在地址栏中输入 http://www.cnki.net/进入知网首页，如图 7-11 所示，通过注册可以享受中国知网会员的权限，可以在本站检索几乎各专业相关知识论文，获取相关知识。

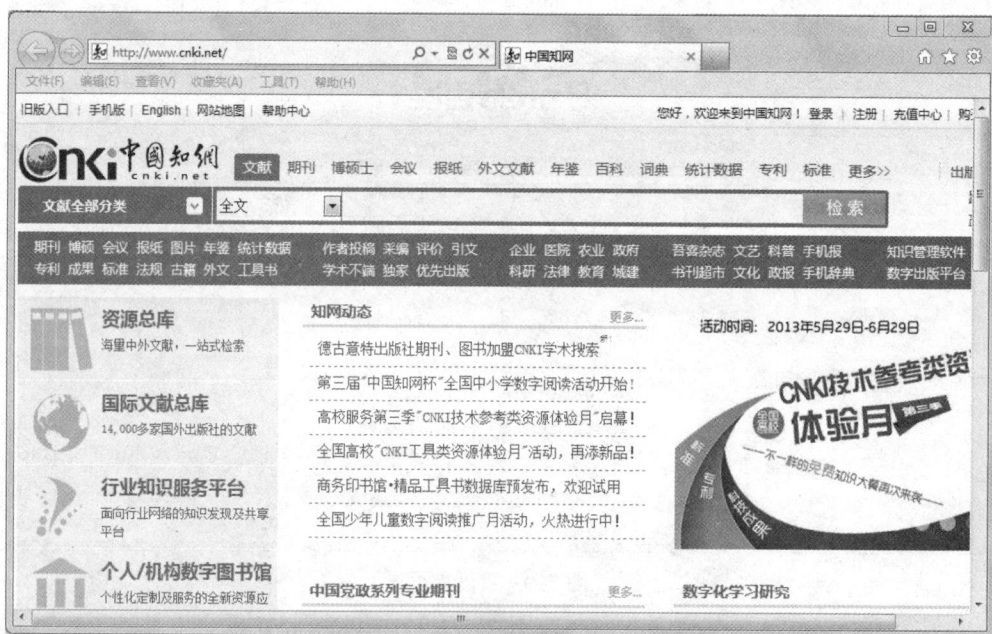

图 7-11　中国知网首页

知识链接

1. Internet 概述

Internet 提供的服务功能很多，常见的服务有万维网（WWW）、电子邮件（E-mail）、文件传输（FTP）、远程登录（Telnet）、网络新闻（USENET）等。

（1）万维网（WWW，World Wide Web）：简称 Web，也称 3W 或 W3。它是一个由"超文本"链接方式组成的信息系统，是全球网络资源。它是近年来 Internet 取得的最为激动人心的成就，是 Internet 上最方便、最受用户欢迎的信息服务类型。Web 为人们提供了查找和共享信息的方法，同时也是人们进行动态多媒体交互的最佳手段。最主要的两项功能是读超文本（Hypertext）文件和访问 Internet 资源。

（2）电子邮件：电子邮件（E-mail）服务是一种通过 Internet 与其他用户进行联系的方便、快捷、价廉的现代化通信手段，也是目前用户使用最为频繁的服务功能。通常的 Web 浏览器都有收发电子邮件的功能。

（3）文件传输：在 Internet 上，文件传输（FTP）服务提供了任意两台计算机之间相互传输文件的功能。连接在 Internet 上的许多计算机上都保存有若干有价值的资料，只要它们都支持 FTP 协议，如果需要这些资料，就可以随时相互传送文件。

（4）远程登录：远程登录就是用户通过 Internet，使用远程登录（Telnet）命令，使自己的计算机暂时成为远程计算机的一个仿真终端。远程登录允许任意类型计算机之间进行通信。

使用远程登录（Telnet）命令登录远程主机时，用户必须先申请有账号，输入自己的用户名和口令，主机验证无误后，便登录成功。用户的计算机作为远程主机的一个终端，可对远程的主机进行操作。

（5）网络新闻：网络新闻（USENET）是 Internet 的公共布告栏。网络新闻的内容非常丰富，几乎覆盖当今生活全部内容，用户通过 Internet 可参与新闻组进行交流和讨论。值得提醒的是，用户在参与交流和讨论时一定要注意遵守网络礼仪。

（6）网络检索工具：信息鼠（Gopher）是菜单式的信息查询系统，提供面向文本的信息查询服务。Gopher 服务器为用户提供树形结构的菜单索引，引导用户查询信息，使用方便。用户通过检索（Archie）服务器，得到所需文件或软件存放的服务器地址。

2. Internet 的地址管理

在 Internet 中，要访问一个站点或发送电子邮件，必须有明确的地址。Internet 的网络地址有 IP 地址、域名系统、E-mail 地址、URL 地址等几类。

（1）IP 地址：为保证不同网络之间实现计算机的相互通信，Internet 的每个网络和每台主机都必须有相应的地址标识，这个地址标识称为 IP 地址。IP 是 TCP/IP 协议族中网络层的协议，是 TCP/IP 协议族的核心协议。IP 协议的版本有 IPv4 和 IPv6，IPv4 的地址位数为 32 位（二进制），也就是说最多有 2 的 32 次方个电脑可以联到 Internet 上。由于互联网的蓬勃发展，IP 地址的需求量愈来愈大，使得 IP 地址的发放愈趋严格。为了扩大地址空间，现已试用 IPv6 重新定义地址空间。IPv6 采用 128 位地址长度，几乎可以不受限制地提供地址。据保守方法估算，IPv6 可以分配的地址达到地球上每平方米面积 1 000 多个。

（2）域名系统：域名系统是使用具有一定含义的字符串来标识网上计算机的一个分层和分布式管理的命名系统，与 IP 存在一种映射关系。用户可用各种方式为自己的计算机命名，为避免重名，Internet 采取了在主机名后加上后缀的方法，这个后缀称为域名，用来标识主机的区域位置，域名是通过申请合法得到的，因此 Internet 上的主机可以用"主机名.域名"的方式唯一进行标识。

域名采用分层次的命名方法，每层都有一个子域名，通常采用英文缩写，子域名间用小数点分隔，自右至左分别为最高层域名（顶级或一级域名）、机构名（二级域名）、网络名（三级域名）、主机名（四级域名）。例如，域名"www.bnu.edu.cn"中，cn 是顶级域名，edu 是二级域名。

顶级域名由 ICANN（互联网名称与数字地址分配机构）批准设立，它们是 2 个英文字母或多个英文字母的缩写。顶级域名分为下面 3 种：

● 通用顶级域名。通用顶级域名，见表 7–1，由于历史原因，int、edu、gov、mil 域名限美国专用。

表 7–1 通用顶级域名

域名代码	服务类型	域名代码	服务类型
com	商业机构	edu	教育机构
int	国际机构	net	网络服务机构
org	非盈利组织	mil	军事机构
gov	政府机构		

● 新增通用顶级域名。新增通用顶级域名有：
◆ info：可以替代 .com 的通用顶级域名，适用于提供信息服务的企业。
◆ biz：可以替代 .com 的通用顶级域名，适用于商业公司；
◆ aero：适用于航空运输业的专用顶级域名；
◆ museum：适用于博物馆的专用顶级域名；
◆ name：适用于个人的通用顶级域名；
◆ pro：适用于医生、律师、会计师等专用人员的通用顶级域名；
◆ coop：适用于商业合作社的专用顶级域名。
● 国家代码顶级域名。目前有 240 多个国家代码顶级域名，它们用 2 个字母缩写来表示。表 7–2 列出了一部分国家的域名。

表 7–2 部分国家的域名

国家和地区代码	国家和地区名	国家和地区代码	国家和地区名
cn	中国	kr	韩国
us	美国	jp	日本
de	德国	sg	新加坡
fr	法国	ca	加拿大
uk	英国	au	澳大利亚

我国域名体系分为类别域名和行政区域名两套：类别域名依照申请机构的性质依次分为：ac—科研机构，com—工、商、金融等专业，gov—政府部门，edu—教育机构，net—互联网络、接入网络的信息中心和运行中心，org—各种非盈利性的组织。

行政区域名是按照我国的各个行政区划分而成的，其划分标准依照国家技术监督局发布

的国家标准而定，包括"行政区域名"34 个，适用于我国的各省、自治区、直辖市。表 7-3
列出了我国部分行政区的域名。

表 7-3　我国部分行政区域名

行政区代码	行政区名	行政区代码	行政区名
bj	北京市	he	湖北省
sh	上海市	nx	宁夏回族自治区
cq	重庆市	xj	新疆维吾尔自治区
he	河北省	tw	台湾
sx	山西省	hk	香港
ha	河南省	mo	澳门

cn 域名除 edu.cn 由 CernNic（教育网）运行外，其他的均由 CNNIC 运行。

任务二　下 载 文 件

任务描述

下载千千静听播放器。

启动 IE 浏览器自动进入百度首页，输入关键字"千千静听播放器下载"，检索到多条相
关信息，选择其中一条（例如太平洋下载中心）点击链接进入下载页面，如图 7-12 所示。

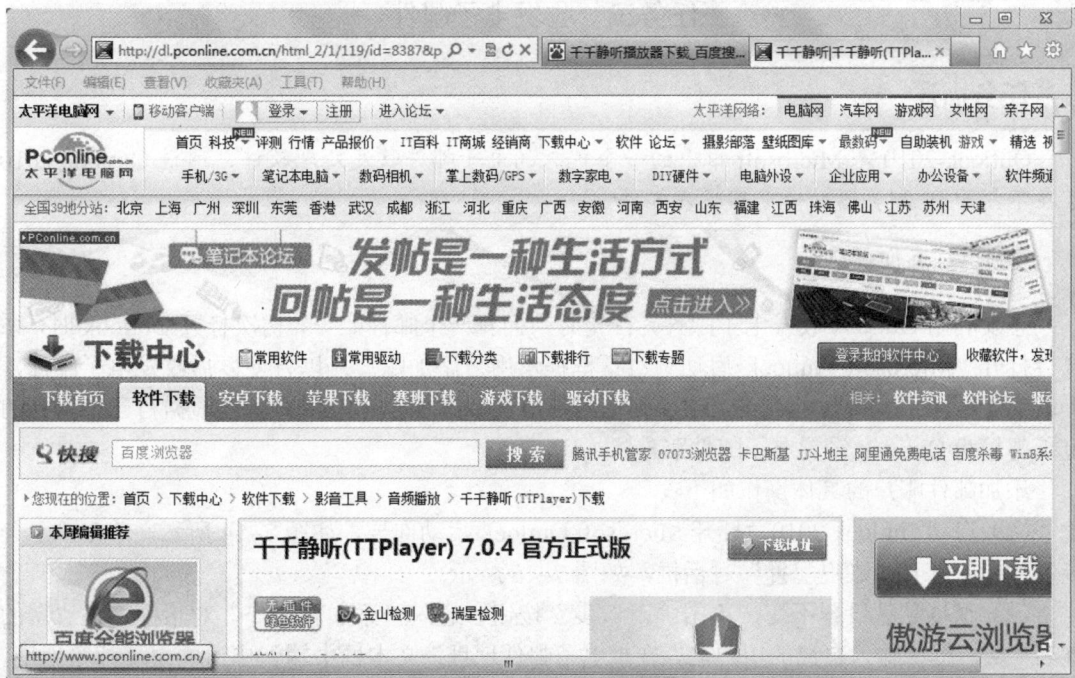

图 7-12　千千静听下载页面

单击"下载地址"按钮，然后在弹出的窗口中选择一种下载方式，如"本地电信 1"，如图 7-13 所示，在弹出的对话框中选择"保存"及保存的地址，同时可以及时查看下载完成百分比及完成下载剩余时间。

图 7-13　软件下载页面

任务三　收发电子邮件

任务描述

Outlook 2010 是 Microsoft 推出的一个优秀的电子邮件收发处理软件，通过 Outlook 2010 可在不打开 IE 浏览器的情况下收发邮件。

步骤 1：添加账户

想要利用 Outlook 收发电子邮件，首先必须拥有一个邮件账户，初次打开 Outlook 时，系统会打开"Microsoft Outlook 启动"对话框提示用户添加账户，以方便以后收发电子邮件，单击"下一步"按钮即可进入"添加邮件向导"开始添加账户，用户可以根据自己申请到的电子邮箱为 Outlook 设置电子邮件账户。

添加邮件账户的具体操作如下：

（1）启动 Outlook 2010，打开 Microsoft Outlook 启动向导，如图 7-14 所示，单击"下一步"按钮，打开"账户配置"对话框，如图 7-15 所示。

（2）保持默认设置不变，单击"下一步"按钮，进入"添加新账户"对话框，在"您的姓名"文本框中输入自己的用户名，在"电子邮件地址"文本框中输入申请的电子邮箱地址，在"密码"和"重新键入密码"文本框中输入电子邮箱对应的密码，如图 7-16 所示。

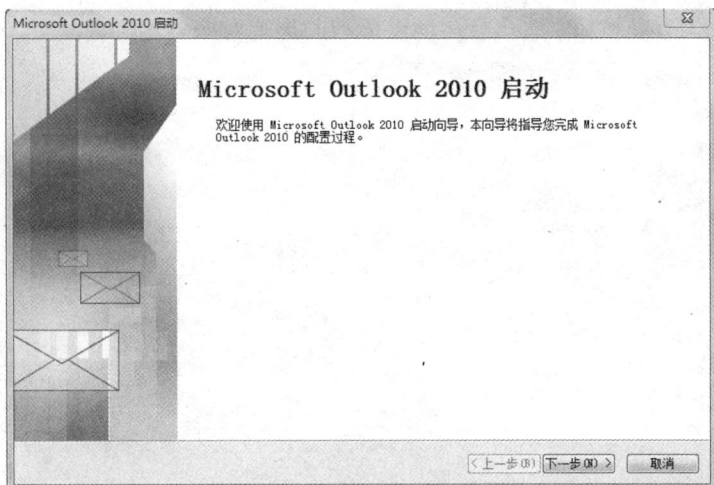

图 7-14　Outlook 启动窗口

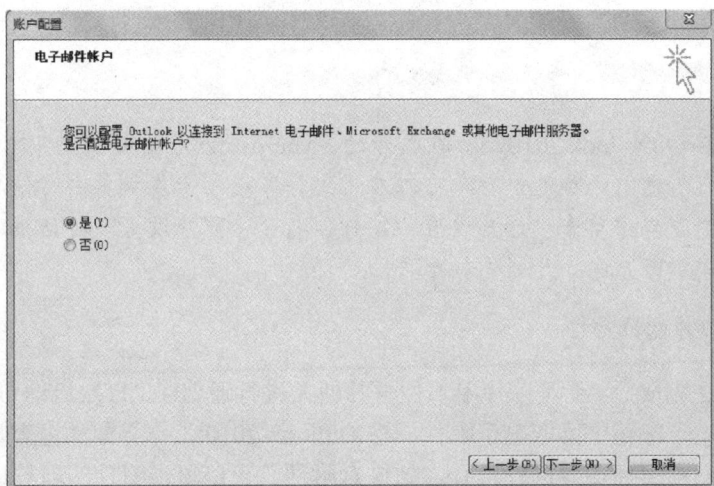

图 7-15　询问是否配置电子邮件账户

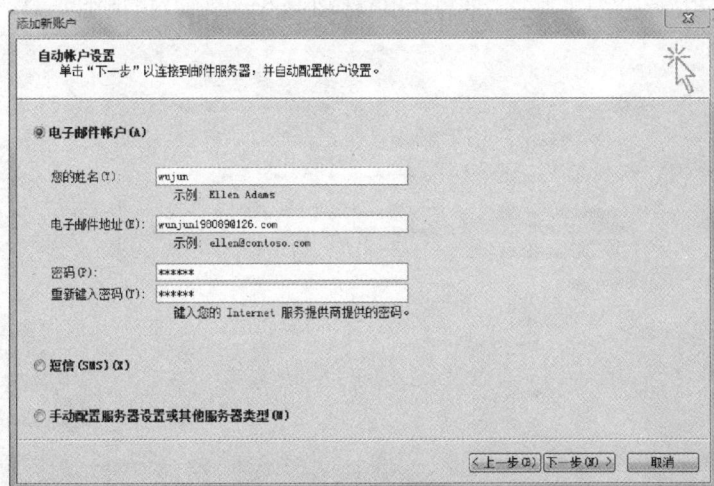

图 7-16　自动账户设置

（3）单击"下一步"按钮，系统会自动以加密的形式对服务器进行配置，如图7-17所示。

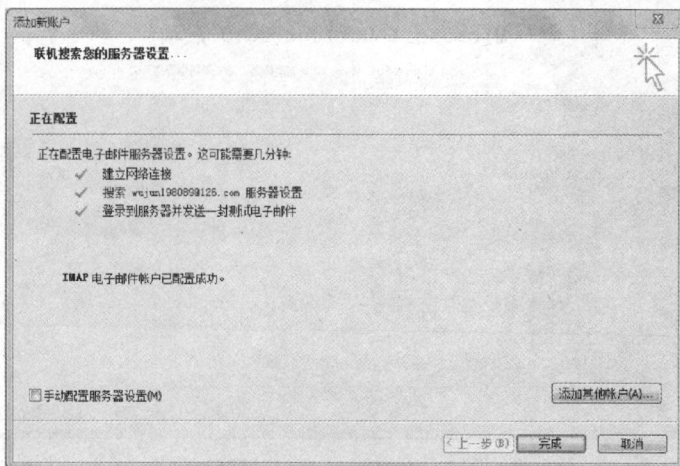

图7-17　配置服务器

知识链接

如果在初次启动 Outlook 2010 时，在打开的"Microsoft Outlook 启动"对话框中单击"取消"按钮，那么日后需要添加账户时，可以在"文件"选项卡左侧单击"信息"按钮，在右侧的"账户信息"窗口中单击"账户设置"按钮，打开"账户设置"对话框，单击"新建"按钮，即可进入添加账户向导开始添加账户。

步骤2：收取并阅读邮件

邮件账户添加完成后，就可以使用邮件与其他人进行通信了，每次启动 Outlook 2010 时，系统都将自动从电子邮箱中读取电子邮件，在 Outlook 2010 工作界面的内容显示区中可以进行查看，也可以双击邮件窗口进行查看。如果有附件，可以单击附件的名称进行查看。

（1）启动 Outlook 2010，在"收藏夹"下拉列表中单击"收件箱"按钮，在任务窗口的"收件箱"邮件列表中单击需要阅读的邮件，即可在内容显示区中阅读需要的邮件信息，如图7-18所示。

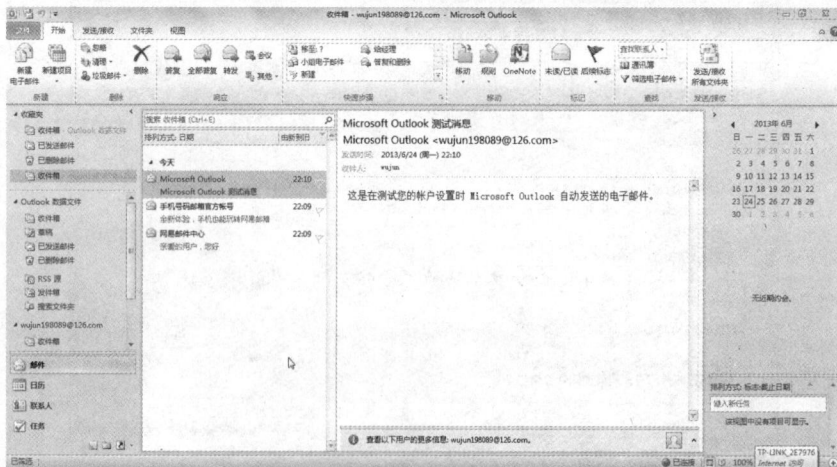

图7-18

（2）也可以通过在邮件列表中双击需要打开的邮件名称，在打开的窗口中查看邮件内容，如图 7-19 所示。

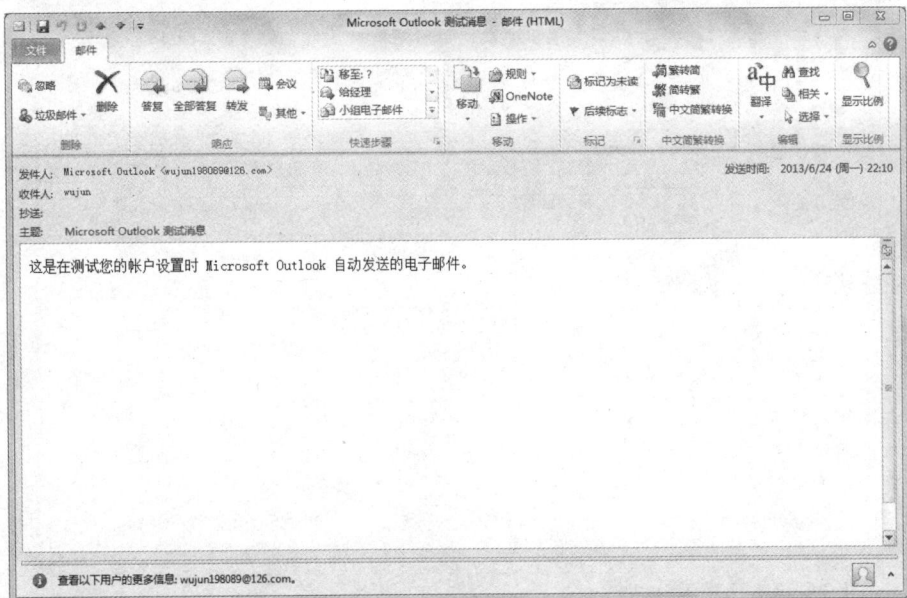

图 7-19

步骤 3：撰写与发送邮件

（1）启动 Outlook 2010，在"开始"选项卡中单击"新建电子邮件"按钮，如图 7-20 所示。

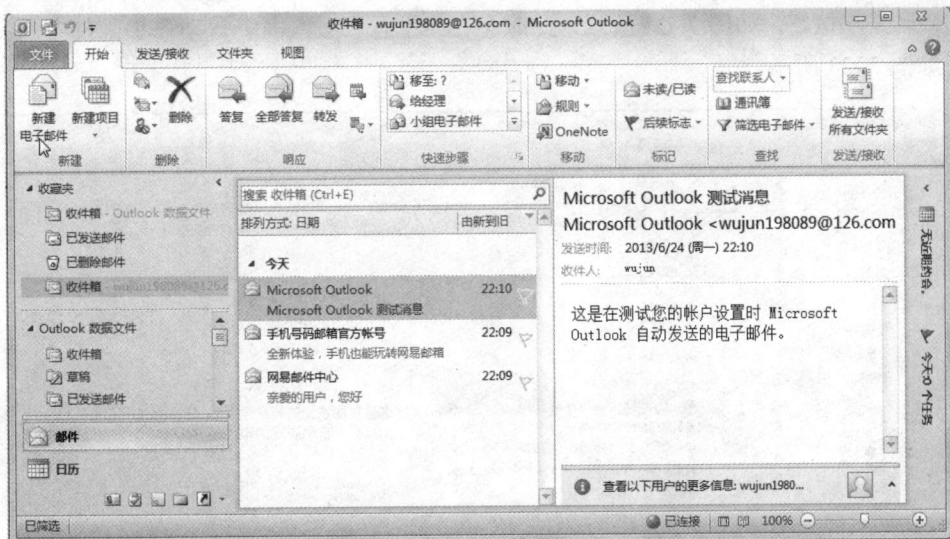

图 7-20

（2）打开"未命名——邮件"窗口，在"收件人"文本框中输入收件人地址；在"抄送"文本框中输入其他接收邮件的邮件地址，用逗号或分号隔开；在"主题"文本框中输入发送邮件的标题；在邮件编辑区中输入邮件的正文内容，如图 7-21 所示。

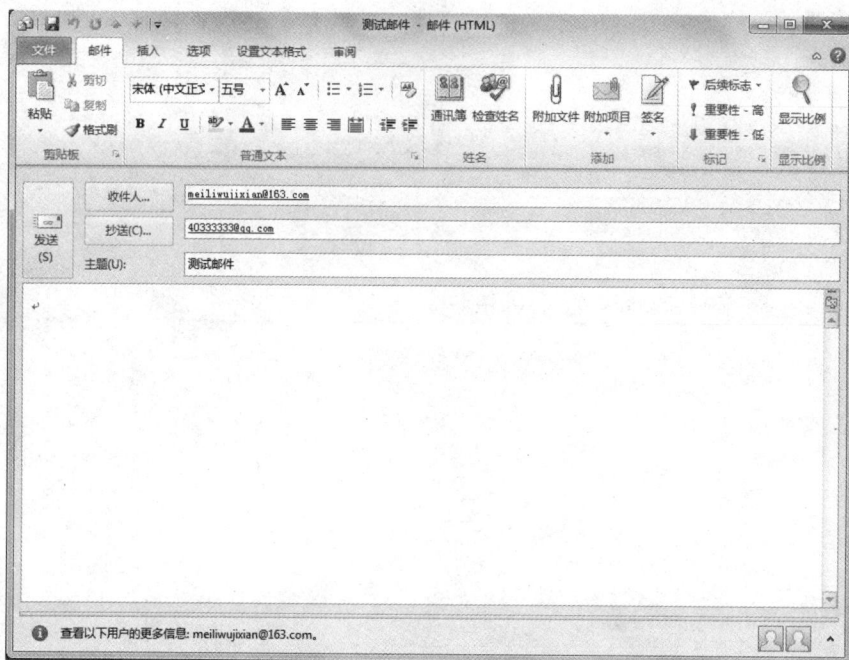

图 7-21

（3）单击"发送"按钮即可将邮件发送出去，邮件窗口自动关闭。

步骤 4：回复和转发邮件

（1）转发：启动 Outlook 2010，在任务窗口中单击需要转发的邮件，在"开始"选项卡上单击"转发"按钮，如图 7-22 所示，此时会在"主题"文本框中自动添加邮件主题和邮件内容，如图 7-23 所示。

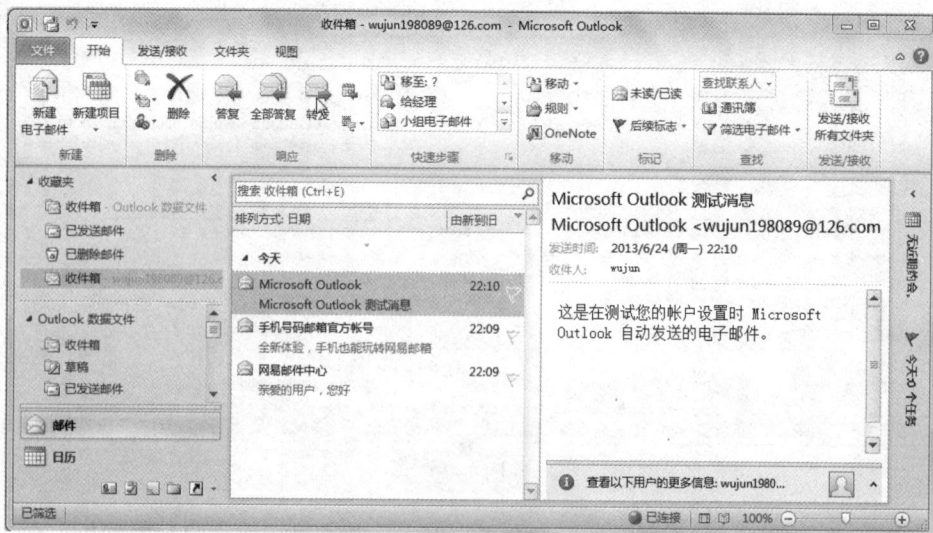

图 7-22

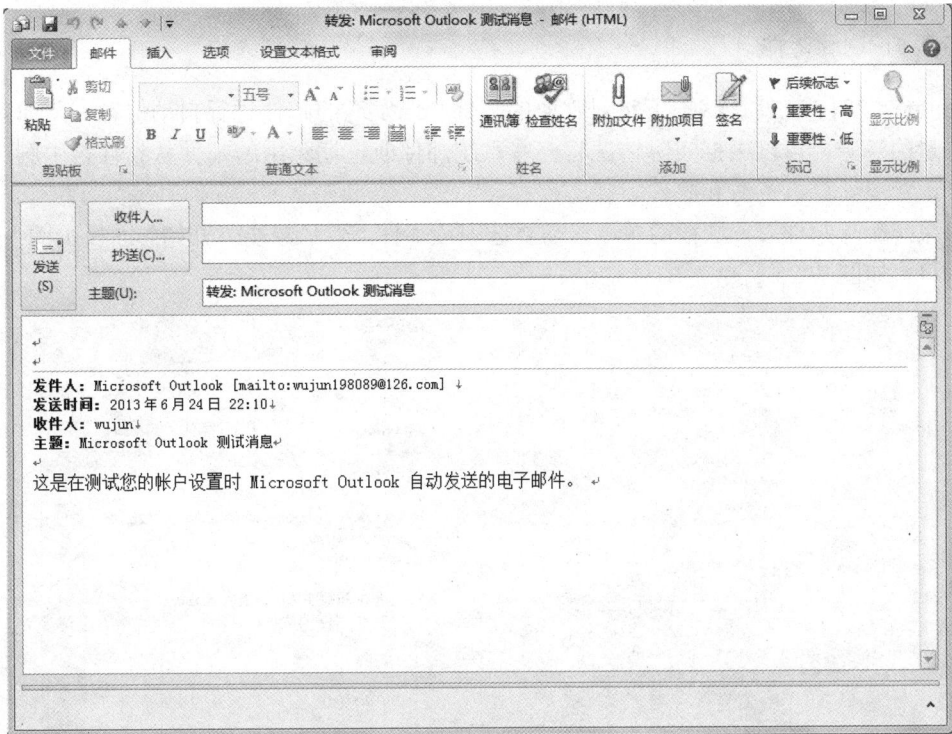

图 7-23

（2）回复：启动 Outlook 2010，在任务窗口中单击需要回复的邮件，在"开始"选项卡上单击"答复"按钮，此时"收件人"文本框和"主题"文本框将根据接收的邮件信息自动添加收件人地址和邮件主题，如图 7-24 所示。

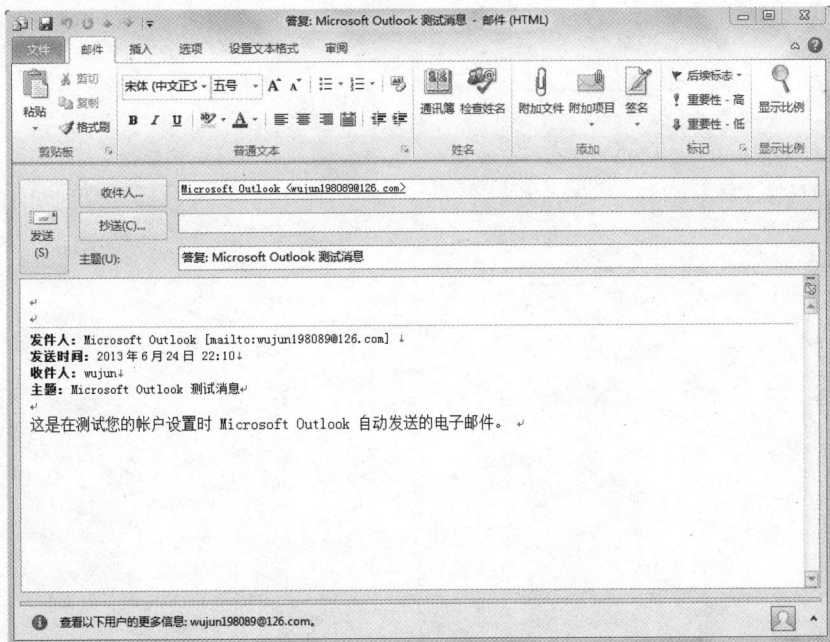

图 7-24　添加地址及主题

步骤 5：删除邮件

Outlook 2010 在默认状态下将对收取的邮件和已发送的邮件进行自动保存，从而占用计算机大量的资源，可以根据实际情况将一些系统邮件或过期无用的邮件从收件箱中删除，以便更好地管理计算机资源和邮件。

如果想删除邮件，方法很简单，只需要选中该邮件，然后单击"开始"面板上的"删除"按钮即可，如图 7-25 所示。

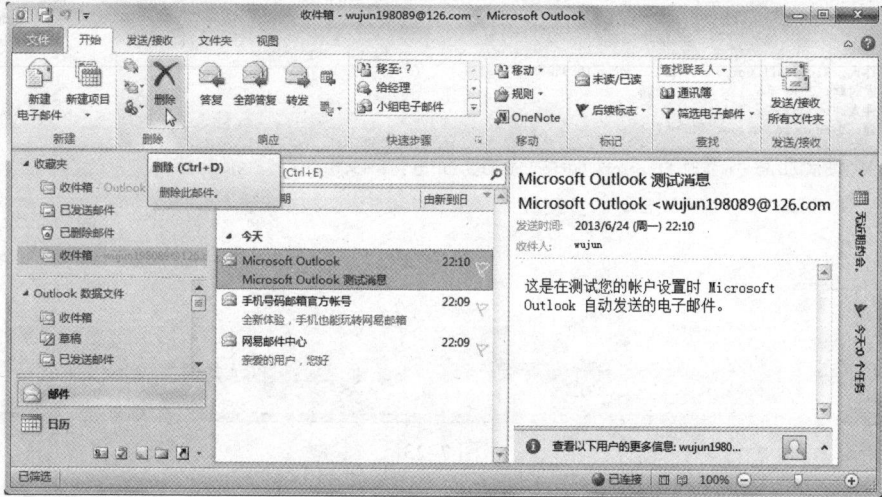

图 7-25　删除邮件